本书受"2020年度教育部人文社会科学研究青年基金项目"资助
项目名称:"人工智能语境下科学表征的方法论困境及其趋向研究"
(项目编号:20YJC720026)

智能表征与语境回归

人工智能语境下科学建模的方法论趋向

杨烨阳◎著

光明日报出版社

图书在版编目（CIP）数据

智能表征与语境回归：人工智能语境下科学建模的方法论趋向 / 杨烨阳著. -- 北京：光明日报出版社，2024.6. -- ISBN 978－7－5194－8069－1

Ⅰ. G304－39

中国国家版本馆 CIP 数据核字第 20246LK914 号

智能表征与语境回归：人工智能语境下科学建模的方法论趋向
ZHINENG BIAOZHENG YU YUJING HUIGUI：RENGONG ZHINENG YUJING XIA KEXUE JIANMO DE FANGFALUN QUXIANG

著　　者：杨烨阳	
责任编辑：杨　娜	责任校对：杨　茹　董小花
封面设计：中联华文	责任印制：曹　净

出版发行：光明日报出版社

地　　址：北京市西城区永安路 106 号，100050

电　　话：010-63169890（咨询），010-63131930（邮购）

传　　真：010-63131930

网　　址：http://book.gmw.cn

E － mail：gmrbcbs@ gmw.cn

法律顾问：北京市兰台律师事务所龚柳方律师

印　　刷：三河市华东印刷有限公司

装　　订：三河市华东印刷有限公司

本书如有破损、缺页、装订错误，请与本社联系调换，电话：010-63131930

开　　本：170mm×240mm

字　　数：261 千字　　　　　　　印　　张：16

版　　次：2024 年 6 月第 1 版　　　印　　次：2024 年 6 月第 1 次印刷

书　　号：ISBN 978－7－5194－8069－1

定　　价：95.00 元

版权所有　　翻印必究

目 录
CONTENTS

绪论 ··· 1

第一部分 科学表征的方法论困境 ·································· 9

第一章 科学表征的意义建构与知识鸿沟 ····················· 11
  第一节 科学表征的意义建构 ································ 11
  第二节 科学表征的模型系统 ································ 34
  第三节 意义建构与模型系统之间的表征鸿沟 ············ 50
  小结 ··· 63

第二章 基于隐喻建模的科学表征范式 ························ 66
  第一节 基于隐喻思维的科学表征 ·························· 66
  第二节 隐喻建模的语境相关特征 ·························· 74
  第三节 基于语境实在的隐喻建模 ·························· 80
  小结 ··· 86

第三章 智能建模与传统建模之间的动态博弈 ··············· 88
  第一节 计算模拟的合理性问题 ····························· 88
  第二节 计算模拟的规范性问题 ····························· 94
  第三节 计算模拟的复杂性问题 ····························· 99
  小结 ··· 106

第二部分　科学表征的理想化特征 ············ 107

第四章　科学表征中的理想化建模 ············ 109
　第一节　科学表征与理想化假设 ············ 110
　第二节　理想化的方法论特征 ············ 120
　第三节　理想化与反设事实 ············ 125
　小结 ············ 129

第五章　理想化表征的逻辑特征 ············ 130
　第一节　理想化表征的逻辑基础 ············ 130
　第二节　理想化的逻辑推理系统 ············ 135
　第三节　理想化逻辑的非经典性 ············ 137
　第四节　可能世界的完备性 ············ 140
　小结 ············ 141

第六章　理想化假设的可确证性分析 ············ 143
　第一节　理想化与认知进路问题 ············ 143
　第二节　贝叶斯的确证理论 ············ 152
　第三节　理想化与最佳解释推理 ············ 168
　小结 ············ 184

第三部分　科学表征的方法论趋向 ············ 187

第七章　计算模拟与"可强化"的建模框架 ············ 189
　第一节　计算模拟的合理性反思 ············ 189
　第二节　计算模拟的可强化框架 ············ 193
　第三节　计算模拟的合理性原则 ············ 197
　小结 ············ 202

第八章　计算模拟与"可测量"的建模过程 ············ 204
　第一节　计算模拟的规范性反思 ············ 204
　第二节　计算模拟的可测量性 ············ 207
　第三节　计算模拟的规范性标准 ············ 210
　小结 ············ 217

第九章　计算模拟与"可确证"的建模结果 …………………… 218
　第一节　计算模拟的复杂性反思 ………………………………… 218
　第二节　计算模拟的可确证性 …………………………………… 221
　第三节　计算模拟的复杂性系统 ………………………………… 224
　小结 …………………………………………………………………… 228

结束语 ……………………………………………………………… 231

参考文献 …………………………………………………………… 239

绪　　论

科学模型在科学表征语境中占据重要地位，从科学模型的理论描述到其推理解释，都体现着科学表征在科学实践发展中的解释和创新功能，而伴随着人工智能等新兴技术的发展出现的计算模拟在科学表征中则彰显出无可替代的显著优势。一般认为，科学表征至少牵涉三个问题：表征媒介的有效性问题、被表征对象的本体论问题、表征媒介表征对象的精确性或实在性问题。科学实在论者认为，表征媒介本质上是独立存在的非认知结构程序，尽管表征媒介最终必然映射到某些独立于探究者的真实世界属性上，但表征对象仍然具有建构主义维度，依赖于探究者对表征媒介及其用法的确定标准。根据这种实在论的解释，科学建模首先需要解决的问题是模型方法的有效性和模型表征的实在性。因此，探讨计算模拟这种特殊的表征方法的实在性问题，就需要我们确定一个认知框架，而语境论恰恰提供了这样的框架。于是，在自然科学的表征语境中，科学家可以通过计算模拟来实现对客观世界的近似化或理想化表征，在这个意义上，计算模拟标志着当代科学表征发展的新范式。

一、科学建模的语境论基础

科学表征的目标是要建立一种理论体系，而这种理论体系最直观的表现形式就是建构模型系统，这应该是科学家共同体达成的方法论上的共识，因此，科学哲学家越来越重视通过建构模型系统来实现科学表征的目标。事实上，由于人类认知能力的有限性与物质世界的无限性之间的矛盾，人们常常不得不借助隐喻推理这种间接表征方式来建构有限的模型系统，从而实现对自然科学中的事物或现象的局部表征。一方面，隐喻建模作为科学家表征世界的一种特殊方式，在科学解释和科学创新中起着关键作用，历史上很多重大科学发现和科学创新都来自隐喻建模的启发；另一方面，隐喻建模还在科学预言或科学假设所预设的语境条件下发挥着科学预测的功能，为科学研究提供新的方向，也为科学表征预设了合理性的发展策略。可见，隐喻建模在科学表征的过程中发挥着解释性、启发性和预测性的功能。

那么，隐喻建模发挥其功能的表征机制有什么特征呢？由于科学表征必然牵涉语境因素，在本质上是语境相关的，因此，我们可以说，隐喻建模过程的实质是：对该隐喻推理涉及的各种相关语境要素之间的关系进行整合，然后在此基础上通过模型建构将这种整合关系呈现出来。重要的是，在这个整合过程中，语境本身由于其语境要素与表征对象的关联度不同而体现为不同层级，同时，语境要素之间的互动是连续且不断变化的，因此，基于隐喻推理而建构的模型系统具有动态层级性。另外，这种语境关联性与动态层级性不仅体现在表征现实系统的隐喻建模过程中，而且体现在表征虚拟世界的隐喻建模过程中。这是因为科学表征常常不可避免地要超越于现有理论体系，对我们的认知能力难以直接把握或尚未知晓的世界进行理论建构，其实质也是一种基于隐喻理解的模型表征，促进了科学表征从已知领域向尚未可知的领域不断探索。

值得注意的是，在研究科学表征中的隐喻建模过程中，除了语境因素的影响外，我们还需要特别关注理想化的问题。理想化在科学表征的过程中是普遍存在的，原则上具有不可消除性。那么，基于理想化的理论陈述而建构的科学模型有什么特征呢？按照真理符合论的观点，理论陈述应该严格地表征真实世界，而实际情况并非如此。通过对物理科学的实践过程进行考察，我们发现，大部分的理论陈述只有在高度理想化的模型中才具有真理性，因而在某种程度上被高度理想化的可能世界中才体现其真理性。因此，要想完全理解理论陈述，我们必须能够理解在某种程度上被高度理想化的可能世界，这就要求我们用不完整的世界或部分世界来确定理想化的可能世界。那么，世界就被描述为意向性的关系结构，因为这种方案是我们通过对部分世界的表征而实现对完整世界的把握的最有效方式。

实际上，在大部分情况下，理论陈述只对高度简化的情境具有严格的真理性，正因如此，科学哲学家将科学实在论完全否定了，因为他们认为，如果理论陈述只在理想化的模型中才具有真理性，那么，这些理论陈述甚至都不具有近似真值。当然，反实在论是将"理想化"这个概念误解了。理想化的模型是对真实而完整的世界进行简化得出的模型或世界，于是，理想化的世界等同于不完整的世界或部分的世界，否定完整世界假设意味着采用一个具有真值鸿沟的非经典逻辑。换言之，理想化的逻辑是非经典性的，因此，就包含了一系列非经典的条件运算符，而这个运算符类似于由大卫·刘易斯（David Lewis）和罗伯特·斯托纳克（Robert Stalnaker）于20世纪60年代晚期到70年代早期提出的反事实运算符。理想化的逻辑是一种部分的逻辑，且它包含了一种特殊的反事实运算符，意识到这点将会促使我们为关于简化的世界的那种反事实条件句提供一种语法学解释，同时，也为与部分的可能世界相关的这些陈述的真值条件提供一种语义学解释。重要的是，这个语义学解释发展的逻辑系统可以对只在理想化中成立的理论陈述的确证问题提供某种启示，同时，在考察这些陈述应该被合理地接受的条件时，我们将会尝试着为反实在论的论证提供一种答案。

二、科学建模的理想化方法

理想化这个主题本身在科学哲学中并不新颖，它具有一段很长的研究历史，至少能追溯到汉斯·费英格（Hans Vaihinger）在20世纪早期关于虚构主义的观点。不过，随着逻辑实证主义的崛起，费英格的思想很快就被遗忘了。如今，这个主题重新回到科学哲学的讨论范畴中，部分原因是受到了关于范·弗拉森（Van Fraassen）的建构主义经验论的争论的影响（其中，范·弗拉森的建构主义经验论可被解释为关于理论实体的一种虚构主义），还有部分原因是哲学家更加重视科学中的模型和建模。最初，科学哲学家关于虚构和理想化的探讨仅仅局限于：在对实在论与反实在论的争论中引用虚构来发挥某种次要的修辞作用，同时，诉诸偶尔出现在各种关于建模的案例研究中的虚构和虚构实体。随着近几年哲学家对模型和建模在科学表征中的作用愈加重视，关于建模过程中的理想化问题也逐渐受到关注。由毛利西奥·苏亚雷斯（Mauricio Suárez）主编的《科学中的虚构：关于建模与理想化的哲学论文》（*Fictions in Science*：*Philosophical Essays on Modeling and Idealization*，2009）一书中，收集了当代杰出的科学哲学家的13篇论文，这些论文探讨了虚构和理想化方法在科学中的理论化实践与建模实践中的作用。可以说，这是一本首次从科学哲学的视角来看待理想化的书，也是首本完全致力于研究科学实践中的理想化主题的书。这本书对理想化在为自然系统和社会系统建构模型的过程中发挥的作用与功能进行了反思。对费英格观点较早的引用出现在范·弗拉森著名的书籍《科学的形象》(The Scientific Image, 1980, pp. 35-36)中，在这本书中，引用费英格的哲学是为了支持建构经验主义关于理论实体的不可知论，更具体而言，范·弗拉森引用费英格的虚构主义来作为对实证主义的反击，实证主义认为，经验证实的等价理论与理论论证具有完全的等效性(大体而言，根据这个解释，如果两个推理不同的理论具有完全相同的经验结果，那么，它们实际上就是相同的理论)。范·弗拉森认为，一个假定了不可观察的虚构实体的理论，与假定了非实体的实证等效的竞争理论是完全不同的——即使这些理论实际上都不会承诺实体的实在性。同时，这仅仅是建构主义经验论对实证主义挑战的一个回应。因此，尽管范·弗拉森并没有明确地将建构主义经验论归因于费英格，但是，很多哲学家都认为，费英格的虚构主义与今天出现的各种建构主义经验论的反实在论之间具有很大关联。

最近的科学哲学家认识到，理想化是科学表征中一种最重要的特征，因此，理解理想化的本质及其作用具有重要意义，因为他们逐渐在物理学、化学、生物学和数学等自然科学领域发现了理想化方法的普遍应用。于是，近些年关于理想化问题的研究成果逐渐增多，其中一些研究观点颇具代表性。例如，德美特里·波蒂德斯(Demetris Portides)就写过两篇关于该主题的论文，即《物理学建模中的理想化》(Idealization in Physics Modeling)和《科学模型建构中的理想化与近似法之间的关系》(The Relation between Idealisation and Approximation in Scientific Model Construction)，波蒂德斯主张，理想化与近似法作为科学表征的两个主要方式，二者之间具有紧密联系，理想化过程的本质决定了理想化影响理论表征的方式。同时，理想化在科学建模中具有普遍性，因此，对理想化的本质和特征的探讨，有助于我们更好地理解和把握科学建模实践。美国匹兹堡大学科学史与科学哲学系博士刘闯(Chuang Liu)也针对理想化的问题进行过系统研究，例如，《理想化的理论中的律则与模型》(Laws and Models in a Theory of Idealization)与《近似法、理想化与统计力学中的模型》(Approximations, Idealizations, and Models in Statistical Mechanics)，这两篇文章对理想化在模型表征中的具体规则进行了分析，同时还对理想化与近似法的关系进行了详细说明。另外，迈克尔·谢弗(Michael Shaffer)在《包含着理想化的贝叶斯确证理论》(Bayesian Confirmation of Theories That Incorporate Idealizations)中，主要对理想化假设的确证条件进行分析，尝试着通过贝叶斯确证理论提供的方法，对理想化假设进行逻辑上的确证。

实际上，基于理想化假设的推理本身就是合理的科学实践的一部分，那么，当我们想要对科学合理性形成一种全面的理解时，首先需要对理想化的假设在科学语境中发挥的作用进行考察，或者更确切地说，关键在于考察：关于简化的系统的推理何以能够被应用于真实世界的问题中，理想化在科学表征中具有普遍性与不可消除性，同时，理想化的理论陈述可被看作一种特殊的反设事实条件句，这种条件句的逻辑系统具有非经典性。于是，这个语境中发展的逻辑系统可以对只在理想化中成立的理论陈述的确证问题提供某种启示，同时，在考察这些陈述应该被合理地接受的条件时，我们将会对反实在论的论证提供一种答案。一方面，反实在论者过分强调了科学理论的工具主义特征。实际上，一些理论具有实践意义但严格来讲是错误的理论，当这些理论被理解为具有反设事实条件句的形式时，它们仍然会被看作真实的理论。另一方面，实在论者错误地将真值或其近似真值看作科学的唯一目标，因此就不能够认识到理想化何以通过牺牲非条件性的真值而被用于获取工具性。可以说，理想化为我们考察实在论与反实在论之争提供了一种新的视角。

更重要的是，"假设—还原"方法、实例确证理论、亨普尔的确证理论，以及贝叶斯主义都不可能充分地说明取决于理想化假设的那些理论陈述的确证问题。鉴于这些著名的确证理论在为这些理论陈述提供说明的过程中遭遇的失败，我们将会在一个具体的"简单性"概念的基础上来为条件句的确证提供另一种有效说明，而这个原则将会作为对理想化的反事实条件句的一种合理的确证理论——理论陈述只有在至少有一个理想化假设的条件下具有真理性。在这个意义上，关于物理科学中的理论陈述的推理将会被看作有关完整世界的简化世界中发生的情境的一种假定推理，即被看作有关这样的世界的陈述——这些世界满足了理想化的反事实条件句的前提条件中所指的那些理想化条件。

三、科学建模的计算模拟趋向

科学建模作为一种重要的科学表征方法，在科学哲学界的历史源远流长。然而，在20世纪上半叶逻辑实证主义占据主导地位的科学哲学界，模型在科学表征中的实在性是受到质疑和否定的，相关研究总体上缺乏系统性。20世纪下半叶至今，模型表征在科学哲学界获得了前所未有的大发展，特别是随着人工智能等新兴科学技术的发展，人类在自然科学领域的探究越来越建立在计算模拟的模型基础之上，而计算模拟的理论前提总是始于理想化的科学假设，基于此，科学表征逐渐向着纵深方向发展——理想化建模与计算模拟，从而促进了模型表征与隐喻推理（以及基于理想化假设的推理）在人工智能领域中的有机结合。

计算模拟何以作为一种表征认知系统发挥作用？这个问题可能会涉及神经科学领域和深度学习领域。深度学习领域创建的是智能计算系统，而计算神经科学领域关注的则是构建一个关于大脑运行原理的模型系统。众所周知，计算模拟体现了人工智能中自然语言的"表征属性"，因为它旨在改进机器学习的过程，从而使其更直观，而机器学习是构建可在复杂现实环境中操作的人工智能系统的唯一可行方法。在自然语言中，语境因素会干扰最终意义的形成：我们生活的世界通过大脑与现实联系起来，这意味着要建立一种自然语言的普遍结构。

本质上，计算模拟作为特殊的科学表征方法，其基本原理在于对自然智能进行复制。当然，这种复制的前提是先将我们对目标系统的复杂感知和抽象知觉加以整合，最终通过一系列数学形式和逻辑规则来描述。计算机根据概念的层次来理解世界的直观方法，依赖于机器学习这种学习算法，其数据通过人工干预来调整，以寻找在新数据中重复的模式。科学表征需要直觉知识，在人工智能领域，最受关注的是为计算机提供直觉思维。在此过程中，科学家试图使计算机学会人类的逻辑推理形式，然而，尽管我们在复杂的形式规则下创建了一个数据库，但这个数据库并不能充分地描述世界，因而计算模拟过程中的推理模型依然还具有形式性和机械性。机器编码的知识缺乏表明，人工智能系统需要具备构建自己知识体系的能力，以便从原始的人工智能数据的自然语言中提取信息。例如，人工智能研究实验室 Open AI 在 2022 年 11 月 30 日发布的全新聊天机器人模型 ChatGPT，这个模型能够通过学习和理解人类的语言来进行对话，最大限度地允许计算机解释世界并做出"自主"决定。ChatGPT 是 AI 算法里程碑式的成果，引发了科学界关于"智能表征的'元宇宙'是否会取代现实世界"的大讨论。换言之，基于计算模拟构建的虚拟现实技术是否具有实在性呢？ChatGPT 的跃迁式进步体现在它的交互回答与人类意图的一致性较高，这种"投人所好"的高度理解力必然是建立在复杂的语境感知的基础上的，远远超过了目前其他 AI 语言模型的使用效果。

实际上，基于计算模拟的表征方法可以追溯到 20 世纪 80 年代，在认知科学跨学科方法的基础上，连接主义研究了符号推理模型，其核心思想是我们可以通过处理大量简单的计算单元以获得模拟结果。到 20 世纪 90 年代，随着长短期记忆网格（LSTM）的引入，基于神经网络的序列建模得以完善，该网络如今被用于谷歌的自然语言处理任务。到 2006 年，第一个基于大脑学习方式的学习算法出现了，即一种使用分层策略的神经网络出现了，使深度学习流行起来，并超越了基于其他机器学习技术的人工智能系统。实际上，深度学习这种人工神经网络（ANN）是受生物大脑启发的学习计算模型，而对基于大脑自然逻辑的模型而言，逻辑和语义是相互排斥的。换言之，传统地解释计算系统是有缺陷的，它超越了三段论的边界，而忽略了语境因素，因此我们也就不可能在自然语言中引入形式逻辑。可见，形式逻辑在人工智能的自然语言中是失效的，因为计算模拟赖以建立的自然语言系统是一个动态系统，需要充分考虑到科学表征的语境论基础。

第一部分 01
科学表征的方法论困境

第一章

科学表征的意义建构与知识鸿沟

科学表征是基于自然语言的意义建构系统而将不同层级的语言实体关联起来的过程，并且这个过程会依赖于严密的逻辑推理系统，而科学表征的有效性取决于这个推理系统的一致性与连贯性。自然语言并非不证自明的，其意义建构是在一定的科学语境下对科学事实或真理的逻辑推演；智能语言则是根据深度学习的算法规则对科学事实进行算法重构，深度学习创建的是智能计算系统，而这个计算系统是通过模拟大脑运行基本原理构建的模型系统。尽管技术工程师会在复杂的形式规则下创建一个数据库，但这个数据库未必可以充分地表征世界。因为我们可以通过人工干预来对学习算法的数据进行调整，并将逻辑推理规则编码在模型系统中，但人类自然语言牵涉的复杂的语境因素和多重的隐喻意义是难以通过学习算法进行完整表征的。换言之，人工智能语境下的科学表征必然会遭遇自然语言与人工语言在意义建构中的知识鸿沟。因此，厘清科学表征的意义建构机制，有助于我们探究其模型系统的语义学基础和方法论特征，从而进一步阐明自然语言的意义建构与智能表征中模型系统之间的知识鸿沟。

第一节 科学表征的意义建构

在科学表征的意义建构中，最典型的实例是基于科学隐喻的表征系统，我们将以此为例来探究科学语言的意义建构过程及其基本特征。隐喻是根据一个经验域对另一个经验域进行概念化表征，其意义建构过程本质上即这两个经验域的对应关系或者映射关系。换言之，被用于理解另一个经验域的经验域（源域),通常更具体且具有更直接的经验,而我们研究的目标域通常是更抽象的且具有不太直接的经验(靶域)。例如,"大脑是一台计算机"这个隐喻,大脑运行的方式与计算机运行的方式之间形成了一种对应关系或者映射关系。

一、科学表征的概念系统

(一)概念系统的形成

科学表征的概念系统在我们的认知过程中发挥着重要作用,既具有普遍性,又具有多样性。一方面,正是通过这些认知过程,我们才建构了对经验进行概念化的整体系统;另一方面,在这个概念系统的基础上,认知过程促使我们对(新的)经验或者千变万化的世界进行进一步解释或概念化,因此概念系统也会随之发生变化。在科学语言的概念化过程中,科学表征意义的产生机制往往是抽象化与图式化。抽象化是"对多样化经验的共同点的强化"[1]。换言之,当我们从多样化的经验中建立起基于某些共同结构的概念,那么,这概念化的过程本质上就是一种抽象化。同时,抽象化过程和图式化过程往往共同发挥作用,而主观性的概念则是与虚构情境一起发挥作用的,因此,在虚构情境中,认知过程对一个客观情境进行概念化,例如,电脑游戏中的"虚拟运动"。我们可以通过一种动态方式来思考静态情境,譬如,"道路弯弯曲曲地穿过了山谷",以及作为物理学四大神兽之一的"麦克斯韦妖",它能探测并控制单个分子运动。很显然,道路本身并不会移动,客观世界中也不存在麦克斯韦妖,但是我们将它们概念化为可移动的实体。但对沿着道路的真实运动和沿着道路的虚拟运动进行概念化的方式是相似的,在真实运动中,认知主体对移动者的移动路径进行概念化模拟,而在虚拟运动中,认知主体同样可以遵循静态物体的表现方式进行动态化的概念表征。

因此,在一个科学表征的隐喻实例中,我们实际上是通过对一个客观的静态情境进行了动态的概念化表征,用动态的认知过程对一个静态的情境进行概念化就意味着以动态的方式表征静态情境。然而,这种方法并不总是有效的,因为它要求"源域—靶域"这个典型的映射关系(从具体来源到抽象目标)的逆

---

[1] LANGACKER R W. Cognitive Grammar: A Basic Introduction[M]. New York: Oxford University Press, 2008: 525.

转，新产生的概念将是一个静态的具体的(客观的)情境，它通过一种内在的认知过程被概念化为一个动态的抽象的(主观的)情境。因此，概念系统中的虚构运动本质上是一个源域的运动(物)到一个靶域的静止(物)上的映射关系，这是一种认知动态主义，而科学表征中常常会基于形象生动性而表现出对概念动态主义的强烈偏爱。

(二)概念系统的特征

概念系统是由认知过程及其结果构成的，概念系统的过程产生了抽象概念。根据认知主义的观点，常规的认知系统是一种语境。那么，包含着抽象概念的一个概念系统何以能够对具体的经验世界或现象进行表征呢？

概念系统是通过大脑对观察的世界进行信息组织，这个过程中形成的大部分知识都是无意识的。人类概念系统的特性包括以下几点：一方面，对目标世界中直接可获得的(理解的)经验进行完整的心理表征，而心理表征是通过将经验组织为概念而实现的。例如，科学隐喻就是通过声音、书写、某种图片等形式将概念(对世界的心理表征)转换为语言学符号，从而对概念进行整合；一个概念系统的构成要素包括所有形式的感觉经验(视觉的、触觉的、听觉的、嗅觉的和味觉的)，以及本体内省的(思考)经验。另一方面，人类概念系统可以对非直接的经验或间接经验进行表征，即他们通过想象力将不可被观察或感知的实体和事件创造为直接可感知的实体或事件，而这些直接的实体或事件超越了本体感受或内省直接经验的范畴。尽管科学家并不能直接经验化它们，但是，他们能够创造和想象它们，并且相信它们是真实的，比如，科学圣殿里有七大神兽、芝诺的乌龟、拉普拉斯兽、麦克斯韦妖、薛定谔的猫、巴甫洛夫的狗、莎士比亚的猴子、洛伦兹的蝴蝶，分别对应于微积分、经典力学、热力学第二定律、量子力学、生物学经典条件反射、概率论和混沌学。又如，中国上古神话传说中的四大圣灵青龙、白虎、朱雀、玄武，古代人用形象的动态认知概念来表征四季的星象变化。东方的星象如一条龙，西方的星象如一只虎，南方的星象如一只大鸟，北方的星象如龟和蛇。冬春之交，苍龙显现；春夏之交，朱雀升起；夏秋之交，白虎露头；秋冬之交，玄武上升。

在认知科学的语境中，概念系统的模型包括两种类型："感知的"与"非感知的"。这种划分的基础是具身化，也就是说，人类概念系统很大程度上依赖于感知经验，我们是根据感知经验对外部世界进行概念表征的。一般而言，一个感知的或经验的概念系统具有五个基本特征，即具身化、基于原型、概括化、基于框架、用语言学编码。其一，概念系统具有具身化特征。在一个感知的或经验主义的概念系统中的概念必定是具体的。概念是建立在意象图式的基础上的，而这些意象图式构成了早期前概念的经验，并且它们会在日常生活中不断地被强化。例如，这些意象图式包括部分—整体，来源—路径—目标，力与阻力等，它们构成了我们许多概念的基础。其二，概念系统是基于原型的。在经验主义者的概念系统中，概念是根据原型来确定的，一个原型就是一个概念范畴的"最佳例证"，而"最佳例证"又被表征为概念框架；非原型的元素则被看作对原型元素的框架的调整。其三，概念是概括化的结构。一个概念是对其表征的实例的一种概要化表征，同时，它们是建立在普遍的意象图式结构基础上的。其四，概念系统是基于框架的。概念系统以框架的形式对概念的原型元素进行整合，而这些框架包含了被表征对象的一系列特征，同时，这个概念系统总是被嵌入一定的语境框架中。其五，概念框架是通过语言学的形式进行组织编码的。

此外，传统观点将概念区分为两大基本类型：具体的和抽象的。不过，不论是具体概念还是抽象概念，它们都是建立在感知经验基础上的。换言之，在概念系统的经验主义模型中，除了具体概念以外，抽象概念也是具身化的，也就是说，它们并非无实体的抽象化。这是因为，一个抽象化的概念形成总是基于概念与一定的现实经验之间的相似性的。例如，关于前述的"虚拟运动"，真实运动与虚构运动之间具有相似性，正是概念化中的这种相似性促使我们发现了虚拟运动，而虚拟运动也是建立在具身化的基础之上的。因此，形成一个完全基于感知的或具身的概念系统是可能的。

(三)概念系统的层级

经验主义概念系统中包含着高度抽象但基于经验的意象图式，这个意象图式本质上也是对表征对象的一种概要化和框架化过程，可能涉及运动、空间、视觉、力量等要素。在科学思维中，它们往往被投射到抽象经验域上，并综合起来形成复杂结构，从而对世界进行概念化表征。换言之，在概念系统的经验模型中对世界进行的概念化表征是意象派的，而不是命题式的。

实际上，除了具身化、基于原型、概括化、基于框架、用语言学编码等这些特征，一个感知的或经验主义的概念系统还有个特别重要的特征：层级性。换言之，经验主义的概念系统是分层的且这些分层是有等级的。这意味着，概念在系统中具有不同的普遍性等级(层级性),从隐喻意义上来讲,这样一个系统可被认为是一个垂直分层的系统。例如,认知心理学家埃莉诺·罗施(Eleanor Rosch)提倡一个三层系统[①]:高级(上位)层次,基本(中位)层次,低级(下位)层次。

根据这个观点,一些概念属于高级层次(如星体),一些属于基本层次(如行星),还有一些属于低级层次(如水星)。在基本层次上,我们通过概念化过程进行知识组织,从而形成关于实体的概念系统框架,然后,我们还可以用中立的语境来使用语词,其中,语词首先形成语言,其次被习得。这就是科学知识的表征与学习过程。其中,鉴于概念的具身化特征,在基本层次的概念中,我们可以从不同角度将彼此之间具有最大相似性的对象(目标)集合起来,从而形成不同的概念范畴。这在高级层次和低级层次中都是不可能的,因为在高级层次上,构成一个高级概念范畴的概念彼此之间是完全不同的;而在低级层次上,尽管构成一个概念范畴的个体彼此之间具有相似性,但是这些相似性的知识整合恰恰构成了一个基本层级的概念范畴。

实际上,概念系统的层级结构既有垂直(纵向)结构,也有水平(横向)结构。纵向结构为系统提供了一个主题群组的分类标准,横向结构则是由来自不同主题群组的较小的域或框架构成的。一方面,在纵向结构中,高级层次的概念确定了系统中的主题群组(如星体、运动、动物),人们根据概念在不同层级之间的感知相似性确立了主题群组。例如,根据汽车与其他交通工具之间具有诸如"交通运输"和"移动"这样的共同特征,汽车就被归属于"交通工具",可见,这些主题群组可以作为层级性的分类学标准,而这些分类标准不仅可能存在于实体中,而且可能存在于关系中。另一方面,概念还可以通过横向方式组织为框架或域。框架是对来自不同主题群组的概念进行有序整合,这个整合过程是基于逻辑经验上的连贯性而进行的整合,乔治·莱考夫(George Lakoff)将这个观点发展为"理想化的认知模型(ICM)",另外,通过横向结构表征的概念会产生一些其他的框架或域,这些域构成了一个概念的"域矩阵",例如,"情绪"的图式框架:原因→情绪→试图控制情绪→行动。这个框架反映了一个横向概念系统最基本的组织结构,在此过程中形成了普遍的意象图式,而这个意象图式支持较高层级的结构。这个域矩阵中包括许多不同层级分类和框架中的概念,

---

① ROSCH E. Cognition and Categorization[M].New Jersey: Lawrence Erlbaum, 1978: 27-48.

其中，处于核心地位的概念则可能会随着表征语境的变化而发生变化。

概念系统的各种要素，不论横向层级的框架元素还是纵向层级的主题元素，都可以通过三种基本的关联方式整合起来：第一种关联关系即"是—关系"（is-connection），意味着一种同一性关系或者恒等关系式，通过这个关联关系，我们可以通过另一个概念或实体对某个概念或实体进行表征，同一化的过程主要发生在相关语境中；第二种关联关系即"转接—关系"（transfer-connection），也是转喻关系，我们基于同一个框架内两个概念的相关性对目标概念或实体进行表征，并且转喻关系往往以一种约定俗成的形式出现在概念系统中；第三种关联关系即"好像—关系"（as if-connection），就是所谓的"隐喻"，我们基于不同概念域（源域与目标域）之间的相似性而对目标域进行映射表征，其本质上是两个不同概念系统结构之间在特定语境中的一种映射关系。

二、意义建构与表征的层级性

概念系统的三种基本的关联方式分别基于概念之间的同一性关系、相关性关系和相似性关系，尽管不同整合方式形成不同的概念系统，但科学表征的意义建构中的不同概念之间具有内在的层级性。本节将以其中一种关联方式——隐喻为典型，来探究科学表征的意义建构过程及其层级性特征。因为科学表征中存在着大量的隐喻语言，而这些隐喻语言甚至被认为是科学语言中固有的本质部分，而不是从属于直接语言的附件，隐喻理解则取决于具体语境以及听者的思维模型。总体而言，隐喻表征的发生机制表现为隐喻的互动论，其表征程序具有一定的层级性。

（一）隐喻的意义建构机制

尽管隐喻并不能为科学表征提供一个逻辑严密的推理基础，但科学家可以借助于想象和创新，通过隐喻建立起依托于相似性的连接，或将两个事物置身于相似的语境或发生机制中加以解释，从而达到对新事物的科学表征，因此，隐喻在建构科学对世界的表征中发挥着极为重要的作用。科学家通过隐喻"完成了对现实的某些部分的重新描述"[①]，从而为我们提供了关于新事物的科学解释。

---

① 罗蒂．哲学与自然之镜[M]．李幼蒸，译．北京：商务印书馆，2003：471．

事实上，隐喻的系统化研究可以追溯到亚里士多德的修辞学，他认为，所谓"隐喻"就是用一个词代替另一个词来表达同一意思的修辞手法，这两个词具有对比关系，因此这种观点被称为"对比论（comparison theory）"，这个观点对西方修辞学随后两千多年的发展影响深远。然而，19世纪兴起的逻辑实证主义却反对科学语言中的隐喻表征，认为科学表征本质上是基于观察语言与理论语言之间，在逻辑概括、法则定律以及字面意义上的相似性或相关性而确立的一种演绎关系，而隐喻关涉的两个事物之间的相似性或者相关性，并不具有严密的逻辑推理联系，因而不能成为科学表征的恰当方式。与此同时，英国哲学家理查德（I. A. Richard）则提出隐喻的"互动论"，认为隐喻是人们思维的重要方式，它表现为不同思想间的互相沟通或不同语境间的相互转换，隐喻意义正是在本体和喻体的这种互动中体现的。

在此基础上，麦克斯·布莱克（Max Black）对"互动论"进一步发展完善。他认为："隐喻陈述并非一种形式对比或者任意其他字面陈述的替换，而是具有它自身的功能和效用的。"①那么，隐喻究竟是如何显示"本体"和"喻体"之间关系的呢？布莱克认为，当一个被发现的或者被创造的更高阶的普遍超类型（super-type）术语被附加于"本体"之上时，新的观点和知识就产生了。"与其说隐喻形成某些先行存在的相似性，不如说隐喻创造相似性。"②按照布莱克的观点，隐喻由"主要主词（primary subject）"和"次要主词（secondary subject）"两部分构成，前者是隐喻的"框架"结构，而后者作为隐喻的"焦点"内容，它应该是一个含义系统，认知主体在理解隐喻的过程中，通过对这个含义系统进行选择、压缩、强调和组合之后映射到"主要主词"之上，然后，"主要主词"则通过对"次要主词"的含义系统进行过滤或筛选而建立起新的含义系统，譬如，卢瑟福的原子结构模型就是原子太阳系模型，在这个隐喻中，"原子结构模型"是主要主词，"太阳系模型"是次要主词，通过比较而对"太阳系模型"含义系统进行选择、压缩、强调和组合之后，将其特点映射到"原子结构模型"上，于是，我们或许可以形成这样的含义系统："原子的质量基本上集中在原子核上，核外电子绕原子核作

---

① BLACK M. Models and Metaphors: Studies in Language and Philosophy[M]. Ithaca: Cornell University Press, 1962: 37.
② BLACK M. Models and Metaphors: Studies in Language and Philosophy[M]. Ithaca: Cornell University Press, 1962: 37.

轨道运动。"

另外，布莱克理论的另一个重要方面是"常识系统(system of commonplaces)"，后来被发展为语义学概念"域"，它是与二阶系统或"喻体"相关的。实际上，这些域或者常识系统是缺省的，它们的背景意义和原型意义都包含在与每个概念类型相关的意象图式大纲中，于是，隐喻将全部图式组转换成一个新的类型。可见，布莱克的互动论关注于从不同的本体论视角研究隐喻的重述，而从不同域中新生的图式和概念图表之间具有紧密的层级。正如纳尔逊·古德曼(Nelson Goodman)所说，隐喻就是"一整套可替代的标签，一个完整的组织结构，形成了新的领域。全部过程只是：图式的转换、概念的迁移和域的转化"①。

隐喻的"互动论"强调了人的思维过程的隐喻性，为科学表征的发展奠定了重要的认知基础，可以说，"隐喻是编织在我们的信念和欲望过程中的基本工具，没有这个工具就不会有科学革命或文化的突进……"②。因为只依靠数学语言和逻辑规则来建构科学表征并不现实，还得借助于隐喻表征的方式，在具有相似性的两个事物的互动中获得新的认知与理解，确切而言，这种相似性是语境的相似性，隐喻将被认知的对象置于我们原有的概念框架的语境中进行解释和表征。

其一，隐喻互动过程中喻体提供了一种观察本体的新视角。在隐喻的理解过程中，本体和喻体的两个系统相互作用，与喻体"相关的常识"通过"选择、掩盖或凸显"本体的某些特征来建构对于本体的全新表征。换言之，隐喻可以改变人们观察世界的方式，从而改变人们对世界的表征方式，并由此向人们提供关于世界的新信息。"世界必定是处在某种描述下的世界——或某一视角下的世界，而隐喻能够创造这样一种视角。"③例如，在理解牛顿的物理世界时，物理学家通过把宇宙比喻为一个设计精巧而绝妙的时钟，一旦启动，宇宙就按照自然法则自行运转。"因为几乎一切多种多样的运动，都是由最简单的、磁性的和物质的力引起的，就像一架钟的一切运动都是由简单的力所产生的一样。"④这

---

① GOODMAN N. Languages of Art: An Approach to A Theory of Symbols[M]. Indianapolis: The Bobbs-Merrill, 1968: 73.
② 罗蒂. 哲学与自然之镜[M]. 李幼蒸, 译. 北京: 商务印书馆, 2003: 470.
③ BLACK M. More about Metaphor[J]. Metaphor and Thought, 1993: 19-41.
④ 霍布森. 物理学：基于概念及其与方方面面的联系[M]. 秦克诚, 刘培森, 周国荣, 译. 上海: 上海科学技术出版社, 2001: 125.

个隐喻为我们理解宇宙提供了一个机械论视角。

其二，隐喻概念的互动过程能够创造出相似性。布莱克认为，隐喻两项之间的相似性是创造出来的，而且相似性的创造是受到限制的。对本体的重构不是随意的，不能违反本体的原有结构。在此之前，我们首先应当对"客观相似性"和"经验相似性"进行区分，"客观相似性"是不存在的，在两个客体被经验化和概念化之前，它们无所谓相似或不相似，只有当本体被概念化为喻体时相似性才被创造出来。"经验相似性"依赖于概念化，并随概念化的改变而改变。例如，魏格纳(A. L. Wegner)的"大陆漂移假说"就是通过在地球上的七大洲与一张撕碎的报纸之间创造相似性而提出的科学观点。这个隐喻牵涉的语境关联体现在：七大洲的海岸线轮廓恰好吻合，且彼此在物种、地质等方面具有连续性，那么，各大陆极有可能是由一个巨大的陆块漂移、分裂而形成的……这种情境恰好与一张撕碎的报纸相似，如果撕碎成几块的报纸按照其参差的毛边拼接起来，上面的字句仍然能前后连贯。

其三，隐喻概念的互动过程能够重组和创造出新的域。在创造相似性的过程中，隐喻中的原有域得到重组，并创造出新的域。隐喻是一个"真正的类包含陈述(a true class-inclusion)"，本体被纳入一个暂时的、非常规的新域，而喻体既指称这一新创造的域，又是这一域的原型分子。然而，隐喻互动创造的第三个域并非暂时性的、非常规的或次要的，而是根植于人们的长期记忆中的。因此，可以说，"隐喻的广泛使用是人类发现新经验和熟悉的事实之间的相似性这种深刻天赋的见证，新事物或新经验正是由于被归结到已确立起来的特征之下而被掌握"[1]。例如，数学中最富有诗意的螺旋线在自然界中具有广泛而普遍的现实表征：蜘蛛网、车前草的叶片排列、蚂蚁的运行轨迹等。另外，天文学家通过对银河系的气体密度进行观测分析，发现银河系也是星体以圆心呈螺旋状向外扩的，甚至号称"世界七大奇观"之一的意大利比萨斜塔的楼梯也是一个具有294阶的螺旋线结构。可见，隐喻可以将陌生的、难以直接描述的事物与熟知的、可直接描述的常规事物或现象相关联，创造出二者基于语境相关的相似性，并在此基础上形成新的意义建构系统。

---

[1] 内格尔. 科学的结构：科学说明的逻辑问题[M]. 徐向东, 译. 上海：上海译文出版社, 2002：128.

(二)概念节点之间的关联性

隐喻互动论强调两个概念或实体的互动关系，而这种互动关系是以源域与靶域之间的相似性为基本前提的。然而，正如范·弗拉森所说，这种相似性并不意味着两个事物本身之间的直接相似，而是指两者关系的相似性，即语境关联的相似性，这就必然涉及隐喻表征的层级结构。实际上，隐喻表征的层级性是以语义层级为基础的，语义层级是指由概念节点(concept nodes)之间的连接和联系构成的表征结构，因此，在把握隐喻表征的层级性特征之前，我们需要先厘清概念节点之间的关联性。

关于科学表征中概念的本质及其特征，部分科学家习惯于用概念的外延或类别来定义概念，然而，这通常会使科学表征陷入困境：按照外延对概念进行分类，意味着我们根据概念指称物的类别来定义概念。弗雷格(Gottlob Frege)于1892年提出了对概念的意义和所指进行区分，他引入"意义(sense)"的概念来解决大量的同一性陈述问题：同一性陈述如"晨星等于暮星(the morning star = the evening star)"，尽管晨星和暮星的指称相同，但两者的意义("早晨最亮的星"和"夜晚最亮的星")并不相同，于是，晨星和暮星在认知内容上是不同的。此外，弗雷格还引入了概念"落在……之下(falling down)"和"落入……之中(falling within)"。当我们说某个物体是红色的时候，我们是指这个物体"落在红色这个概念之下"；而当说到红色是一种颜色时，就引入了概念间的一个二级关系。因此，客体对象"落在一级概念之下"，而概念"落入二级概念之中"。弗雷格"落入……之中"的概念似乎已经表明一个高阶概念的层级，它没有应用外延并且没有以类包含为基础，然而，"落在……之下"与"落入……之中"的关系本质上并不十分清晰。

卡尔纳普(Rudolf Carnap)也曾对意义和指称进行了区分，不同的是，弗雷格关注的是概念的同一性陈述问题，而卡尔纳普则专注于具有相同外延的两个不同概念的问题。例如，尽管概念"心"和概念"肺"是不同的两个概念，但是它们可以有相同的外延，就如对于所有 X 而言，当且仅当 X 有一个肺，那么 X 就有一颗心脏。换言之，凡具有肺的事物也具有一颗心脏，反之亦然。也就是说，在这个语境下，"心"和"肺"两个概念共享同一个客体集，"具有一颗心脏"和"具有一个肺"具有不同的内涵，但可以具有相同的外延。卡尔纳普用外延和内涵来区分有条件的真值与必然的真值，将句子的"外延"定义为它的真值。然而，事实上，即便如此，两个具有相同外延的句子在另一个可能世界中，可能对应着不同等级的客体对象，换言之，它们是指同一等级的客体对象仅仅是一个有条件的事实，它们表达的命题并不必然为真，因为并非所有具有"心"的事物必然等价于具有"肺"的事物，它们仅仅是恰巧在我们的世界中等价而已。正如伦纳德·林斯基（Leonard Linsky）提出的批判，"这些模式是认识论的，而非形而上学的，卡尔纳普的概念'内涵'没有与意义的任何认知角色相联系，因为对于我们理解句子时所认识的事物而言，究竟是什么确定了它是先验可知还是后验可知呢？这显然是有差别的"[1]。可见，卡尔纳普对内涵和外延的区分是建立在一个预设条件上的，即将模态系统应用于自然语言之上，然而，这么做的最大困难在于：当涉及晦涩难懂的表达时，这种指称将会失效。按照卡尔纳普的观点，真命题或者是有条件的（事实命题）或者是分析的（永真式命题）。例如，"单身汉等于未婚男人"这个命题被认为在分析上是真实的，即当且仅当两个概念逻辑上等值时，它们是相同的。然而，意义是语言的经验特征，而命题的意义并非固化不变的，而是可修正的或开放的。

综上所述，概念间的关系不论从内涵还是外延上分析，都涉及超类型（supertype）和子类型（subtype）的关系：子类型必然是对超类型的不可分的具体描述或说明，子类型与超类型的其他子类型必然是逻辑上彼此相关的，子类型继承了其超类型的所有二阶特性。然而，概念关系之间的继承性也是有其缺陷存在的，如果我们硬是将某个属性归属到最大的超类型中，我们就会处于这样一个困境中，即我们永远都需要一个比最大的超类型更大的超类型，如此往复永无休止。

（三）隐喻表征的层级性

如上文所述，概念关系是我们根据特定语境下表征模型与实体之间的相似性关系而派生的，而不能根据逻辑等价或必要条件来派生出概念的附属类别。实际上，任何情况下的知识表征都应有一个数学结构以便能够反映概念关系和语义网的经验本质。语义层级的"三角形层级"形式或许可以满足这个条件，"'三角形层级'其实就是一个直接的非循环图表，这个非循环的图表有一些分离

---

[1] LINSKY L. Names and Descriptions[M]. Chicago：University of Chicago Press，1977：90.

然后又聚合的分支，它们准许某些节点具有相同的起点"①。另一个与类型层级相关的层级结构是布尔型（数学体系）的格架，接下来的图 1-1 就展示了上述两种相对的层级结构。

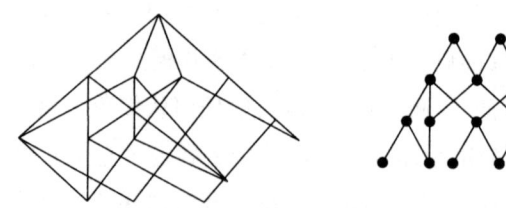

图 1-1　布尔型格架与三角形层级②

布尔型格架的问题在于它准许概念类型间存在较多的关联，但是，这些关联是根据布尔型格架的数学结构而确定的，而非根据我们为世界建模的方式确定的。对于任意一对概念类型，必定会存在一个最小的普遍超类型和一个最大的普遍超类型，从而使得层级成为一个布尔型格架。这个结构的性质正是：在布尔型格架中附加上一些模拟的概念类型以填充中间的节点，在此需注意的是，层级产生的原因是经验的而非先验的，同时它也不是根据布尔型格架中的缺省节点而产生的。事实上，只要假定层级的顶端有一个普遍超类型，并且将每个底部节点都与一个普遍子类型相连，以上的三角形层级就可能构成一个格架（尽管并非一个布尔型格架）。然而，我们要求表征必须符合逻辑形式和数学形式，这就可能导致忽略所要表征的事物的真实次序。

此外，一个直观的非循环结构可能只表征我们的概念图式中实际应用的那些概念，而且，"三角形层级"也并不固守于一种特殊形式，我们可以按照概念框架意指的任意方式而得出概念间的关系。由于类集合一般被定义为对象集，我们并不能直接使用类集合来把握概念间的关系，而且集合元素并不能对概念和属性的确证做出解释。同时，语义网中的概念表征必须与一个概念的"意义"或"内涵"相对应，而不是与"外延"相对应。因此，三角形层级中类包含之间的外延关系会导致概念间层级的同一化。可见，理出三角形层级中概念节点间的

---

① SOWA J F. Conceptual Structures: Information Processing in Mind and Machine [M]. Massachusetts: Addison-Wesley Press, 1985.
② Way E C. Knowledge Representation and Metaphor [M]. Dordrecht: Kluwer Academic Publishers, 1991: 196.

关系特点非常重要。

我们来考察一下类包含失效的实例。实际上，概念节点间的关系并非类包含的，它能表征我们实际组织概念的方式。我们不妨用类集合对内涵集进行构图以便形成一个语义网，想象这样一个世界：当且仅当某物有形时，它具有颜色，即"颜色→形状"。在为这个世界所建构的层级中，"颜色"意味着是"红色""蓝色""绿色"等的超类型，而"形状"则意味着是"正方形""圆形""三角形"等的超类型。于是，如果类集合被用来把握"子类型—超类型"（subtype-supertype）的关系，那么，由子类型表征的事物类别就被包含在由超类型表征的事物类别之中，如图1-2所示。

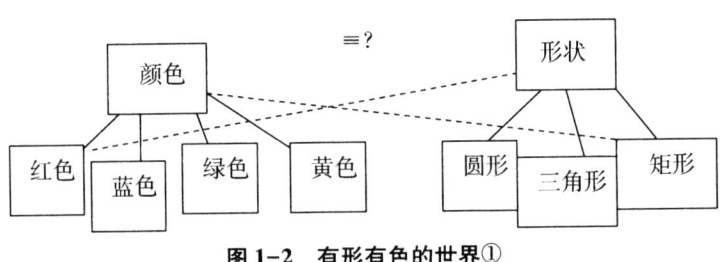

图1-2 有形有色的世界①

在概念化的指令系统中，概念"蓝色"不会被归入"形状"之下，同时，"圆形"也不会被归入"颜色"之下。然而，如果我们仅仅依赖于这种概念建构方式，那么"颜色"的概念就等同于"形状"的概念，由此将会得出："红色"是一种"形状"，同时，"正方形"则是一种"颜色"。这种荒谬性产生的根源在于，我们根据条件性事实(颜色与形状具有相同的外延)对集合进行逻辑推算。

更重要的是，我们的概念结构取决于我们关于世界的模型，而非取决于类元素的条件性，同时，被映射在我们概念中的模型决定了类元素。如果有形而无色的事物消失，那么，我们是否会仅仅因为"颜色"和"形状"的类别变成同延的，而就此认为它们是一致的呢？同时，如果突然又出现一个无色的正方形，我们是否会再次形成"颜色"和"形状"两个分离的不同概念呢？也许接下来阐述的关于"确定性与可确定性"的关系能更好地把握"超类型与子类型"关系。

实际上，确定性与可确定性的关系，就像子类型与超类型的关系一样，常

---

① WAY E C. Knowledge Representation and Metaphor[M]. Dordrecht: Kluwer Academic Publishers, 1991: 187.

常被看作一种特殊性。确定性(如"红色")比可确定性(如"颜色")更具体些,也就是说,"红色的"必然为"有色的",而"有色的"并不必然为"红色的",然而,仅仅靠特殊性是不足以解释这个关系的;换言之,表示"较小特殊性"和"较大特殊性"之间关系的概念并不能一贯地表现出子类型与超类型之间的关系,以及确定性与可确定性的关系。例如,"蓝色"比"颜色"更加具体,但它并非"颜色"的全部确定性,而是"颜色"的一种可确定性。

可见,这种区分产生了一种层级次序,其中,概念的绝对可确定性被看作一种类属普遍性,因此,除非一种确定性是另一种确定性的一个低阶的可确定性,否则具有相同的可确定性的两个概念彼此之间是不相容的。此外,对于任意确定性术语而言,除非与实体相应的绝对可确定性概念真实有效,否则这个概念并不能表述这个实体。

三、意义建构与表征的动态性

如上所述,科学表征的意义建构特征表现为概念节点之间的层级性,而三角形层级体现了隐喻概念间的静态关系。然而,鉴于科学概念的意义建构系统还具有语境关联特征,科学表征中语境变化就会导致意义建构的语义层级发生变化。特别是在科学隐喻这种表征方法中,语义层级的动态变化特征在语境变化的影响下表现得更明显。换言之,"科学隐喻作为方法论的必然要求,它是对客观实在的一种语境化把握,而语境必然有特定限制,只有语境的不断重构,才能给定隐喻语境的存在及其把握实在本质的有效性"[①]。因此,隐喻的意义建构系统最终表现为一种动态的层级体系,而且,语义层级中的动态变化恰好说明了语言的结构开放性,接下来,我们就通过隐喻的动态类型层级(Dynamic Type Hierarchy,DTH)来把握科学表征中意义建构的动态体系。

上文所述隐喻"互动论"意味着"属于同一家族系统中作为隐喻表达的语词意义间的转换"[②],解释隐喻需通过引入关于"喻体"的新观点来改变图式结构,隐喻改变了层级上的关系节点,新的联系和节点出现的同时旧的消失。总之,隐喻可以通过改变特指事物之间的关系而产生新知识和观点,同时,类型层级随着学习和经验的不断变化而变化。因此,隐喻是扩展和完善类型层级的主要工

[①] 郭贵春. 科学隐喻的方法论意义[J]. 中国社会科学,2004(2):92.
[②] BLACK M. Models and Metaphors[M]. Ithaca:Cornell University Press,1962:45.

具，如果我们想要表征主体的形而上学模型，我们的类型层级在本质上就必然是动态的。

一个陈述究竟是字面的或隐喻的，主要取决于这个陈述隐藏或者暴露在层级中的联系。事实上，通过建立新的语义联系，隐喻作为一个掩蔽的目的是根据本体论的工具调动的新层级来重新描述本体，即根据从另一个领域产生的层级和相关概念图表而对一个领域进行重新描述；因为这些层级反映了我们的世界观，我们将会以一个新颖的世界观来重新描述主体——不仅要表征看待主体的方式，而且要表征世界或事态与构图或描述相符合。

一般而言，隐喻总是给层级附加新的联系，这往往导致概念域间的区别模糊化。隐喻的目的不是精确化，而是提出概念之间更高层次或者更抽象的联系。另外，字面语境之间往往在其掩蔽下具有更少的联系，直接言语的精确性要求厘清概念间的区别。隐喻陈述可还原为字面释义，同时以更宽泛的域看待世界，并且根据一个完全不同于直接言语的语义网来重新描述主体。这种方法有利于我们理解格里格和希利的"截尾假设"[1]：人们首先由作为表征工具的隐喻引导而"走上了字面语言的花园之路"。这种情况可以用"动态类型层级"解释为用一个已经存在于类型层级之上的字面掩蔽来分析隐喻，然而，除了现在主体被引导走上"隐喻的花园之路"，同样的情况可能会发生在当一个隐喻掩蔽已经归位并且表征一个误导性字面陈述时。例如，"那是海产品陈列窗里的一条红鲱鱼"这个表达就直接使用了一个传统隐喻，我们的第一反应是将"红鲱鱼"作为误导性的线索而不是作为"一条红色的鱼"来理解，只有当我们听到句子的剩余部分时，我们才能重新调整到一个字面的解释上来。于是，我们遭遇到的这种理解上的约束障碍正好表明，类型层级需要一个新的掩蔽，从而为类型层级创造一个新的节点。

DTH模型中的语境关联："语境"是指"用于解释话语的前提的集合"，同时，语境也包含着听者关于世界的假设的子集。因为一个人在任何特定时间的认知环境可能包含几个语境，只有其中之一将会被用来理解一个特定的交际行为，它是听者关于世界的假设的子集，语境的变化即听者关于世界的假设的子

---

[1] GERRING R J, HEALY A F. Dual Processes in Metaphor Understanding: Comprehension and Appreciation[J]. Journal of Experimental Psychology: Learning, Memory and Cognition, 1983, 9(4): 667.

集的变化,形成了明示行为(ostensive act)的认知效果的变化,那么,为了把握这些认知效果对 DTH 模型的影响,我们必须对隐喻的 DTH 模型中的语境关联进行探讨。假设我们说"稀有气体是惰性的(Noble gases are inert)"①,这是一个生动的比喻,它将有生命的物即人的特性归到无生命的物之上,在类型层级中,"稀有气体"是一类化学元素,属于非生物的域,而"惰性的"是人的一种状态,属于状态经验者即生物的范畴。"惰性的"的概念图表解读为"惰性"的"经验者"是"动物",同时,顺着层级向上,"惰性的"也是一种"需要""需求"(requirement),如图1-3所示。

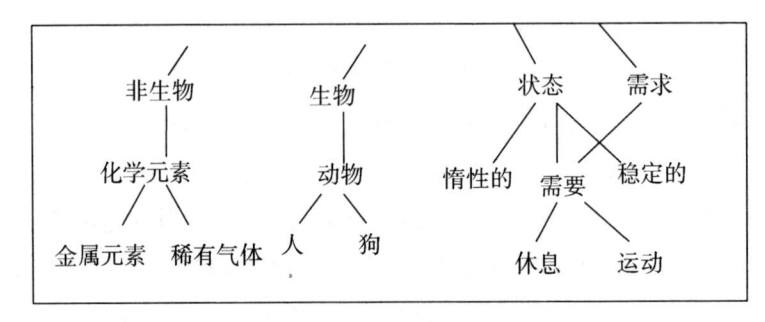

图1-3 隐喻之前的层级(稀有气体是惰性的)

那么,"惰性的"概念图表就可以解读为图1-4。

[惰性的] —

　　(经验者) → [动物: x]

　　(原因) ← { [特性] — (载体) → [动物: x];(状态) → [稳定的] }

图1-4 "惰性的"概念

稀有气体是一类化学元素,所以我们得出这个隐喻的两个域即"化学元素"和"状态",同时,"状态"又暗指了这些状态经验者的域:"动物"。因此,"惰性的"这个术语的使用就暗指了隐喻的喻体,现在的任务是要在"稀有气体"与"惰性的"生物之间找到或创造一个更普遍的超类型。

---

① 参考凯利和凯尔关于"小汽车渴了(The car is thirsty)"的例子,详见:KELLY M H, KEIL C. Metaphor Comprehension and Knowledge of Semantic Domains[J]. Metaphor & Symbolic Activity, 1987, 2(1): 33-51.

我们将"惰性的"归为"动物"对休息的一种需求状态，沿着层级向上，生物与非生物都有"需求"，而且"动物"和"化学元素"都是"物质"的子类型，于是，我们根据"惰性的"得出"需要休息的、状态稳定的物质"这个共同超类型。既然已经发现一个共同超类型，那么，隐喻掩蔽就开始起作用了，它将"稀有气体"和"动物"都看作某种需要休息的物质，其层级如图1-5所示。

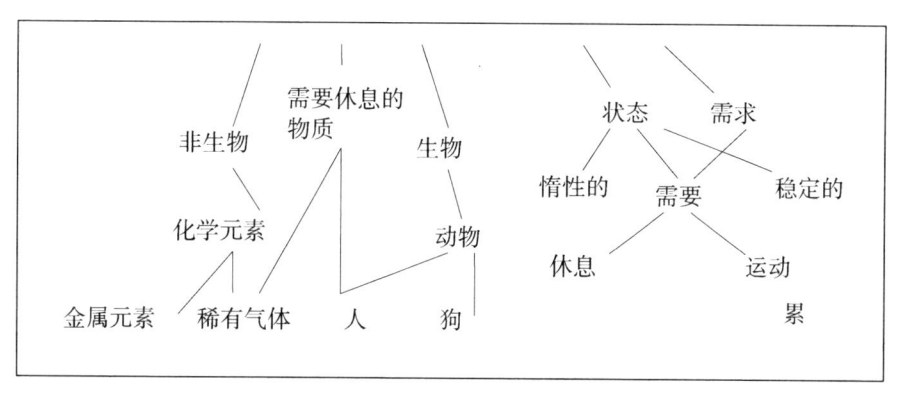

图1-5 隐喻之后的层级(稀有气体是惰性的)

事实上，对于"稀有气体是惰性的"这个句子而言，稀有气体的本质特性是稳定的，不易与其他元素发生化学反应而生成其他化合物，那么，"稀有气体是惰性的"这个句子的概念图表将会包含"惰性的"与"稀有气体"之间的一个链接，于是，我们就得到一个新的概念图，如图1-6所示。

[稀有气体]→（状态）→［惰性的］-
　　　　　　　　　　　　（原因）→ ｛［特性］→（本质）→［稳定］｝

图1-6 隐喻之后的概念

按照这种隐喻的表征方式，把人的特质扩展到其他生物和非生物之上将是很容易的。类似的例子还有："希格斯玻色子一直在跟我们玩捉迷藏的游戏""大自然是狡黠的、无限精致的"等。但是，值得注意的是，只有在能够找到生物与非生物之间的共同超类型时，隐喻才是起作用的。在以上这个例子中，层级的掩蔽并非字面的，稀有气体并不能经验化某种状态或者成为动作的载体，但是这点并不影响我们理解隐喻，因此，这种语境的掩蔽"隐藏"了这样的事实：稀有气体不是动物。这样看来，处理隐喻所需的机制与处理直接输入的机制并未分开，但实现这个程序并不遥远。这两种情境下使用了相同的机制——寻求类型层级、限制术语、扩展定义节点、链接和简化，唯一的不同点是隐喻用法的限制条件改变了。

四、科学模型的意义建构

19世纪至20世纪早期，为了促进知识生成和深化领域知识，科学表征中越来越多地使用了类比法，类比法成为一种形成假说和科学发现的方法，因为类比有助于将不同领域中的研究结果联系起来，有助于对新领域中的数学描述进行解释。因此，科学模型通常是建立在类比的基础上的，实际上，19世纪被称为"类比"的概念如今通常会被称作"模型"，类比逐渐被科学家确立为科学中的一种重要的工具和策略。例如，科学家在经典力学的基础上推导出热力学方程式，其中，这个过程是将气体建构成一个动量交换的弹子球模型而实现的。尽管类比实际上并不等同于模型，但它通常是科学建模过程中的一个重要元素，因为类比不仅具有大量启发式的优势，它还有助于克服单纯从狭义的角度将模型看作机械性的模型的局限，同时，它有助于将我们对于模型问题的理解提升到一个更抽象的层次上。

类比在建构科学模型的过程中发挥着重要作用，类比的主题常常出现在建模的语境中，因此，对类比在科学中的作用进行考察，有助于我们对科学建模的理解。

传统上对隐喻的分析是通过将字面语言与隐喻语言相比较而进行的，这就需要依赖于对"字面的"进行直观的或常识的理解。当然，我们能意识到，关于"小绿人"的探讨相比于"外星球的智能生命"，似乎是隐喻性的。"字面的"，意味着一种表达并非从另一种域中转换而来的——关于某物"更直接"的描述，同时也许是更"典型的""普遍的""一般的"或"预期的"。当然，我们并不总能发现隐喻陈述比所谓的"字面陈述"更难以理解，而且，隐喻可能是非常普遍且熟悉的。例如，"系谱树"这个隐喻，它并不是橡树、山毛榉、青柠或冷杉；又如，"人脑是计算机"这个隐喻，我们认为系谱树展示了来源于共同的祖先形式的生物群的从属关系，其中，祖先是其主干，而从祖先传承下来的生物体是其分支。大部分隐喻很容易被理解，这表明，我们没有理由将它们看作语言使用上的偏差。相反，它们是普遍的，也是重要的。尽管在字面语言与隐喻语言之间并不存在清晰的区分界限，但是我们仍然可以观察到不同程度的隐喻性。

尽管隐喻对我们来说是完全新颖的，但我们仍然被赋予了解释它的认知能力。当我们将一个短语看作原则上是隐喻的时，我们对隐喻的特定类型是如此熟悉，以至于隐喻既非不同寻常的，也非不可预期的，"大脑是一个计算机"这个隐喻就是这样一个例子；另一个例子就是将一个系统的能量分配看作一个具有山脉与河谷的风景；还有，影响着势能差异（取决于高度）的重力的例证，体现在诸如"势阱"或"通过势障的隧道"。

有些隐喻表达由于其被频繁使用，逐渐在我们的语言中具有很强的说服力，以至于我们在使用它们时就像使用一种直接表达，例如"电流""电场""激发态"，或化学键的"生成""断裂""弯曲""缠绕"，甚至是"振动"。这些隐喻都是"死隐喻"，甚至有的时候，它们是我们对它们描述的事件的唯一表达。历史上的优先性将可能成为唯一根据，据此，河水的涌流或农民开拓的农场将会被认为比"电流"或"电场"的表达更直接。

在某种意义上，这与隐喻的新颖性相关，因为某些隐喻并不总是被认为具有隐喻性，不论我们对它们有多么熟悉。例如，"上帝并不掷骰子"就表达了对物理学中不确定性的对抗。罗姆·哈瑞（Rom Harré）等探讨了模型与隐喻之间的这种关系，他们主张，模型与隐喻都可以通过相同的工具来解释——他们的类型层级方法，不过隐喻在科学中的作用又一次被分离出来[①]。根据哈瑞的观点，在科学中使用隐喻语言是为了填补科学的日常语言词汇的空缺。这些例子是已经获得了特殊解释的隐喻表达，例如，"电场""电流"或"黑洞"，这些隐喻术语是科学模型的副产品。因此，模型与隐喻之间的关系在于：如果我们用流体的图像来阐述电能的假象活动，我们就是将流体作为我们对电的本质形成的概念模型而起作用。然而，如果我们继续谈论"电流"的"流率"，我们就是在使用基于流体模型的隐喻语言。

即使我们不再认为模型本身就是隐喻的，但它们仍然是模型的一种副产品。例如，模拟退火的类比，它是对基于某些数据的模型进行确定最佳参数的最优化选择技术。在模拟退火的计算方法中，我们不仅极其精确地采用了统计物理

---

① ARONSON J L, HARRE R, WAY E C. Realism Rescued: How Scientific Progress is Possible [M]. Chicago, Illinois: Open Court. 1995: 97.

学中的方程式，而且也采用了描述性术语。诸如温度、具体热能和熵都以一种有意义的方式被应用于最优选择中。当然，将隐喻用于科学建模中并不等同于主张模型是隐喻的，隐喻语言可能是基于类比的科学模型的一个副产品。

在《科学中的隐喻》中，库恩认为，麦克斯·布莱克在隐喻的运作机制中分离出来的互动的相似性创造过程，对科学中模型的功能同样是至关重要的。库恩认为，"模型就是为一个群组提供优选的类比，或者更深层次上来讲，是提供一种本体论。在一种极端的意义上，它们是启发性的：电路可以充分地被认为是一个稳态的水动力系统，或者，一种气体的活动就像一个围观小球随机运动的集合。从另一种极端意义上而言，它们是形而上学承诺的对象：主体的热量是其第二相粒子的动能；或者在更加形而上学的意义上，所有可感知的现象都是定性的中性原子在空间中的运动及互动的结果"①。

将科学模型看作隐喻的观点出现在20世纪50年代，目的在于表明，隐喻性的模型与类比不仅仅是启发性的工具，其中，一旦有"合适的"理论出现的时候，这种启发性的工具就会被抛弃。隐喻与类比是紧密相关的，正如模型与类比之间的紧密相关性。将科学模型看作隐喻实际上意味着，类比被用作一种建构现象的模型。因此，如果科学模型是隐喻，那么，类比就是该意义上的一个重要因素。例如，"大脑就是硬件，儿童为此而逐渐发展了合适的软件"，这就意味着在计算机的数据处理与儿童的认知发展之间的类比，正如原子核的液滴模型就是在原子核与液滴之间进行的类比，因为在近似值上，原子核的整体势能与原子核的质量是成比例的——就像在液滴中的情况一样。

隐喻是一种语言学表达，其中至少有一部分表达是从一种普遍的应用域（源域）转换到另一种特殊的应用域（目标域）的，或者说在它早期还是新事物时可能是特殊的。这种转换的目的在于为目标域的各方面创造一个特别适合的描述，而之前并不存在描述（如"黑洞"）或不存在被认为合适的描述。一般认为，隐喻具有一种传达信息的特性，其中的信息有时被称作"认知内容"。当"隐喻陈述可以通过改变指定的事物（主题与副题）之间的关系而产生新知识和新见解时"，它

---

① KUHN T S. Metaphor in Science[M]. In Andrew Ortony(ed.). Metaphor and Thought, 1994: 19-26.

就体现了一种"强的认知功能"①。

　　这是因为隐喻激发了使用者的某种创造性回应，而这种回应是文字语言使用者不能匹敌的。例如，我们将"小绿人"看作对外星球智能生命的一种隐喻，因为它被用在科学中，而不仅局限于幻想。当然，这种表达的原始域是幻想，而且，此处的"小绿人"真正的意义可能是：矮小的绿色人种。然而，如果这个短语被用在科学语境中，对该幻想的隐式引用实际上强调的是，我们根本不知道外星球的智能生命究竟是什么样的。我们选择天真而随意的特定的事物——小绿人——来表明，关于外星球智能生命的特殊性，并不存在科学的表达方式。确切而言，我们并不知道外星球智能生命的情况，这个事实其实就是我们从"小绿人"这个短语中把握的东西。没有"相关联的常识系统（associated commonplaces）"，对文字语言再多的解释也不能使我们实现这个目标，因此，应用域的知识是至关重要的。"小绿人"是从幻想域转换到完全不同的科学域，在科学域中人们通常不会使用这样的表达。不过，这并不意味着说"小绿人"这个隐喻是不可靠的，因为我们实际上对于外星球的智能生命并没有更具体的确切证据。

　　相反，根据麦克斯·布莱克的互动观，追溯到艾弗·理查兹（Ivor Richards）的观点，我们甚至能通过字面解释所不能把握的隐喻来获得新见解，而隐喻不可能被直接表达所取代。隐喻也不是两个相关域之间的简单对比，正如在一个省略的明喻中一样（"外星球的智能生命就像'小绿人'一样"），因为正如布莱克所言，隐喻能够"创造相似性"。如果这是真实的，隐喻意义就不再被看作属于一个不同域的语言学表达的字面意义的纯粹功能。相反，互动观主张与两者之中的任一域相关联的语言学表达之间的意义转换，表达式的意义根据源域与目标域的主题之间互动时产生的新观点而得以扩展。

　　海西在探讨科学模型时从隐喻互动观中得出："在科学理论中，主要系统是待解释项的域（目标域），可以通过观察语言来描述；次要系统通过观察语言或一个熟悉理论的语言来描述，从中得出模型（源域）。例如，'声音（主要系统）通过波动（来自次要系统）来传播'，另外，'气体是随意移动的粒子的

---

① BLACK M. More about Metaphor[M]. In Andrew Ortony (ed.) Metaphor and Thought, 1994: 30-41.

集合'。"①海西继续假设了隐喻的意义转换,她认为这种意义转换的发生与语用意义相关,其中的语用意义涉及指称、用法和一系列相关观点。相应地,意义的转换可能意味着相关观点的变化、指称的变化或用法的变化。在此基础上,海西逐渐接近于解决了字面意义与隐喻意义之间的区分,她写道:"这两个系统看起来彼此很像,它们似乎不断互动并彼此相互适应,甚至当这两个系统在新的隐喻之后的意义上被理解时,使得它们原先的字面描述达到无效的程度。"②

关键在于,隐喻能够因此用于可靠的交流,并且不是纯粹主观的和心理的。并非"任何科学模型都可以先天地被强加于任何待解释项之上并在其解释过程中起主要作用"③。对比于诗意的隐喻,科学模型受制于特定的客观标准,或者正如海西所述:"尽管它们的真理标准在严格意义上并非可形式化的,但至少比在诗意的隐喻的案例中更加清晰。"④相应地,人们可能会"在科学模型的案例中谈及(或许难以达到的)目标:寻找一个'完美的隐喻',其所指就是待解释项的域"⑤。

实际上,评估模型的根据在于它是否提供通往现象的路径以及它是否能充分合理地与现象的经验数据相匹配。当人们考察科学模型是否等同于隐喻时,面临的困境在于:使得隐喻具有洞察力的是它暗示的类比。因此,有人可能会认为,那些所谓源于隐喻的观点不妨说成是源于类比。那么,关于模型的隐喻与类比之间的关系究竟是什么呢?类比关系通常是一种能够理解隐喻的重要因素,但是,强调理解隐喻的类比的重要性并非主张:仅仅在我们意识到类比时,隐喻才能被阐述。同样地,有人也可能会认为,正是隐喻促进了我们对类比的认识——并且,这两种情况都发生也是有可能的;后者可能会确保隐喻与其暗示的类比具有相互关联性。

---

① HESSE M B. Models and Analogies in Science[M]. Indiana: University of Notre Dame Press, 1966: 158-159.
② HESSE M B. Models and Analogies in Science[M]. Indiana: University of Notre Dame Press, 1966: 162.
③ HESSE M B. Models and Analogies in Science[M]. Indiana: University of Notre Dame Press, 1966: 161.
④ HESSE M B. Models and Analogies in Science[M]. Indiana: University of Notre Dame Press, 1966: 169.
⑤ HESSE M B. Models and Analogies in Science[M]. Indiana: University of Notre Dame Press, 1966: 170.

在天文观测中，人们可能会谈及信噪比的比率，"信号"是从人们想要观察的对象中发出的光线，"噪声"代表着根据光子发射的量子波动产生的信号（及背景）中的不确定性，因此也代表了信号得以被确定的一种精度限制。与"噪声"隐喻相联系的原始隐喻是一个声音信号，例如，谈话者发出的信号需要区分于其他谈话者或周围环境传来的"噪声"，以便理出有趣的信息。作为处理声波的听者，我们常常过滤掉所有不可预知的随机源，因为这些随机源会阻止我们检测到我们感兴趣的信号，同时，天文学的光波中也具有类似的情形。如果没有"噪声"隐喻这种类比，天文学中的光波应用是难以理解的。

总之，我们是通过隐喻或者模型来描述现象的，库恩关于范式的概念与海西关于隐喻的方法具有同样的启示性，它们都依赖于这样的假设：存在着思考现象的某种方式且人们并不一定会轻易改变这种思维方式。海西将模型作为隐喻来分析，表明了科学建模也是一种创造性的活动。

随着科学创新和科学思想的发展，隐喻的思维创造性功能逐渐显现，隐喻的认知结构、思维机制和理论模型也逐渐成为科学哲学研究领域中的重要项目。隐喻表征为科学创新与科学研究提供了一种新的视角，科学家通过隐喻对世界进行推论、设计并解释实验，然后在科学共同体之内进行交流，并向科学共同体之外推广。正如莱考夫所言，科学创新就是通过隐喻构建从源域（source domain）到靶域（target domain）的映射（mapping）。这种映射的形式可能是语言形式、图画和图表形式，甚至是三维立体模型，其基本程序是：通过对隐喻的本体和喻体之间的结构、性质、功能等进行类比，在相似性的基础上对未知对象进行具体描述、合理推导或模型建构，从而实现对未知对象的初步理解。当然，科学实践中隐喻表征的映射过程避不开语境，任何科学实践都需要首先确定特定语境中的实体要素及其表征意义，如语词、概念的结构、图表和图画等，这决定了科学理论或模型建构的逻辑推导的基本思路。例如，电磁场理论正是麦克斯韦在法拉第的力线启迪下创立的，通过电场或磁场与流体速度之间的类比，确定了电场或磁场遵守流体力学的部分理论，接着，借用流体力学的一些数学框架，推导出电磁学理论的雏形。

隐喻丰富了我们对于科学世界的理解，为科学理论的实践提供了一种新的可能性，"互动论"为隐喻表征提供了重要的理论基础，隐喻互动牵涉的概念间的继承性，决定了隐喻表征的层级性，这种层级性的建构又受语境关联的相似性的制约,同时,语境的动态开放性决定了隐喻表征的动态类型层级体系(DTH)的形成。DTH 体系具有一套能隐藏和强调类型层级中某些节点与关联的掩蔽,可以根据语境的变化动态地产生新的类型层级中的概念节点和连接,而且,当新的概念域产生时,类型层级中原有的概念很可能需要重新组织,成为类型层级中的基本部分,同时,其中使用较少的且不重要的概念节点可能消亡。可见,类型层级的动态性表现为层级中的节点和连接随语境的变化而不断变化,换言之,语境关联的动态性使得隐喻表征具有某种开放性和活力,因此,DTH 体系无疑是较为完善的隐喻表征方式,它推动了科学表征发展,从而也推动了科学哲学的发展。

不过,隐喻表征方式的探讨并不因 DTH 体系的提出而终结,因为随着时代的发展和科技的进步,我们认知世界的方式不断变化,社会、文化和历史的语境也将不断发生变化,这就为我们提出了新的研究方向。因此,"将科学隐喻研究与语境论相结合……应当是未来科学隐喻研究的一个重要趋向"[①]。

第二节　科学表征的模型系统

模型在科学中起着核心作用,"模型"的概念被用于科学有着很漫长的历史,然而,到了 20 世纪上半叶,模型仅仅被看作那些不能够"恰当地"进行科学研究的人使用的一个低等工具。实际上,导致人们对模型形成偏见的历史因素主要是:模型在 19 世纪物理学中的使用,科学哲学中逻辑经验主义的传统。一方面,19 世纪物理学中的模型是机械模型,例如麦克斯韦的涡旋模型和法拉第的力线,然而,随着 19 世纪末的物理学逐渐变得抽象,机械模型也因此逐渐变得越来越不恰当,因此导致了此时的科学哲学家对模型形成一种轻视态度;另一方面,20 世纪上半叶并没有从本质上对科学模型进行探讨和考察,即使有这样的探讨,也是非常消极的,主要体现在维也纳学派早期的逻辑经验主义运动中,诸如科学发现和理论变化这些话题在逻辑经验主义者的思维框架中都是很难协调的。

---

① 郭贵春. 科学隐喻的方法论意义[J]. 中国社会科学,2004(2):101.

自 20 世纪 50 年代起，模型完全被放置在科学哲学的语境下来考察且被赋予重要的地位（甚至比理论更重要）。随着托马斯·库恩（Thomas Kuhn）对科学革命的关注，概念变化的整个问题都进入哲学探讨的范畴。尽管模型仍然被许多哲学家看作仅仅是对科学理论的一种补充，但是，关于模型研究的另一种方法在 20 世纪 60 年代兴盛了起来，这种方法远远超越了逻辑经验主义形式主义传统中的隐喻方法，它将来自数学中关于模型与理论的方法应用于处理哲学中的模型问题。[①] 20 世纪 90 年代中期以来，尽管科学哲学界对模型及其用法的关注已经大大增加，但是他们提出的问题主要是围绕"模型是否可以在理论阐述与检验中起到逻辑的作用"这个问题展开的，其中一种观点是，模型仅仅是启发性的，或者在某种程度上对非逻辑的方法具有心理启示。那么，模型何以在科学表征中发挥着重要作用呢？这个问题主要涉及：模型与表征的关系、模型何以为现象建模以及模型何以表征实在。

一、模型系统的语义学基础

科学模型表征了经验现象，为我们提供了关于经验世界的知识表征。那么，模型对现象进行表征的条件是什么呢？实际上，模型与有关现象的可获得的经验信息的某部分之间具有一致性关系。

逻辑实证主义"公认观点"一直主导着哲学研究的主要方向直到 20 世纪中期，到了 20 世纪 60 年代，对科学发现与科学变革的关注逐渐增加并产生影响，例如，库恩范式改变的概念和科学模型的隐喻方法都为模型作为科学表征的重要方法奠定了基础，科学家从数学的"模型—理论"中获得了灵感[②]，模型逐渐变成了描述世界的更核心的工具。

弗里德里克·萨普（Frederick Suppe）批判了"公认观点"，他认为，即使语义学观点包含着一种形式主义方法，对其有利的论证仍然需要将科学实践纳入考察范围。"最重要的目的就是要理解实验科学家的个体经验，而我们并不能使

---

① 以 Patrick Suppes 于 20 世纪 60 年代的著作为开端，随后发展为所谓的理论的"语义学观点"。另外，20 世纪 50 年代末至 60 年代，罗姆·哈瑞（Rom Harré）、玛丽·海西（Mary Hesse）和欧内斯特·内格尔（Ernest Nagel）等科学哲学家对模型的探讨也具有代表性。

② 根据 Margaret Morrison 的主张，科学模型是理论与世界之间的介质，并且，它们也是自主性的主体；同时，Nancy Cartwright 关于模型的观点主张对模型和理论进行区分，最终结论是：理论是抽象的且只有通过模型才可被应用于现象中。

得这种个体经验与公认观点相一致。"① 另外，帕特里克·苏佩斯（Patrick Suppes）主张，我们应当认同科学中的模型和"模型—理论"中的模型，他指出，"在塔斯基意义上模型概念可以不经过变形而被使用（T 的模型是一个可能性实现，其中，关于理论 T 的所有有效句子都是满足条件的），并在所有学科中作为一个基本概念。于是，我们从中可以得出数理逻辑、光谱学、原子物理学、统计力学、博弈论、社会学、学习理论、概率论等方面的知识。在此意义上，模型概念的意义与数学和经验科学中的意义一样"②。

语义学观点从数学模型论的语境中得出其观点，其认为，尽管科学实践中的模型与模型理论中的模型具有差异性，但模型的逻辑概念可以被应用于科学模型中，同时，"'模型'在元数学与自然科学中的使用，并不像人们通常所说的，在很多方面具有很大分歧"。③ 显然，语义学观点明确地阐述了理论与模型之间的关系。在数理逻辑中，模型是一种满足于理论（使其为真）的可能性实现，模型包含着一个构成理论的句子满足的关系结构。重要的是，模型的结构并未导致理论内部的矛盾，正如苏佩斯所言："大体而言，理论的模型可以被界定为一种可能性的实现，其中，理论的所有有效句子都是满足条件的，同时，理论的可能性实现是恰当的集合理论结构的实体。"④ 因此，理论等同于作为"非语言的实体"的模型，换言之，这些理论不包含命题，却构成元素的结构。

当然，理论描述是一种语言实体。不过，如果理论本身是非语言的，相同的理论就可能具有不同的理论描述。换言之，"如果理论是非语言的实体，它们可以通过语言学的表达式而被描述，那么，理论的表达式中的命题就提供了关于理论的真实描述，因此，理论就被认为是其每个表达式的模型"⑤。在这个意义上，理论就是关于其语言学表达式的模型，而将模型与理论相区分的主要目的就在于，摆脱关于"语言学实体何以与世界相关联"这个问题造成的困境，即

---

① SUPPE F. Understanding Scientific Theories：An Assessment of Developments[J]. Philosophy of Science，2000，67(S3)：105.
② SUPPES P. A Comparison of the Meaning and Uses of Models in Mathematics and the Empirical Sciences[J]. Synthese，1961(12)：287-301.
③ VAN FRAASSEN B C. The Scientific Image[M]. Oxford：Clarendon Press，1980：44.
④ ③Suppes P. Models of Data[J]. Studies in Logic & the Foundations of Mathematics，1966(44)：252.
⑤ SUPPES P. Probabilistic Metaphysics[M]. New York：Blackwell，1984：222.

语义学观点的一个主要目的就是要摆脱对应规则，简言之，不需要在形式上解决这个问题，而对应规则的问题在于，它们依赖于"理论与观察"之间的严格区分，当观察本身也是负载理论的时候，它们之间的区分就是无意义的。如上所述，理论具有不同的表达式，例如，经典力学的拉格朗日公式和汉密尔顿函数。非语言的模型或理论存在的问题在于，它们并未给我们提供关于世界的任何知识，这点与之前提出的前提（模型为我们提供了关于世界中产生的现象的知识）是相对立的。这就可能会对实在论造成困扰①，当然，有人可能会建议将语义学观点中的两个非语言学的实体（现象与模型）对比，但是，这两个非语言学的实体在本质上并不是很相似，现象是具体的且具有经验的属性，因为它是真实的经验世界中的一个事实或事件，而模型作为一种结构并不具有这种经验属性。

无论如何，模型都能够为我们提供关于真实世界的知识。如果模型本身是非语言学的，且我们不得不对模型进行"描述"，以便确定我们的模型是何以与世界相关联的，那么，非语言学模型就并非模型本身表现的情况。这就意味着，语义学观点中构思的模型与模型为我们提供的关于世界的真实情况并非同一种实体。然而，为我们提供关于世界真实情况的模型是否为一种"理论的描述"，这主要取决于科学表征的具体语境。②

本质上，科学模型是促进理解现象的一种解释性描述，这种理解既可能是感知的（perceptual），也可能是知识的（intellectual）。如果这种理解并非感知的，它往往由于形象化（visualization）而易于理解，另外，解释性描述也可能依赖于理想化或简单化，或者依赖于对其他现象的解释性描述的类比。辅助性理解通常集中于现象的具体方面，有时候则故意忽略其他方面，因此，模型往往只是部分意义上的描述。

模型具有各种不同的形式，其所及的范围从现实对象（例如，玩具飞机），到理论的抽象实体（例如，关于物质及其基本粒子的结构的"标准模型"），至于

---

① 传统意义上，实在论与语义学观点并不协调，因为"只有当我们愿意承认模型的某些方面在现实中具有对应物时，模型才可以为我们提供一些关于实在的本质的知识……除非我们愿意将模型与语言学表达式（诸如数学公式）联系起来并根据模型与世界的对应原则来解释这些表达式，否则科学实在论并不被认可"。

② 在这个意义上，语义学观点与科学实践是一致的，某些哲学家已经根据语义学观点的规则重构了科学理论。然而，按照语义学观点对某种现存的科学理论进行重构的可能性，并不能证明语义学观点与科学实践是相关的。

前者，比例模型（scale models）通过放大比例（例如，雪花的塑料模型）或缩小比例（例如，作为地球模型的地球仪）来帮助我们理解事物，这就会使得那些不易被直接观察到的特征变得清晰明确（例如，DNA 结构或星体中包含的化学元素）。然而，大部分科学模型并非仅包含物质材料，例如，有时被用于教学的分子模型的棒条和球形都是理论化的模型。这些理论模型常常应用数学的形式体系，依赖于抽象的设计和概念（例如，宇宙大爆炸的模型），但它们总是意图接近于现象的本质方面。例如，玻尔的原子模型使我们理解了原子中电子与核的构造，以及二者之间的相互作用力；将心脏建模为一个泵则使我们了解了心脏运行的方式。总之，科学模型的表征形式从抽象到具体：略图（sketches）、图表（diagrams）、一般文本（ordinary text）、图形（graphs）和数学方程式等，所有这些表达形式的目的都在于为模型描述的相关观点提供知识理解，在此意义上，科学模型就是关于经验现象的知识。

实际上，模型表征的不同形式主要取决于我们对模型的外部表征工具的选择，这些工具包括数学方程式、略图、一组假说等。这些工具包含了关于模型的理论信息、关于模型的各种约束条件以及有助于我们理解模型的适当假设。例如，主序星的流体静力学平衡模型（hydrostatic equilibrium models），按照这种平衡，这样的星体并不会收缩或膨胀；根据这个模型，由星体内部极其强大的质量施加的重力压将会把星体的外层向内拉，如果星体内部恒星物质的气压（或辐射压）不能抵抗这种压力，星体就会塌缩，其中，星体内物质的气压或辐射压取决于星体内部的温度。然而，星体连续不断地经由其表面的辐射损失能量。至于不能收缩的星体，这种损失的能量就需要被补充，这个过程被认为是通过星体中心的核聚变而发生的。此外，对这个模型各部分之间的关系进行表征的形式还有数学方程式和图表方式。

至于科学模型与科学理论的关系，模型通常被用于表征具体的经验现象，而理论做出的陈述比模型包含的陈述范围更广泛且更抽象。在某种意义上，模型是对理论的某种映象，它能够将理论整合起来。例如，麦克斯韦方程式、流体方程式、粒子物理学中的横截面等。在为一个具体的经验现象进行建模的过程中，我们需要对理论的目的进行自定义。例如，一颗恒星的流体静力学平衡中，使用了来自经典力学中的基础方程式：对于一个横截面的气柱，其流体静力学方程式是 $F_p \alpha \nabla P = -\rho g \alpha - F_g$，其中的 F_p 是气体压力，F_g 是重力，ρ 是密度，

同时 g 是重力加速度。对于球对称，正如在一颗恒星中一样，我们可以得出关于流体静力学支撑的方程式 $dP/dr=-\rho(GM/r^2)$，其中的 M 是质量，还包括球体半径 r 和 G 这个引力常数；P、M 和 ρ 都是关于 r^2 的函数。这个模型是从一些理论中推演出来的，例如流体静力学方程式和牛顿力学。值得注意的是，这些方程式被表述的方式已经将适用于一颗恒星的一些约束条件考虑在内——例如，压力 F_p 等同于重力，同时我们也假定了一个球形。可见，被建模的具体现象的约束条件已经被考虑在模型中了。实际上，这些方程式仍然是非常普遍的，因为并没有关于质量、半径、密度等的值的经验假设被植入和使用，以便于检验和证实这个模型。根据插入的约束条件（例如，一颗恒星的形状、质量密度）和关于被建模现象的知识的其他元素，我们可以建构一个模型并对其进行调整，以便使其能够对真实而具体的经验观察的情境进行表征。因此，理论表征的目的往往是通过抽象原则来对经验世界进行阐述，且期待这种理论具有普遍有效性，而模型表征则具有部分的有效性（事实上，它们常常是部分地应用理论的一种方式），同时，当模型包含理论元素时，它们就会使得这些理论元素适用于被建模的具体的经验情境，而这恰恰是这些理论元素在经验上被检验的一种主要方式。于是，科学模型作为我们表征经验现象的工具是普遍存在的，它逐渐变得越来越多样化和理论化。

另外，科学模型表征的过程中往往依赖于简单化和近似法的使用。通过简化，模型试图把握某个事物的本质，而追求这个本质常常需要忽略模型中可能被考虑在内的其他一些因素和细节，这就会导致模型在某种程度上具有有限的有效性，然而，这也意味着相同现象可能具有多重模型。换言之，我们需要不同的模型来描述不同的事物和实在的不同方面，而这些不同模型并不具有同等的有效性，他们具有不同的功能、不同的目的，以及不同的局限性。不过，即使模型是被简化的，模型也需要与可获得的经验数据之间建立起某种联系，否则它们将不能被建模。由于模型与经验数据之间的这种预期的联系，模型可能会从属于实证经验，同时，它也可能产生一些预测结果，而成功的预测结果是一个模型得以确证的一个标志。当某个模型被用于检验一个理论假设时（这个假设可能是关于某个过程或者某个历史模式的一个普遍化的观点），如果模型提供了与经验一致的结果，那么，模型就是成功的。可以说，科学模型把握了现实所能提供的充分证据，它可能并非对实在的一种定量描述，但至少是对发生的现象的一种定性描述。

总之，模型在科学表征中具有非常重要的意义，它是我们思考科学问题的一个媒介。模型通过简化事物而对事物的本质进行把握，但它也忽略了关于被建模的自然现象的非本质的细节。另外，不同模型的表征力都是有限的，这也意味着不同模型具有不同的表征功能。模型不仅应该与可获得的经验数据相匹配，而且应该产生相应的预测结果，而这种预测结果是可检验的。

二、模型系统的认识论机制

模型系统的认识论机制集中体现在我们对抽象的理论与具象的模型二者之间的关系中。事实上，既然模型是理论与世界之间的媒介，那么，模型、理论与世界之间何以彼此相关呢？Mary Morgan 和 Margaret Morrison 主张模型并不来源于理论，相反，模型是自主性的主体，仅仅在部分上依赖于理论和数据，模型建构中还涉及其他元素，钟摆的例子说明模型并不完全来源于它们的建构理论："理论并不能为我们提供模型得以被建构且建模决策得以被确定的算法规则。"①然而，关于模型自主性的观点实际上具有误导性。尽管模型存在部分上的独立性，模型与理论和世界仍然会存在着一定的相关性，模型是从这些理论中得出的，同时，模型是现象的模型。南希·卡特赖特关于模型的观点，为我们描述模型与理论之间的关系奠定了基础。

第一，作为虚构的模型。卡特赖特关于科学模型的观点最初体现在其"拟像理论（simulacrum account of explanation）"中，按照这个解释，解释力并不能算作对理论或模型的事实真相的辩护。模型可能会对现象进行解释，但不会因此而对真值做出任何判断。相反，"解释现象就是要寻求一个适合于基本的理论框架的模型，同时，这个模型允许我们为混乱而复杂的现象法则派生出类似物，其中的这些法则都是真实的"②。不过，卡特赖特认为，自然法则可能会说谎，因此，模型以其为基础而建立的理论框架并不能保证模型为真。模型的出现是为了自然法则能在其中起作用，"那种先前被归入基础法则之下的情境，通常是为

---

① MORGAN M, MORRISON M. Models as Mediators [M]. Cambridge: Cambridge University Press, 1999: 11.

② CARTWRIGHT N. How the Laws of Physics Lie [M]. Oxford: Clarendon Press, 1983: 152.

了理论的需要而假设的(虚构的)模型情境,而不是杂乱的现实情境"①。因此,这些法则并不能直接地应用于现实情境。只有现象的自然法则才能够符合于现象本身,而现象法则实际上并未被整合进一个理论背景中,那么,基于某种理论法则的模型只是杂乱的现象法则的一个类似物,而且不同的模型具有不同的目的,因为模型根据它们自身的目的具有不同的侧重点。这就更进一步为模型的实在性蒙上了怀疑论的色彩,模型可能符合于某个特定的目的,而不必是实在的。

遵循着模型的这种反实在论倾向,卡特赖特提出了"拟像理论",她依照《牛津英语词典》将"拟像"定义为"只有某个特定事物的表面形式,而不具有其本质或恰当属性"②。事物"并非在字面上"是它们的模型表述的内容,因此,卡特赖特继续提出"模型就是一种虚构作品,属于模型中的对象的某些属性将是被建模对象的真实属性,但其他属性仅仅是方便的属性(properties of convenience)"③。模型的这种"方便的属性"的目标在于使数学理论适用于被建模对象。模型提出理论,此处被认为具有数学特征;尽管模型处于虚构地位,但它可适用于现象。我们可以假定这种虚构地位与理论的限制性有关:"无论数学理论何时被应用于现实,一个专门提出的模型——通常是对所研究系统的虚构描述——都可以被采用;同时,我特意使用'模型'这个词语来表示'完全一致(完全对应)'的失败。"④

因此,模型一方面不能与它们表征的现象"完全对应",另一方面理论需要用模型来建构其与现实的某种关系。于是,"根据拟像解释,模型对理论而言是必不可少的。如果没有模型,我们就只有抽象的数学结构和充满漏洞的公式,与现实毫无关系"⑤。卡特赖特认为,理论理解的核心特征包括抽象的数学结

---

① CARTWRIGHT N. How the Laws of Physics Lie[M]. Oxford: Clarendon Press, 1983: 160.
② CARTWRIGHT N. How the Laws of Physics Lie [M]. Oxford: Clarendon Press, 1983, pp. 152-153.
③ CARTWRIGHT N. How the Laws of Physics Lie [M]. Oxford: Clarendon Press, 1983, p. 153.
④ CARTWRIGHT N. How the Laws of Physics Lie [M]. Oxford: Clarendon Press, 1983, pp. 158-159.
⑤ CARTWRIGHT N. How the Laws of Physics Lie [M]. Oxford: Clarendon Press, 1983, p. 159.

构、充满漏洞的公式、与现实毫无关系,这为我们关于理论的特性描述提供了框架。

第二,作为寓言的模型。卡特赖特曾经将科学模型与寓言进行了对比,这并不是关于虚构模型的,而是关于抽象与具体之间的对比。寓言具有抽象的寓意且会通过讲述一个具体故事来说明这种抽象的寓意。例如,通过"貂吃掉山鸡""狐狸杀死貂"等具体例证来说明"弱肉强食"的寓意。同样地,一个抽象的物理法则,例如,牛顿的力学定律 $F=ma$,可以通过各种不同的具体情境来说明:一个空心块由平面的一根绳子牵引着、弹簧从平衡位置进行位移、两个物质质量之间的引力吸引。因此,从模型与寓言之间的类比来看,模型是关于具体事实的,寓言是关于具体经验现象的。

模型与理论之间的对比并不在于理论是抽象的且模型是具体的,例如,"力"是一个抽象概念,并未在具体的经验情境之外说明它自身;力是经验现象中的一个元素并促成了经验现象的发生。卡特赖特认为,"力"这个抽象的物理学术语,说它是抽象的是指它总是负载着更具体的描述,这些更具体的描述使用了传统的力学概念,诸如方位、延伸、移动和质量,因此,"力"这个抽象概念只有在具体的机械模型中才有所体现。于是,卡特赖特指出,律则在模型中是真实的,正如模型在寓言中是真实的一样。然而,这并不意味着模型是关于世界的真实描述,正如寓言可能并非关于世界的真实描述一样。一个抽象概念可以被应用于模型中的具体情境,换言之,理论是抽象的,同时,模型是经验世界中具体现象的模型。

第三,科学的工具箱。卡特赖特批判了科学的"理论主导"观,她指出,正是模型,而非理论,表征了物理世界的现象[1]。相反,理论只是模型建构中的一种工具,还有其他的建构工具,例如,科学仪器或数学方法。卡特赖特对早期观点进行了修正,甚至认为,理论不再通过模型来表征世界:"基础理论并不表征任何东西,且也没有什么可被它表征的。只有真实的事物即它们所表现的真实方式。并且,这些是通过模型来表征的,而模型是在我们所具有的所有知识和技术与技巧和工具的协助下被建构的。理论在此处仅仅起着很小的作用,但

---

[1] CARTWRIGHT N, SHOMAR T, SUÁREZ M. The Tool Box of Science: Tools for the Building of Models with a Superconductivity Example[J]. Poznan Studies in the Philosophy of the Sciences and the Humanities, 1995(32): 138-139.

是，它像任何其他工具一样；你不可能只用一个锤子就建造起一座房子。"①

理论导向的建模的经典例子将会通过增加正确术语来逐渐调整一个方程式使其更加现实逼真，例如，当我们将机械摩擦的线性项添加到简谐振子的方程上时，就会得出一个阻尼线性振子的方程。例如，超导电性的模型，这个模型并非通过理论导向的近似法和理想化发展而来，并非所有的科学建模都是一个去理想化的过程。总之，现象模型确实存在于科学建构中，同时，按照其方法和目标，它是完全有效的但又是独立于理论的。实际上，关于理论与模型之间关系的论述实际上是一种贬低理论的偏激观点：理论并不表征任何事物，它仅仅是模型建构中的一个工具。

第四，斑斓世界中的模型。根据卡特赖特早期关于"物理学定律说谎"的观点，并非发生在经验世界中的一切事物都可以用物理学定律来解释，只有那些具有与它们相匹配的模型的事物才可用物理学定律来解释。卡特赖特用"在圣·史蒂芬广场上抛撒的一千美元钞票"的例子生动地说明了这个观点②，经典力学的模型并不能够描述这个复杂的物理情境。根据卡特赖特的观点，这意味着经典物理学原则上并非普遍适用，相反，有必要转换到物理学的另一个领域中来描述（例如，流体动力学中），于是，可能有一个基于流体动力学的模型来近乎完全地把握了这个一千美元钞票的情境。关键在于，任何理论都能通过其模型而被应用于世界。"流体动力学可能本质上既不同于牛顿力学，而且也不可还原为牛顿力学。不过，这两种情况可能曾经都是真实的，因为，粗略来讲，这两种情况都只有在与它们的模型充分相似的系统中才是真实的，同时，它们的模型也是非常不同的。"③

同样地，量子力学并不能取代经典力学，这两个理论在某个真实世界情境中都能做出很好的预测，且常常被一起应用。根据卡特赖特的解释，世界是斑斓的，这就是说，经典力学解释和量子力学解释可以同时起作用。模型告诉我

---

① CARTWRIGHT N, SHOMAR T, SUÁREZ M. The Tool Box of Science: Tools for the Building of Models with a Superconductivity Example[J]. Poznan Studies in the Philosophy of the Sciences and the Humanities, 1995(32): 140.
② CARTWRIGHT N. How Theories Relate: Takeovers or Partnerships?[J]. Philosophia Naturalis, 1998, 35(1): 28.
③ CARTWRIGHT N. How Theories Relate: Takeovers or Partnerships?[J]. Philosophia Naturalis, 1998, 35(1): 29.

们，科学定律是在何种情况下产生的，那么，什么是"律则机器"呢？卡特赖特说道："它是一个固定的（充足的）组件排列或要素编排，具有稳定（充足的）能力，在稳定（充足的）那类环境中，将会通过反复的操作产生我们在科学律则中所表征的那种常规行为。"①定律在由律则机器创造的特殊条件下被阐述，这些条件主要是通过"屏蔽"或控制对机器的输入来实现的，这样的话，就可以防止某些事物的操作干涉预定的机器运作。结果是产生特殊情境下其他条件不变的法则，甚至概率法则也可以通过律则机器来发展，简言之，律则机器提供了有序合法的结果。

三、模型系统的方法论特征

现象就是自然中发生的事实或事件，例如，蜜蜂跳舞、雨水降落、星星发光。科学问题的产生最初来源于对现象的观察，例如，观察蜜蜂跳舞可能会产生这样的猜想：蜜蜂运动存在某种系统性。这样的猜想并不是将蜜蜂的运动看作某种完全随机发生的事情，而是将现象看作一个研究主题。另外，确定现象与区分组成现象的因果程序有关。正如 Ian Hacking 所言，"现象在科学家的著作中有一个完全确定的意义。现象是显著的，现象是可辨识的，现象是经常发生于确定的环境下的某种类型的事件或过程"②。换言之，构成现象的知识涉及因果因素的理论化与确证。这意味着，现象的建立既与理论相关也与数据相关，例如，开普勒和牛顿在现象的数据收集中分别运用了不同的模式，这主要取决于他们究竟是将模式解释为椭圆的还是受万有引力影响的行星轨道。因此，对于同一现象，我们可以通过建构不同的模型对其进行描述，这一方面依赖于从数据中得出的已知的经验事实，另一方面依赖于应用于模型中的理论。

于是，玛格丽特·莫里森（Margaret Morrison）曾指出，模型是理论与世界之间的中介，能够对理论与世界进行协调和干预。因此，模型与现象是紧密联系在一起的，现象集中于自然中发现的内容，模型则集中于这些发现是如何借助于公认理论而被把握和描述的。此外，模型可能会引发进一步考察现象的实验。

---

① CARTWRIGHT N. The Dappled World: A Study of the Boundaries of Science[M]. Cambridge: Cambridge University Press, 1999: 50.

② HACKING I. Representing and Intervening: Introductory Topics in the Philosophy of Natural [M]. Cambridge: Cambridge University Press, 1983: 221.

为了把握现象，我们对现象进行了建模，同时，现象被建模的方式将会影响我们解释现象的方式，在此过程中，理论为模型发展提供了背景知识。

鉴于理论的局限性，卡特赖特反对作为形式语言的公理系统的"公认观点"，而且贬低了理论的语义学观点（将模型看作由理论组成的），她认同将模型作为理论与真实世界之间的媒介，认为在理论与世界之间斡旋的模型是"表征性的模型"①，尽管它们可能来源于理论，但它们并非通过作为理论的一部分来表征世界。卡特赖特将表征性模型看作我们建构的模型，其中，这种建构是在特定的语境条件下进行的建构。

表征性的模型能够表征科学情境，为此，它们可以在理论之外发挥作用，这意味着理论并非模型建构的唯一工具，还有其他工具，如科学仪器、数学技术或实验室研究等。卡特赖特指出，"物理学中理论的基本原则并不表征所发生的情况；相反，理论提供了抽象概念之间完全抽象的关系：它为我们提供了受这些概念影响的系统的'能力'或'倾向'。直到那些系统被固定于那些非常特殊的情境中时，那种特殊的行为才可能被确定"②。表征性模型建立了模型与世界之间的联系，同时，模型具有表征某些理论情境的功能。

正如卡特赖特对斑斓世界所做的断言，两个模型都有它们自己的辩护理由，世界可能就像"刺猬与野兔"的寓言一样，或者像"山鸡、貂和狐狸"的寓言一样，这仅仅取决于我们探讨问题的语境。事实上，对于不同物理学领域中发生的不同现象而言，我们需要根据不同理论构建不同模型来表征不同的情境。在"弱肉强食"以及"以智取胜"这两个案例中，存在着关于世界的经验。根据寓言类比，我们可以将不同的寓意应用于不同的经验情境中。

卡特赖特在模型与寓言的类比语境中将理论看作抽象的（"理论就像寓言的寓意"），然而，理论并不是直接关于经验现象的。现象是真实的事物或者与真实的事物有关，其中的真实事物具有许多属性——例如，星星、基因、电子、化学物质等。然而，模型的主题常常是一个现象集，而不是一个具体的个体现象。对于大部分现象而言，我们可以在世界上找到许多样本，这些现象属于同

---

① CARTWRIGHT N. Models and the Limits of Theory：Quantum Hamiltonians and the BCS Model of Superconductivity[J]. Models as Mediators, 1999：242.
② CARTWRIGHT N. Models and the Limits of Theory：Quantum Hamiltonians and the BCS Model of Superconductivity[J]. Models as Mediators, 1999：242.

一个类别,同样地,如果要为一颗星星建模,就存在许多可以作为建模原型的不同的特殊星星。然而,建模对象肯定是一个典型样本。这通常会涉及将考察对象看作具有"一般的"或"典型的"属性,而且,现象的这个"原型"对象可能甚至并不存在于真实世界中。因此,原型是从一类对象(一个对象集)中被筛选出来的,这个原型具有真实现象的所有属性;只不过这些被筛选出来的属性并未偏离现象的"典型的"实例。于是,尽管存在某个偏离规范的解释,但原型形成过程背后的假定不过是:模型不仅是原型的模型。例如,为人脑建模并不是为某个具体的人建模,而是针对所有"典型的""规范的"人建模。为此,现象的原型仍然可以被看作具体的,因为它具有真实现象的所有属性,且恰好以这种方式存在。即使属于某个类型的现象集的元素偏离了规范,我们所要考察的目标仍然是经验现象。于是,为了把握和确定现象,并突出强调人们想要建模的事物,我们往往需要一个原型形成的程序。关键在于,除了原型的形成,现象的任何属性都不能以任何方式被消除。

现象包含着属性,在抽象化的过程中,现象的属性被"抽离"并忽略。粗略来讲,当属于"真实事物"(且使其具有具体性)的某种属性被从中抽离时,具体事物就变成了抽象的。① 当然,并非所有被看作抽象化的概念、原则或理论都具有同样的抽象性,但是,如果没有使理论得以从中抽象化出来的具体实例,任何理论都是不可想象的。我们需要通过不同的实例问题来理解"$F=ma$"这个公式是如何在不同的模型中得以实例化的。理论就是从一些具体实例中"萃取"出来的,在此意义上,抽象理论并非直接关于世界上的具体现象的。在"$F=ma$"这个抽象公式中缺失的属性牵涉这个问题,即我们是如何在不同的个别化情境中注意到力的作用的呢?例如,一个空心块被牵引着穿过一个平面、弹簧从平衡位置的位移、两个物体之间的引力,这都取决于力起作用的方式(摩擦减速、弹簧的斥力、重力加速)。而且,为了应用于每个具体情境中,我们需要确定其质量在物理系统中起作用的物体。相应地,力、摩擦和质量可能与不同物理系统中的不同属性有关联。理论上,力可能被应用于对象或系统,但是,没有对

---

① 这里的"抽象化"是指,从物质的具体化或实践中抽取或分离,它是相对于"具体化"而言的。Cartwright 将它看作亚里士多德的抽象化概念,以一个具有所有属性的具体的完整事物开始,然后在我们的想象中去除掉所有不相干的因素,转而关注于某些个别的属性或属性集,就好像它们本身就是分离的一样。

象或系统的话，孤立的力就是一种我们无法对其进行任何描述的事物，同时，我们也不能了解它的属性。为了建立一个理论，我们需要通过模型来了解，理论是如何被应用于被建模的现象或程序的。

另外，关于法则和理论，某些法则具有理论的地位，但并非所有法则都有。有些科学研究可能必须将极其抽象的理论或原则进行公式化处理，以便应用于一个更广泛的关于具体实例的问题域中。换言之，有些科学可能仅仅应用了模型而并没有理论说明。然而，有些法则也可能仅仅是具体实例的普遍化——例如，"铅的熔点是327摄氏度"，这被假定为对所有铅都为真，但这并非一个关于铅的抽象陈述。抽象法则将会告诉我们如何推断完全不同的金属的熔点，对于一个简单地陈述了铅的熔点的法则而言，不论它对于现象法则而言是真是假，我们都不需要一个能应用于世界的模型。这样的法则并未应用于一系列不同实例中，其中，法则正是从这些不同实例中抽象出来的；这样的法则只应用于一种实例，这就使得法则不具有理论性。相应地，对于这样的法则，在经验上检验其真理性就是直截了当的。

既然理论通过抽象化而将现象中一些具体属性消除，那么，为了对现象进行建模，我们需要对抽象理论进行具体化，将被建模现象的具体规范考虑在内并添加现象（或其原型）的边界条件，我们需要通过添加部分的具体细节来了解理论是如何把握模型的。可以说，科学中的模型相比于理论，为我们提供了更多关于世界的知识。当我们试图通过发展模型来描绘世界的真实状况时，有时需要诉诸理论，而抽象化被认为是理论的特点，意味着为了将它们应用于更多不同的领域中而去除了具体现象的特殊属性。相反，模型是关于具体现象（或其原型）的，这些具体现象（或其原型）具有真实事物所具有的所有属性。理论只有通过模型才应用于真实现象中——通过添加具体现象的属性。然而，理论的抽象性导致我们并不能对经验现象进行直接感知，但这并不意味着理论是无价值的或不重要的。理论与模型必须在不同的层次上证明自己：模型通过与经验现象的匹配来证明自己，理论则通过可应用于各种不同现象（或其原型）的模型中而证明自己。

因此，模型可被看作对现象的一种解释性描述。模型是现象的模型，而理论则是通过模型来表征经验现象的。模型与来源于现象的有效经验数据相匹配，然而，数据与现象之间的关系并不总是直接的，换言之，处理数据并使得数据适合于理论结果之间的对比，还需要许多步骤。或许存在一个关于模型的整体层级，科学模型需要在整个科学程序和科学方法论中被置换。作为结果的"完整"图像重述了从现象到现象数据的联系、从数据到现象的科学模型的联系、从科学模型到现象的联系。

数据与现象本身之间具有一定的距离或鸿沟，这是因为单靠数据本身并不能构成现象。数据的统计学分析最初促使帕特里克·苏佩斯引入了"数据模型"的概念，并假设了模型的整体层级。他指出："对经验主义理论与相关数据之间的关系进行精确的分析，需要我们对具有不同的逻辑类型的模型提供一个层级。"[1]于是，苏佩斯提出关于模型层级的观点，为了使不同的分析步骤变得清晰，而这些分析步骤是为了将这些实验的原始数据联系起来，模型层级主要是通过一个理论模型表达的科学假设来实现的，粗略来讲，模型的层级是由数据模型、实验模型和理论模型构成的。

一个实验模型形成了数据模型与理论模型之间的联系，这个模型牵涉到，如何在实验上对一个理论模型中阐明的假设进行检验？在这个意义上，实验的模型就忽略了实验中可能产生的许多实际问题，例如，模型可能会利用理想化，诸如无摩擦力的飞机等。模型是关于实验的概念的，而并不牵涉实验可能产生的现实的经验主义结果。数据模型的任务是将原始数据变成一个标准的形式，这就使得它能够对实验中产生的数据与理论模型的预测之间进行对比，不过，数据只能在我们应用了一个数据分析方法之后才能使用。数据模型仍然与建模现象过程中牵涉的理论假设之间没有任何关系。例如，在使用一个射电望远镜观察某个天体的过程中，为了获得较高的分辨率，我们需要使用大直径的望远镜。然而，望远镜的碟面大小有着现实的限制，于是，我们并没有使用一个较大的望远镜碟面，相反，我们通过对无线电波的密度和无线电波之间的相位差异进行测量，其中的无线电波是由一些具有较小碟面的望远镜（彼此之间具有一定的距离）接收到的。通过使用干涉测量法，这个相位信息促使我们对具有较大直径的单个望远镜接收到的图像进行重构。数据分析意味着，在这种情况下，从不同望远镜中获得的相关数据必须被合成——综合起来、纠正测量误差并解释：它们等同于仅仅用一个具有超级大碟面的望远镜获得的观察结果。如何处

---

[1] SUPPES P. Models of Data[J]. Studies in Logic and the Foundations of Mathematics, 1966 (44): 252-261.

理来自不同望远镜的数据呢？这个问题将会在数据模型中被把握。这些数据分析的结果通常是以一个无线电等值线图的形式来呈现的，其中的等值线将具有相同的辐射密度的区域联结起来，并且，紧密相连的等值线表明了辐射密度在快速变化中。于是，这些展示了一个对象的密度分布的地图就会被用来对现象的一个理论模型中表征的关于该现象的假设进行检验，例如，射电双源（双重电波源头）究竟是有一个喷射还是两个喷射，或者，一个无线电源的波瓣是否包含着比无线热点更古老的等离子体等。

那么，数据、现象和理论是如何通过各种类型的模型而联系起来的呢？数据来源于对经验研究的现象和对象的考察，考察现象就意味着观察现象或对它进行试验（由此产生的试验结果也以某种方式被检验）。数据分析的结果就是一个数据模型。只有当原始数据被"转换"为一个数据模型时，我们才有可能对现象的理论假设进行检验，而其中关于现象的理论假设为数据收集提供了出发点。

于是，一个现象是通过实验或者观察来检验的。如何把握这个现象也逐渐依赖于有关现象的一个或更多的现存的理论模型。理论模型是我们通过提供尽可能完整的描述来把握现象的一种尝试，这就强调了构成现象的相关因素。原始数据不可能确定一个现象的理论模型，但是必须经历数据分析的过程，且被纳入数据模型的形式中以便于进行实证检验。于是，实证确证发生在数据模型与理论模型之间，而不是发生在数据与现象之间，也不是发生在数据与理论模型之间。

数据与理论之间还存在着一些步骤。理论模型在我们将理论应用于现象的过程中发挥着重要作用，因为它提供了理论与现象的数据模型之间的联系。理论恰恰是通过理论模型而被应用于现象中的，同时，理论仅仅是通过理论模型（将其与数据模型联系起来）而被确证的。因此，理论与经验发现间接地联系起来：主要是通过理论模型与通过数据模型。最后，对现象进行描述的方式与现象的理论模型之间具有密切相关性，而理论模型反过来是由理论假设形成的。

总之，现象与理论模型之间具有密切相关性，但是，对一个现象模型的检验需要经由数据生成和数据建模得以实现。当我们通过实验或者观察来对现象进行检验时，关于现象的数据就生成了。为了对比数据和理论模型，我们需要把握数据模型。为了从现象中提取数据，我们需要在数据与现象之间插入关于实验的模型或者关于观察仪器的模型。模型的目的是表征现象，而所谓"现象"，通常会在模型建构的过程中被重构。被建模的现象可能会在某种程度上偏离现实情况，正是对现象的研究才产生了关于现象的数据，而这些数据后来也成为模型的一种限制条件，模型与经验证据之间的联系必然是强大的。

第三节　意义建构与模型系统之间的表征鸿沟

科学表征的意义建构与模型系统之间是否具有完全的一致性和连贯性呢？这个问题关涉科学表征的科学性与合理性。实际上，在实体对象、概念系统与模型建构之间，可能会存在着表征鸿沟，这主要根源于理论被应用于模型时的理想化。理想化是建模的一部分，毋庸置疑，如果理想化已经发生，那么，理想化的对象或现象仍然将具有与真实现象相一致的重要解释，或者说，被理想化的模型仍然将为我们提供关于现象的重要信息。

一、科学表征的理想化困境

理想化是这样的一个过程：为使建模变得更容易些而故意地改变现象的现有属性的过程。例如，关于孟德尔定律的实验，我们可能需要确定一袋豌豆中有多少是褶皱的，同时有多少是光滑的。为了达到建模的目的，一颗半褶皱的豌豆就可能将其属性"改变"为算是一颗褶皱的豌豆，从而被归类于预定的类别中，这是一个理想化的实例。同样地，为理想钟摆建模，我们需要建立与牛顿力学定律一样应用其中的情境。我们假定，钟摆的绳没有质量，于是，为了达到建模的目的，真实的有质量的绳就被理想化为一根没有质量的绳子。所有的理想化都是实例，被建模现象的属性因而被改变。实际上，钟摆绳是有质量的、能伸展的，且摆锤的质量并非固定于一点。

因此，所有这些都是为了"建构"一个理想化的钟摆。毫无疑问，这种理想钟摆不同于真实钟摆，因此，理想钟摆的模型不可能是对真实钟摆的完全真实的表征。根据安让·卡瓦提（Anjan Chakravartty）的观点，"理想化……不可能被实在论如此直截了当地采用。此处的模型假设否定了我们认为符合于实在的东西,这个语境下的实在论将会在最大限度上被仔细验证"①。于是,有些哲学家会将理想钟摆描述为一种虚构,同时,运动定律将变得更复杂,以便提供一个"关于甚至最简单的物理现象的精确描述"。

接下来,我们就以钟摆的例子来研究理论在模型中的应用。一个理想钟摆包含着某一质量的质点,m("质点")附属于一个无质量的、不能扩展的绳长 l 的一端。于是,我们的任务就是要确定摆锤被拉向其平衡位置的力——在理想化的环境下,力就是一种以抽象理论的形式(牛顿第二定律 $F=ma$)处理钟摆的方法。考察这种特定情况中的力,必然要考虑到这个系统的几何学,包括位移角、绳子的长度和地球的引力。于是,处理理想钟摆的方法通常就是:假设钟摆的位移角比较小,因为这将允许我们用那个角度本身来置换角度的正弦(当然,这个变化是现象的数学描述的变化,而不是现象本身属性的变化)。

很明显,建构模型的物理学家清楚地意识到了他们在模型中引入的理想化。于是,当他们指出这个特殊的模型包含着具体的理想化时,他们主要是指"理想的"或"数学的"钟摆。理想化对于应用牛顿力学定律是必然的,那么,其他理论和考量为使得钟摆成为一个更真实的钟摆,必然要对与通过理想化引入的实体的偏差进行修正。因此,物理学家考察了物理钟摆,这应该是一个更接近于某些真实钟摆的模型,这种钟摆被认为是一种具有任意形状的刚性体,围绕着一个固定的水平轴进行旋转。在这种情况下,质量的中心被看作摆锤,而旋转轴的惯性矩在计算回复力时起着重要作用。于是,一个方程产生了,它表征了哪种物理钟摆与一个具有不同长度的理想钟摆相对应,即理想钟摆的"等效长度"(equivalent length),这个钟摆也可能以其他方式变得"更真实",例如,我们可以对空气阻力的摩擦力、摆锤的浮力(事实是摆锤的视重量被位移的空气的重量减少)、并不均衡的地球引力场等做校正。因此,"我们了解模型偏离真实钟摆的方式,因此,我们也了解模型需要被修正的方式;但是,做出这些修正的能力来源于背景理论结构的丰富性"②。这个例子很好地说明了确定和引入被建模现象的具体细节,这就需要通过模型将理论应用于现象,在此过程中牵涉到理

---

① CHAKRAVARTTY A. The Semantic Or Model – Theoretic View of Theories and Scientific Realism[J]. Synthese, 2001, 127(3): 329.
② MORRISON M C. Models as Autonomous Agents [M]. Cambridge: Cambridge University Press, 1999: 51.

论的理想化方法，关于理想化问题的详细论述，将会在第四章中系统地探究。接下来，笔者将对模型表征过程中产生的另一个问题——虚构方法——进行分析和考察。

科学表征中使用的很多模型是抽象的数学模型，例如，洛特卡-沃尔泰拉模型，并不像沃特森和克里克的 DNA 模型一样是具体的物理模型。然而，一个数学模型究竟具有什么样的特征呢？[①]

第一，在科学表征中，当两个不同的模型使用相同的数学公式来表征两个不同的对象时，它们的表征结构相似但表征内容并不相同，我们如何区分呢？主要取决于模型使用者进行科学解释和科学说明时使用的语境。例如，以"简谐振子模型"为例，相同的数学公式既可以用来描述一个理想化的弹簧，也可以用来描述一个化学键。

第二，科学表征中的因果信息是如何被编码进模型中的呢？语义学观点要求模型具有经验上的适当性（empirically adequate）。换言之，模型与真实世界系统在经验上的子结构的数学表征必定是同构的。然而，许多科学家是实在论者，他们要求，可观察的状态变量和因果结构必须由他们的模型精确表征，这样一个模型将会表征目标现象的真实因果结构。然而，纯粹的数学对象并不能满足这个条件。数学对象可能具有结构属性和关系属性，但并不具有因果依赖性。因此，如果模型是数学对象，他们将会难以表征因果结构。

第三，科学家是在具体的条件下对模型进行表征的。彼得·戈弗雷-史密斯（Peter Godfrey-Smith）指出："我根据表面意义对这个事实进行判断，即建模者们常常描述虚构的生物学种群、虚构的神经网或虚构的经济学。一个虚构的种群是这样的，如果它是真实的，那么，它将是一个有血有肉的种群，而不是一个数学对象。"[②]这就是所谓建模的"表面价值实践"（face-value practice），建模者通过对系统进行设想并据此来了解关于真实世界的知识。正如 John Maynard Smith 在描述一个关于 RNA 复制的精确性的模型过程中的论述："假设有一个复制了 RNA 分子的种群，存在某个单一序列 S，它以速度 R 产生复制品：所有其

---

① 一些哲学家（如 Roman Prigg、Peter Godfrey-Smith、Arnon Levy 等）提出，理解数学模型的最好方法就是虚构（as if），而基于虚构基础建立的模型是理想化的。
② PETER GODFREY S. The Strategy of Model-Based Science [J]. Biology and Philosophy, 2006, 21(5): 735.

他序列以一个较低的速率 r 产生复制品。"①最初,我们设想一系列 RNA 分子经历了复制过程(我们已经具有关于 RNA 属性的某些经验),同时,我们假定关于 RNA 在标准上为真的任何事物对于这个虚构的种群也为真,然后,我们可以对最初设想的种群加以限制:复制率在种群中并非不变的,相反,它是依赖于序列的,而这个序列比所有其他序列具有更大的复制率。戈弗雷-史密斯认为,这是一个关于理论学家建模方式的特别清晰的说明。首先,John Maynard Smith 设想了他探讨的模型,即一个自我复制的 RNA 分子的种群,然后,他继续填充模型的具体属性,同时,他写下了方程式,其中记录了这些规范。

二、意义建构的虚拟性与理想化

科学表征的意义建构过程中存在着不可消除的理想化,这种理想化常常与虚构主义相关,但二者之间又不相同。最直接的虚构解释认为,数学模型都是虚构系统,如果这些虚构系统是真实的,那么它们也是具体的。根据这个观点,尽管一个种群动态的生物学模型是通过使用数学运算而被描述的,但它事实上是一个虚构的生物体种群,与真实世界中的种群具有相似性。洛特卡-沃尔泰拉模型包含了一个关于捕食动物和被捕食动物的虚构种群。这些虚构种群具有的属性在建模过程中表现为生长率和死亡率、数值反应和功能反应等,其他属性或者是从已设定的条件中推断出来的,或者是从理论学家的想象中建构起来的。

这种方式类似于我们在文学小说中建构虚拟世界的方式,文本仅仅包含了一部分细节,而剩余部分由我们来填充,从而形成一个连贯的故事。为了从模型中得出推论,理论学家在心理上另外添加了其他属性。戈弗雷-史密斯指出,我们应该从科学家的表面价值实践中得出一个推论,即数学模型是虚构的系统。

尽管这些虚构的实体是令人困惑的,但是,笔者认为至少在大部分时候,它们与我们都熟悉的事物之间具有相似性,如文学小说中的虚构对象。简单虚构解释有几个优势。第一,它可能解决了困扰数学解释的问题之一:模型是很容易被个性化的。每个虚构系统都是一个模型,同时,这样的系统可以通过不

---

① MAYNARD SMITH J. Evolutionary Genetics[M]. New York: Oxford University Press, 1989: 22.

同方式用语词、方程式、图片或图表来表征。模型描述总是不足以说明通过这种方式设想的模型。但是，这并不构成问题，甚至可能是一个优势，因为不精确的模型描述可被用来产生具有更高级的普遍性的模型家族。第二，模型与世界之间的相似性关系是直观的（直觉的），一个模型与世界上的一个目标现象相类似，只有在它相似于那个目标的情况下才成立。根据这个观点，尽管数学模型是虚构的，但它们也是与真实世界目标之间具有结构相似关系和行为相似关系的物理系统。第三，理论学家在他们具有的关于模型系统的记忆图像的基础上，对模型描述进行了精练化。这些理论学家将自己描述为首次思考模型的人，就好像他们具有某种关于模型的心理图像一样，然后根据他们的记忆图片继续写下他们的模型描述（方程），这是关于虚构解释的最重要的观点之一。

因此，科学模型的简单虚构解释具有重要意义，它为我们分析模型与世界之间的关系提供了一种新思路，而这种分析主要是通过与物理的具体模型相类比而进行的。实际上，我们可以将模型的简单虚构解释看作对科学实践的一种"认识论的"解释。这些解释是一种对科学活动的重构，其中，这种科学活动试图保持忠实于实践，但致力于解释为什么实践是成功的。

然而，这种简单的虚构解释并没有为我们提供一种关于模型的形而上学解释。戈弗雷-史密斯认为，这应该成为一个开放的问题。然而，模型的虚构情境相比于普通小说中的虚构对象具有同样的困扰，我们至少应该对模型提供一种形而上学的清晰说明，以便能够解释模型何以与真实世界中的目标相比，以及我们如何从这些模型中得出推论，这就需要我们对模型的简单虚构解释进行发展。

关于虚构主义主要有两个方向：虚构作为形而上学的可能性或虚构作为科学想象的产物。实际上，还有一种方案是将"虚构"看作推理规则，不过，他们的主要目的是为"理想化"寻求一种与实在论相容的解释。一方面，大卫·刘易斯从形而上学角度看待模型，认为"模型是一种可能性"。根据这个观点，模型是具体的、非真实的可能性，一个数学模型就是一个可能世界或一个可能世界的部分。实际上，这是对戈弗雷-史密斯简单虚构观点的一个非常自然的解释。另一方面，理论学家将虚构作为科学想象的产物，同时，并未在心智状态的存在之外做出任何形而上学的承诺，而这些承诺的内容是虚构的。这个观点弱化了模型作为虚构的本体论承诺，其建模分析仅仅依赖于理论学家的想象力。这种方式下的建模几乎不相信可能性,更类似于讲故事和假扮游戏,因此,这些情节被理解为心智状态,而不是具体事物。

实际上,对于上述两个方向,大部分学者更倾向于将虚构作为科学家想象力的产物①,接下来,我们来考察两个代表观点,以便于更深刻地理解将模型看作想象力的观点。

其一,沃尔顿的虚构主义。根据肯德尔·沃尔顿(Kendall Walton)关于"虚构是一种假扮游戏"的理论,科学模型应该与科学家的想象力密切相关,这有助于我们理解作为虚构的模型以及模型与世界之间的关系。罗曼·弗丽嘉(Roman Frigg)指出,科学家谈论模型时往往将模型当作一种物理事物来看待,而物理理论具有一种"物理特性",这意味着物理理论不可能在不理解其物理实例的情况下被理解。这种物理特性并未被数学所完全把握,因此,他认为模型应该是一种"想象的物理系统,即,被看作假设的实体,事实上在时空中并不存在,而只不过是不纯粹的数学对象或结构对象,因为如果它们是真实的,那么它们就是物理的事物"②。这实际上类似于应用可能性的形而上学而发展的简单虚构观。但是,弗丽嘉认为,这个观点的形而上学承诺太过于实体化,因此,他试图寻求一种替代方案,于是,他在关于艺术哲学的当代作品中发现了这种替代选择,尤其是沃尔顿的"假扮理论"。沃尔顿提出,我们可以通过将虚构理解为类似于一种假扮游戏,这有助于我们对棘手的形而上学的、认识的和语言的问题进行处理。因此,当我们要对"Mordor(魔多)是在Gondor(冈多)以东吗?"这个问题进行判断时,我们实际上是处于一个假扮的情境中,在这个情境中,中土世界是一个具有空间关系和地理位置的地方。我们使用《指环王》和其他相关书籍作为道具,它们使得我们在这些假扮对象之中进行"转换",一些普遍性原则允许我们对这些地理学陈述的真理性进行评价。于是,"Mordor是在Gondor以东吗?"这个问题意味着,"在中土世界这个假扮游戏中,Mordor是在Gondor以东吗?"

---

① 关于这点,比较有影响力的学者包括Roman Frigg、Arnon Levy和Adam Toon,其中,Toon区分了两种情境:科学家为真实系统建模的情境与科学家为非真实系统建模的情境。当科学家为真实系统建模时,其要求我们对这些系统进行想象,而不是描述;但是,当他们为非真实的系统进行建模时,比如永恒运动或三性生物,模型描述就像是关于虚构对象的短文,而模型就是他所谓的"模型世界"。
② FRIGG R. Models and Fiction[J]. Synthese, 2010, 172(2): 253.

如果我们根据这个理论来理解科学模型，模型描述就作为相关的假扮游戏的道具，除了由模型描述提出的规则之外，背景理论和数学公式也提供了进一步的规则。于是，一个模型描述（例如，行星模型是球形的等）包含了模型的主要真理，通过律则或普遍规则而从这些主要真理中得出的内容是有限真理；直接产生的规则是语言学上的约定，同时，直接得出的规则被用于从主要真理中进一步得出相关结论。①

弗丽嘉的观点相对于简单虚构解释体现的优势在于，它有助于我们对有关虚构的形而上学承诺的问题进行处理，它几乎完全省略掉了这些承诺。因为假扮游戏是属于心理学的，因此，并不存在超越人类认知系统和他们使用数学的能力之上的额外假设。具体而言，如果科学模型是假扮游戏，它们并不与物理世界中的任何事物相关，因为它们只是科学家的心理状态。然而，我们何以从假扮游戏中了解真实目标呢？将真实目标与虚构系统之间进行对比就意味着，将虚构系统的属性与真实世界对象的属性相对比。弗丽嘉提出了所谓的"先验虚构的命题（transfictional propositions）"问题。对于这个问题，我们只需要"将模型系统的特性与目标系统的特性相对比"②，而非对象之间的比较。换言之，我们可以形成关于模型属性和目标属性的抽象表征，然后再对这些属性进行对比，而不是仅仅将模型直接比作目标本身。③ 因此，弗丽嘉的简单虚构解释避免了超越心理学之上的形而上学承诺，但是，这个解释并没有真正地消除关于模型与世界之间对比的困扰，同时，它还存在一个关于理论学家之间想象力的变化的问题。

其二，没有模型的虚构。阿尔农·利维（Arnon Levy）就科学建模问题提出了一个更加激进的沃尔顿式解释，他认为，我们可以将建模看作一种虚构活动，但是，这个虚构活动并不真正要求引入一个被称为"模型"的事物。相反，我们可以将建模看作一种典型的理想化。例如，对于"被称为隐窝的宏蜂窝结构的架构是否会影响癌症的概率"这个问题，"一个简单的方法：以一个线性排列来考

---

① FRIGG R. Models and Fiction[J]. Synthese, 2010, 172(2): 260-261.
② FRIGG R. Models and Fiction[J]. Synthese, 2010, 172(2): 263.
③ 正如 Godfrey-Smith 指出的，这个方法实际上付出了很大的代价，因为这些属性实际上是关于虚构场景的属性，它们本身就是未实例化的，而未实例化的属性并不一定会比未实例化的对象和系统具有更强的形而上学基础。

察细胞群组 N，每次都随机抽取一个细胞，但这个细胞每次都具有适当性。这个细胞是由两个子细胞所代替的，同时，其右边的所有细胞都是由某个位置转换到其右边的；最右边的细胞'死亡'，而最左边的细胞起着干细胞的作用"①。戈弗雷-史密斯和弗丽嘉可能会把这段论述理解为对一个虚构的数组中的细胞种群的介绍，但是，利维认为还有另一种解读，即我们想象真实的细胞并以一种特殊的方式来理解它。"诺瓦克(Nowak)想让他的读者们设想有一个真实世界的隐窝，它是一个具有特定属性的线性排列(一维数组)，我们可以将它称之为模型描述的'从物模态的(de re)'解读。这个从物模态解读并非根据'具体说明和对比'这两步来思考的，而是将模型描述看作与其经验目标直接相关。这就好像是，想象某人自己是更漂亮的，或者是一个世界级的运动员。"②于是，按照这种解释，事实上根本不存在模型。建模实践仅仅是以一种简单的、无法验证的方式来思考目标系统的实践。我们不需要假想对虚构的目标系统进行建构，甚至也不需要假想对数学结构进行建构。

实际上，利维提出这个观点的原因在于，他认为，简单虚构观点和沃尔顿的观点并不具有对"模型何以被用来解释其目标"这个问题进行解释的条件。例如，弗丽嘉的解释要求诉诸虚构和目标之间共有的属性，然而，虚构根本不具有属性，于是，弗丽嘉必须诉诸未实例化的属性，但是，这反而再次引入了形而上学的问题。因此，本质上，弗丽嘉的观点与刘易斯的"模型作为可能性"的观点面临着相同的困境，因为它们二者都需要诉诸超越理论学家想象力之上的形而上学属性。相比之下，利维的观点并不具有膨胀的形而上学基础，同时有助于解释"建模何以为我们提供关于它们的目标的知识"这个问题。理论表征和目标之间并不存在中间步骤，因为理论陈述总是直接与目标相关。

三、模型系统的稳健性与理想化

当科学家面对高度理想化的现象模型时，他们需要一种方法来确定：哪些模型或者模型的哪些方面能够做出关于目标的稳定预测或稳定解释？例如，在

---

① NOWAK M A. Evolutionary Dynamics: Exploring the Equations of Life[M]. Cambridge: Harvard University Press, 2006: 222.
② LEVY A. Anchoring Fictional Models: Adam Toon: Models as Make-Believe. Plagrave-Macmillan, 2012[J]. Biology and Philosophy, 2013, 28(4): 693-701.

某些情况下，当我们为物理系统建模时，基础理论能够引导科学家对各种理想化的影响进行评价，然而，在对复杂系统进行研究时，这些基础理论是不可用的，在这种情况下"稳健性(robustness)分析"①就提供了一种可替代的方法。

理查德·莱文斯(Richard Levins)指出，建模的必要条件是普遍性、实在性与精确性之间存在一种三相均衡，这种均衡避免了理论家为复杂现象发展简单模型，因为一个模型不可能同时具有最大化的普遍性、实在性与精确性。稳健性分析能够表明，一个结果究竟是取决于模型的必要条件还是取决于简化假设的细节。通过稳健性分析，我们可以了解，一个模型的结果是否仅仅是一种理想化的产物，或者这个模型结果是否与模型的一个核心特征相关。我们可以通过对相同现象的许多相似但不同的模型进行研究来理解。可以说，"稳健性分析的所有变式和用法都具有一个共同的主题，主要体现在区分真实与虚假、可靠与不可靠、客观与主观等，总之，就是将那些被认为在本体论上和认识论上是稳定的和有价值的部分与那些不稳定的、不可概括化的、无价值的和短暂的部分相区分"②。换言之，稳健性分析的目的是，将模型在科学上重要的部分和预测与作为我们表征的意外结果的虚假部分和预测进行区分，这些稳定的部分就是莱文斯所谓的"稳定定律"。莱文斯通过一个例子说明了稳健性分析的过程："在一个不确定的环境中，物种将会进化发展出广泛的生态位，并倾向于多态性。"③同时，这个结果可能从三种模型中得出：适当性的集合模型、使用了变分法的模型和一个遗传模型。

(一)寻求稳健性的定律

根据莱文斯的观点，稳健性分析的关键在于寻求稳健的定理，其具体过程如下。首先，为一个目标现象确定一系列模型，并对这个模型组进行考察，以便确定它们是否都预测了一个共同的结果，即稳健的属性。其次，对模型进行分析，以获得一个生成稳健属性的普遍结构。以上两个步骤得出的结果综合起

---

① 科学表征中的稳健性意味着表征结构的稳定性和表征内容的连续性。关于"稳健性分析"的观点，请参阅：LEVINS R. The Strategy of Model Building in Population Biology[J]. The Scientific Kesearch Honor Society, 1966, 54(14): 421-431.

② WIMSATT W C. Robustness, Reliability, and Overdetermination(1981)[J]. Boston Studies in the Philosophy of Sciemle, 2012, 292: 128

③ LEVINS R. The Strategy of Model Building in Population Biology[J]. The Scientific Kesearch Honor Society, 1966, 54(14): 421-431.

来就形成了稳健定理本身，即一个将普遍结构与稳健属性联系起来的条件陈述，其前提条件是一个其他条件不变的从句。具体而言，在第一步中，科学家收集了一个多样化的模型集，通过对模型集中相似但又不同的模型进行考察，从而确定：一个稳健属性并不取决于我们分析的模型集的形式。例如，按照谢林的隔离模型，我们建构了许多相关模型，其中，我们可能会改变网格的规律性、近邻的定义、主体关心的属性数量、效用函数的异质性、效用函数的形式、决策过程的复杂性等。这将会生成许多相似但又不同的模型，同时，我们将考察这些模型，以便于确定：它们是否也展示了谢林隔离的特征模式。

实际上，这两个步骤涉及寻求产生了稳健属性的核心结构。在简单的情况下，普遍结构直接就是每个模型中的相同物理结构、数学结构或计算结构，在这种情况下，我们可能会隔离普遍结构，同时，普遍结构产生了稳健属性。然而，这个过程并不总是有效的，因为模型可能会在不同的计算框架中或数学框架中发展，或者模型也可能以不同的方式或在不同的抽象度上来表征一个相似的因果结构，因为他们依赖于理论家对相关的相似结构进行判断的能力。严格来讲，普遍结构的每个表征都会产生稳健行为，同时，普遍结构的所有表征都包含了重要的数学相似点，而不仅仅包含直觉的定性相似点。然而，有些情况下，科学家是根据判断和经验来做出这些判定的，而不是根据数学或模拟。

于是，我们可以将稳健定理的普遍形式描述为："如果其他条件不变，如果我们获得了'普遍的因果结构'，那么，我们也将会获得'稳健属性'。"例如，沃尔泰拉发现，一般杀菌剂增加了猎物的相对比例，这个发现可以被阐述为：如果其他条件不变，如果某个具有两个物种的"捕食者—猎物"的系统在消极的意义上耦合，那么，一个普遍的杀虫剂就将会增加捕食者的丰富性而减少猎物的丰富性。此外，一旦理论家明确阐述了一个稳健定理，稳健性分析的最后一部分就是，试图确定该定理的稳健性程度。

(二)稳健性的不同类型

普遍来说，通过在定理的开始附加上条件不变的从句，就有可能获得稳健性定理。接下来，我们就来考察三种不同的稳健性分析：参数稳健性、结构稳健性和表征稳健性，其中，参数稳健性分析涉及考察"当模型描述的参数值具有多样性时将会发生什么"。结构稳健性分析涉及考察"为模型添加新的机械性特征"。表征稳健性涉及考察"以一种新的表征框架来表征模型的机械性特征"。

第一,参数的稳健性。参数稳健性的分析意味着,一个属性随着模型描述的参数变化而变化时具有的稳健性,其目的是确定:在某个范围内的模型描述的参数变化是否会改变模型的行为,尤其是改变一个所谓的稳健属性。随着参数值的每次变化,我们就在技术上生成一个不同的模型,但这些都是在相同的范围内进行的。

在某些情况下,一个稳健属性可能会以代数的形式来说明,但是,在大多数情况下,科学家会通过选择一个值并计算模型的结果而对参数值进行考察。当模型具有相当小的参数,并且这些参数只能从一个小范围内获得这些值,这时,参数稳健性就很容易考察。然而,随着参数数量的增加,以及这些参数的合理值的范围扩大,对所有全部参数值进行考察就会变得复杂,理论家只好寻求其他方法,主要有三个选择。第一个选择是对参数空间进行抽样考察;第二个选择是从发现稳健属性的区域开始考察,并从这点移动到参数空间,以观察这个属性不再出现的区域;第三个选择是对空间进行积极搜索,以便在属性并不存在的参数空间中寻求一个空间,其优势在于,对感兴趣的区域形成某种方法梯度。

第二,结构的稳健性。在这种分析中,理论家考察了模型的机械属性的变化。为了获得具体的模型,这种方法通过物理学上改变模型而实现。为了获得数学模型,新的数学结构被引入,尤其是通过增加附加的术语或术语与模型描述之间的耦合。计算的模型是通过改变模型的程序来实现的,其中可能包含新的状态变量。例如,关于洛特卡-沃尔泰拉模型有许多的后续分析[1],而这些研究是以沃尔泰拉的初始模型来展开的,但添加了新的术语来表征捕食者情境、猎物的隐蔽能力、捕食者获取食物的多重来源,以及诸如"学习"这种复杂的适应性行为。原则上,任何生态学的互动都可以被添加到模型中。

因此,结构的稳健性分析有助于科学家理解,模型产生的哪部分因果结构是影响模型中被观察的行为的必要条件。这种方法可能为因果结构添加新的部分来实现,在此过程中,我们可以从一个非常小的模型开始,例如洛特卡-沃尔泰拉模型,并增加新的因果互动。另外,这种方法也可能意味着消除因素,例

---

[1] 当代关于"捕食者-猎物模型"的讨论,可以参阅 BRIGGS C J, HOOPES M F. Stabilizing Effects in Spatial Parasitoid-Host and Predator-Prey Models: A Review[J]. Theoretical Population Biology, 2004, 65(3): 299-315.

如，当我们以一个复杂模型开始时，我们可以将这个模型校准到一个具体系统并消除一些因素，以观察哪些因素真正地产生了影响。因此，结构稳健性有助于理论家将产生一个重要属性的必要部分与不重要部分相区分。

第三，表征的稳健性。参数稳健性分析与结构稳健性分析改变了模型的机械属性，以观察现象的属性是如何受这些属性的影响的，相比之下，表征稳健性分析保持这些属性固定不变，而且分析了表征方式的变化是否会对属性产生影响。例如，当一个具体模型以数学的方式被提出时或当一个数学模型以计算的方式被提出时，这是最典型的表征稳健性例证，其中，模型本身的类型被改变。例如，对洛特卡-沃尔泰拉模型的一个基于个体的计算模拟，其本质是对一个计算框架中的经典数学模型进行重新表征。

经典的生态学模型都是针对种群的研究结果，它们并不包含对个体或其属性的表征，而仅仅包含这些属性的统计总量。一个基于个体的模型包含了每个个体在模型总体中的一个状态变量集，它也包含关于总体中的个体生物行为、发展且随时间互动的方式的假设。由于基于个体的模型包含成千上万个变量，它们的动态结果通常是凭借计算情境来考察的，而不是根据数学分析来考察的，因此，为了将基于种群的模型转变为基于个体的模型，我们必须对在基于种群的模型中不清晰的或未定义的个体进行清晰的说明。具体而言，假设个体在一个二维的环形格子上任意地移动①，所有个体都执行一个固定的规则集，其中，这个规则集确定了个体在格子上移动、再生、死亡和互动的方式。

移动规则：在任意的方向上移动一步。

再生规则：从 1~100 中选出任意一个数字，如果这个数字小于或等于猎物再生的可能性的参数，那么，再生就发生了。

死亡规则：检查是否猎物已经被捕食者捕获，如果是，那么就死亡。

捕食者与猎物的规则集共同构成了关于洛特卡-沃尔泰拉模型的一个可能的基于个体的模型解释。沃尔泰拉原则在结构上是稳健的，即它保留了由沃尔泰拉模型描述的因果结构的主要变化。因此，尽管从一个基于种群的框架移动到了一个基于主体的框架上，并且改变了洛特卡-沃尔泰拉模型的各种假设，但

---

① 假设个体在一个由 30×30 个单元格组成的环形格子上移动，其中的每个个体有三个变量：一个表明个体究竟是捕食者或猎物的二元变量，以及两个表明环形格子上的垂直位置与横向位置的整型变量。

是，沃尔泰拉原则仍然有效。这表明，沃尔泰拉原则在表征上是稳健的。

(三)稳健性与可证实性

既然我们已经对稳健性分析做出了一个更完善的解释，稳健性分析是否能够对稳健定理进行证实呢？有些学者认为，莱文斯通过稳健性分析提供了一种非经验的证实形式，因为他们认为莱文斯的论证（"稳健定理是在独立假设的交集处获得真值"）本质上是关于这些定理的某种确证度的一种论断，然而，只有观察和实验数据才可以提供证实，稳健性分析并不能。不过，尽管如此，稳健性分析在证实过程中仍然发挥着重要作用。

建模本身在证实中是发挥作用的，当我们建立一个模型时，它相对于其目标具有较高的逼真度。当模型表现出许多理想化时，我们一般就应用稳健性分析。稳健性分析通过某种形式产生了一个稳健定理：在其他条件不变的情况下，如果主体关于在哪儿生存的决定是由谢林的效用函数与移动规则引导的，那么，隔离就是不可避免的。这个定理并不会对稳健属性在真实世界目标中得以借其实现的频率做出任何论断；相反，它对"当谢林的统一函数与移动规则在一个目标中被实例化时将发生什么情况"做出了一个条件性的论断。

为了确定这个条件句的真值，我们需要表明，关于模型的这个逻辑结论映射在世界中的一个因果结构中。同时，确证这个推论需要的数据并不表明，模型与其目标是相似的，相反，这些数据是关于框架的表征能力的最普遍的事实，其中，模型被嵌入这个框架中。特别是，科学家必须用这些数据来说明，潜在的建模框架足以能表征模型的因果影响。这种对表征能力的说明属于一种"低级确证"，科学家必须在每个科学域中建立低级确证，从而说明，他们的模型与理论得以形成的这个框架能够充分表征他们感兴趣的现象。例如，人口增长的模型。

另外，理论确证中的标准问题意味着一个特定的模型类型，例如逻辑增长模型，是由可用数据确证的。然而，如果种群是逻辑地增长的，那么，逻辑增长模型的数学形式是否能充分表征这种增长？既然低级确证确保了一个模型的逻辑结果被映射在现实世界中的一个因果结果上，因此，它也就说明了稳健定理具有可证实性。例如，谢林式的效用函数导致了隔离且谢林模型可被用于表征目标，这说明我们可以接受稳健定理。

因此，稳健性分析并非一种非经验的确证形式，相反，它确定了这样的假设——其确证来源于对它们嵌入其中的数学框架的低级确证。换言之，我们可以使用模型来做出预测并生成解释要求，其中的相关模型结构具有表征关于世界的经验事实的能力。

小　　结

模型致力于目标的建构，为了把握这些目标，理论家可以间接地通过分析模型来分析目标。这种分析具有许多不同的形式，这取决于模型的类型、科学家的兴趣以及实践因素，包括时间、可实现的计算力等。我们有时候需要对模型进行完整分析，在此过程中，我们将会了解模型的所有静态属性和动态属性、许可的状态、状态之间的转换、产生状态之间转换的因素、状态和转换对彼此之间的依赖性；在其他情况下，具体目标将会指定研究模型的某个特征子集。并不存在分析模型的完全普遍的方法，除非在最简单的情况中。关于建模分析，我们需要说明两点：建模实践有助于我们了解关于模型本质及模型与世界之间的关系；同时，存在着广泛的建模实践，包括建构关于一个简单目标的高度精确的表征，以及对不存在的对象进行建模。在此过程中，通过对具体的、数学的和计算的建模中具有的相似性与差异性进行考察，我们能更深刻地理解和把握隐喻建模的理论实践。

模型处于两种不同的关系中，换言之，模型一方面依赖于模型描述，另一方面是对目标系统的潜在表征。第一种关系是模型与模型描述之间的关系，模型描述是对模型进行数学的、语言的、计算的或者甚至是图像的描述。在数学模型中，对模型的处理与分析是通过对模型描述的处理与分析来进行的，具体的计算模型可能在操作上更直接。模型与模型描述之间具有非常密切的关系，逻辑上一致的所有模型描述至少说明了同一个模型，同时，所有模型至少满足了一个模型描述。第二种关系是模型与目标系统之间的关系，这个关系是真实世界现象的构成部分。理论学家在他们想要研究的世界中选择了某些现象，并从现象的完整内容中进行抽象，从而确定一个目标系统。简单的建模例子只有一个与某个简单目标有关的简单模型，但是，这种情况是不常见的。更普遍来讲，建模者希望用模型来表征普遍化的目标，例如普遍的有性生殖或普遍的共价键，这就要求模型与一个相关目标集相类似。于是，模型与目标之间的关系是相似性关系，换言之，模型与其目标具有相同的重要特征集，其中，科学语境确定了对重要特征的选择和权重。因此，既然模型并不总是与一个简单目标相关，那么，关于模型与世界之间关系的这个简单图景就会具有更强的复杂性。特别是，关于模型与目标之间关系的解释还会受理论家的意图或解释的影响，那么，科学家关于模型与目标之间的关系的观点就可能存在不一致的情况，因为它们依赖于科学目标、背景知识和背景理论，而不是依赖于相似关系的形式。

模型包含结构与解释，它们通过规范性关系与模型描述相关，同时，它们通过相似性关系与目标系统相关。但是，甚至当理论家致力于根据它们的相似性而建立表征目标的模型时，它们并不总是致力于使模型最大化地与它们的目标相似，相反，理论家常常有意地将理想化引入模型中，理想化是由一套规范引导的活动，其中的规范即所谓的"表征理想"。不同的理想化类型受不同规范引导，伽利略的理想化过程将畸变引入具有简单化目标的模型中，随着越来越多的数据被收集起来且计算方法的不断提高，这些畸变就会被消除；极简主义理想化意味着要筛选最重要的因果要素，由极简主义理想化产生的模型具有很广泛的表征力；另外，当建模者在处理非常复杂的系统时，他们可能为他们的目标建构多重模型，其中的每个模型都把握了这些目标的不同方面，由多重模型理想化产生的每个模型，都对产生现象的本质与因果结构做出了各种不同的论断。

那么，模型的哪些方面做出了可靠的预测和可靠的解释？对此，稳健性分析方法或许提供了很好的思路。在此过程中，理论家将他们已经生成的模型与密切相关的模型相对比，以便观察模型与什么是一致的，从而进一步确定稳健性的定理，稳健定理中的条件性陈述确定了一个核心因果机制与某个模型属性之间的关联性。然而，严格来讲，稳健性分析并不确定稳健的定理，相反，它确定了这样的定理——其确证来源于它们嵌入其中的数学框架的低级确证。

另外，来源于科学实践的论证在科学哲学中的地位究竟是什么呢？哲学主张本质上是普遍的，数量有限的案例并不能确保得出某种普遍的结论，同时，不论这些例子具有多大的表征性，它们仅仅是例证，且并非一个完整的例证集合。避免这个困境的一种方式是承认不止有一种科学解释的方式，换言之，世界上根本不存在一种普遍模式，这就意味着，哲学表征的整个范围都是有限的。

于是，布里昂（R M. Burian）提出"对那门学科的理想进行还原"①。然而，如果我们走极端而不将我们在世界中发现的事实和我们解释这个事实的方式进行概括化，那么，哲学就失去了其意义。正是尝试着以不同的模式和概括化对世界进行的部分表征，案例研究能为我们提供经验基础的保证，因此，哲学思维并不能在超越案例研究的情况下获得一个普遍化的结论。例如，我们可以为"扩展的河外射电源"（Extended Extragalactic Radio Source，简称"EERS"）进行建模，它是离地球很远的距离之外的银河系外的天文现象，其无线电波长是可观察的。这个建模将成为某个天文现象的科学解释的一部分，而接近天文学对象是受限的，这主要取决于科学观察工具的专业性，因此，这种建模不能成为科学实验的坚实基础。当科学家考察 EERS 时，他们会遇到不可被解释和说明的现象，即在现象的解释中存在缺口。于是，我们的首要任务就是确定"需要被建模的事物"，而且为 EERS 进行建模都具有较强的可视化组件，因为被观察的数据是以射电图的形式来展示的，其中，这些射电图提供了关于这些被观察对象的表象。射电图是基于对射频频谱的观察而建构的，即非光学的，因此，被观察对象并不能以它们在图片上显示的方式而被"观察"。因此，射频图的目的是将理论的目的形象化（可视化），理论过程的形象化也在日常研究语境中起着重要作用，并且总是作为提出的理论过程的具体化。

可见，这个建模程序被分离了。许多子模型被认为在解释现象的过程中具有个体差异，但这种方式有助于科学家通过具体的任务分配而对个别的子模型进行研究。尽管根据建模的目的将现象的特征进行分离，子模型仍然是整个模型的组成部分，并且作为整个解释的各个部分，彼此之间有可能会实现一致性，换言之，子模型都解释同一个现象，它们最终都被整合到一个整体模型中，然而，这种整合的过程往往揭示了模型的缺陷，因为它们彼此之间并非完美契合。

---

① BURIAN R M. The Dilemma of Case Studies Resolved: The Virtues of Using Case Studies in the History and Philosophy of Science[J]. Perspectives on Science, 2001, 9(4): 401.

第二章

基于隐喻建模的科学表征范式

隐喻建模是将普遍存在于自然科学中的隐喻方法与模型方法相结合起来的一种表征形式，其本质上是基于隐喻推理的基础进行科学建模的表征实践。将隐喻建模置于科学表征的语境框架中来考察其相关特征，如语境关联性、动态层级性和理论建构性，奠定了隐喻建模的语境论基础。语境具有本体论意义上的实在性，而科学表征牵涉的三个基本问题在隐喻建模的语境论视域下，具体体现为：建模主体的意向性问题、隐喻模型与目标对象之间的表征关系问题、建模对象的实在性问题。因此，基于语境实在论的立场来考察隐喻建模的这三个问题，有利于科学哲学家更好地理解和把握隐喻建模这种特殊的科学表征方式，从而以更灵活开放的方式推动科学哲学的发展。

第一节 基于隐喻思维的科学表征

赫尔曼·迈耶(Herman Meyer)将模型等同于"思维图片(mental pictures)"，并将这些思维图片看作将数学表达式与观察联系起来的一种途径，他写道："许多人寻求能使那些公式的意义变得'直观上清晰的'事物：他们需要'思维图片'，以便在非常抽象且常常很难懂的数学公式与通常发生在实验室或自然界中的直接观察之间重建联系。"[1]他认为，模型使理论中体现的观点变得直观而清晰，于是，我们可以通过模型获得比观察到的数学描述更多的知识，换言之，从现象描述到"科学知识"的过程，本质上是科学模型的建构过程。卡尔·多伊

---

[1] MEYER H. On the Heuristic Value of Scientific Models[J]. Philosophy of Science, 1951, 18(2): 112.

奇(Karl Deutsch)持有同样的观点:"人们根据模型进行思考。他们的感觉器官将他们所接触到的事件进行抽象化;他们的记忆将这些事件的痕迹储存为代码符号;并且,他们可能会根据他们早期掌握的模式来回忆这些事件或将它们重组为新的模式。"①

实际上,为了促进科学进步,对事物的思考有时候需要从一种思维方式过渡到另一种思维方式,有时两种思维方式通过两种不同的模型来例证,例如,太阳系的托勒密模型与哥白尼模型。这种转换被托马斯·库恩在其1962年发表的书籍《科学革命的结构》的中称为"范式转换"。于是,考察隐喻就是一种考察科学发现过程与概念转换的方式。

一、作为隐喻的科学模型

将科学模型看作隐喻的观点蕴含着一个假定,即隐喻预示着类比。模型与隐喻之间的关系究竟是什么呢?隐喻往往包含着两个不同现象域的现象之间的一种类比,科学模型的发展也依赖于类比。类比发展于模型中并被隐喻所突出,与不同域中相似的属性、关系或程序相关。

第一,模型和隐喻通常根据其他易于理解与更熟悉的事物来理解某物;熟悉并不等同于被理解,但相似性可能是促进理解的一个重要因素,这也并不意味着理解能够被还原为对类比的使用。但是,在一个探索域(源域)中,组织信息可能有助于与另一个域(目标域)创造联系并实现相似性,这样做的目的在于将与源域相同的模式应用于目标域中,在源域与目标域中具有相同的结构关系假定。例如,根据双星中的能量生成来考察类星体中的能量生成过程,正是通过研究双星系统,作为能量源的质量吸积的重要性首次被人们认识。而且,将引力能转为系统的"内部的"能量或许是对大量必然出现在类星体中的能量的唯一解释方式,反过来,关于引力能的转化过程的提议是受到行星或恒星形成过程中的磁盘的启发。将这些基于类比的观点拼凑为已被细致分析的经验现象,为吸积盘模型的形成奠定了基础,其中,这个吸积盘模型在解释类星体与射电星系的能量中具有本构性。

第二,模型与隐喻可能是假设性的和探究性的。除了一个已经引起模型或

---

① DEUTSCH K. Mechanism, Organism, and Society: Some Models in Natural and Social Science[J]. Philosophy of Science, 1951, 18(3): 230.

隐喻的生成的正类比以外，还有一些负类比或中性类比有待考察。正如互动观提出的一样，这些类比促进了创造性观点的产生，因为负类比与中性类比有时会提出一系列关于目标域的可被测试的观点。不过，隐喻模型不得不面对经验实在的问题，正如海西所言，"比诗性隐喻更为清晰的真理标准"和"寻求一个'完美隐喻'的（或许不可实现的）目标"——寻求一个完美描述，它能够为现象提供一个经验上充分的描述。① 例如，将人工神经网络应用于模式识别的计算中，因为尽管数字电脑是串行处理机且擅长诸如计数或添加之类的串行任务，但它们不擅长需要处理大量不同信息项目的任务，诸如视觉识别（大量的颜色和形状等）或者语音辨识（大量的声音），而这些正是人类的大脑占优势的方面。人脑可以通过许多简单的处理元素的协同工作和"共享工作"来处理任务，这就使得系统容许出现错误；在这种并行分布的处理系统中，一个出故障的单个神经元没什么大的影响。因此，关于人工神经网的观点就是要传达关于计算机并行处理的观点，以便利用假定的人脑处理特性。而且，假设当突触连接上的一个单元与另一个单元之间通过修正达到有效耦合时，学习就在人脑中发生了，其中，这个假定是通过链接的正强化或负强化而在人工系统中得以模拟的。即使在人工神经网与人脑之间存在着大量的负类比，人工神经网对模式识别仍然产生了深刻的影响。不仅链接的数量大大不同于人脑中的链接数量，而且，人工神经网中的节点对比于人脑中的节点被大大简化了。因此，解释神经网的隐喻就意味着对隐喻的恰当应用及其局限性具有一定的认识。

　　第三，隐喻被认为与类比相关，通常会涉及负类比的陈述；然而，这并未阻碍隐喻的使用，相反，科学模型需要关注于所谓的负类比。即使模型被认为仅仅是部分上的描述，为了有效地使用它们，它们的使用者需要认识到那些并不适用的描述。负类比体现了现象的这些方面：现象既不能被模型所描述，也不能在现象与其经验数据不一致的意义上被正确描述。了解一个模型并未阐明的现象的哪些方面，是该模型的一部分。正如以上体现的，人工神经网并未在各个方面都模仿人脑的结构，但我们需要了解是哪些方面没有模仿人脑。讲清楚模型中的非类比可能会产生不利影响。某些隐喻，尤其是当正类比甚至都可能问题重重时，可能会受到正面的误导——例如，对熵的共同解释是将其作为

---

① HESSE M B. Models and Analogies in Science[M]. Indiana：University of Notre Dame Press，1966：170.

对无序程度的测量。我们举一个分隔的盒子为例,其中的一半放有气体,而另一半是空的。当分隔被去除,气体就会蔓延至盒子的两个部分,这就构成了熵的增加,因为所有气体分子不可能同时自发地占据一半的盒子。不确定的是,为什么第二种情境应该被看作比第一种情境"更高的无序状态",因此,为熵建模的一个更有效的方式是探讨每个宏观态中有效微观态的数量。

第四,关于隐喻模型的类型。如前所述,我们对隐喻或隐喻思维进入科学建模中的不同方式进行了区分,隐喻性的模型或产生隐喻术语的模型的不同组合,这两者似乎都是可能的。当从一个模型到另一个模型的转换已经发生,在此意义上,某些模型被认为是隐喻的;在其他情况下,两个域之间的结构关系被假定,其中,这两个域确保了引起目标域中相似结构的模型形成了结构转换。另外,这种转换引起了伴随着模型应用而产生的隐喻语言的使用。例如,模拟退火中的"温度"或观测天文学中的"噪声"。

于是,在一些模型中,被采用的描述性术语是隐喻的,但是,这个隐喻术语中涉及的两个域与结构并不相关,例如,引力透镜。所有的引力透镜与光学透镜具有共同之处,即它能使光线弯曲。由于引力而发生的光线弯曲,并不像光学透镜中的情况一样是根据光的折射现象来解释的,因此,隐喻与引力透镜和光学透镜之间更深的结构类比并不相关。

二、科学隐喻与科学模型的关系

科学隐喻作为科学表征的一种范式,"在建立科学语言与世界的联系中发挥着基础性的作用"[①]。基于隐喻建构的科学模型,能够对特定表征语境中现有理论体系的概念要素进行重新整合;当然,在这个过程中伴随着语境的转换,因为科学隐喻是语境相关的,语境使得这种隐喻建模成为可能。正是语境间的不断互动转换促进了科学模型的不断重构,从而推动了科学理论的发展。因此,对科学表征中的隐喻和模型的特征及其之间的相互关系进行考察是非常必要的。

一方面,科学隐喻与科学模型基于一种发现的语境,因而内在地具有发散性和创造性,所以,"理解一个隐喻就像创造一个隐喻一样需要大量创造性的努

---

① KUHN T S. Metaphor in Science. In A. Ortony(ed.), Metaphor and Thought[M]. Cambridge University Press, 1979: 409-419.

力"①。因此，科学隐喻与科学模型具有理论创新功能。尤其是在探索未知世界的过程中，"隐喻对于理论尚未给定完备解释和充分证实的对象，具有强烈的引导性；而对于给定解释和已被证实的对象，则具有明确的可借鉴性；并在具体的说明中产生有效的说服力"②。换言之，基于科学隐喻建构的模型对科学表征具有启发性，在特定语境中对表征对象进行隐喻建模；当原有语境的规则束缚了科学表征时，科学隐喻的任务就是突破现有理论的束缚，从而创造性地建构新的科学模型。例如，普朗克为了解释"黑体辐射"的现象，提出了量子论。又如，原子结构模型的发展历程就体现了科学隐喻和科学模型在突破现有理论模型的基础上的创造性发展：道尔顿模型—汤姆逊的葡萄干布丁模型—卢瑟福的行星模型—玻尔模型—现代模型（薛定谔的电子云模型）。道尔顿认为，原子是一个坚硬的实心小球，是不可分的；汤姆逊发现原子内部充满均匀分布的带正电的流体，电子就像葡萄干分布在布丁上一样分布在原子的流体中，这个模型首次提出了原子可分的概念；卢瑟福发现原子内部的电子并非均匀分布，正电荷全部集中于原子的核心，带负电的电子就像行星绕太阳系一样绕原子核运动；玻尔在卢瑟福模型的基础上，提出了电子在核外的量子化轨道，从而解决了原子结构的稳定性问题。

另一方面，科学隐喻和科学模型基于一种证明的语境，因而具有解释性和辩护性，因此，"在一定意义上，科学隐喻是'前科学'的直觉与科学经验的概念化之间、科学的'前理论'与'替代理论'之间由此及彼的桥梁"③。这体现了科学隐喻表征的两个维度：本体论维度和空间维度。前者意味着我们可以通过隐喻指称某种特定的表征对象，从而扩展我们关于目标对象的经验认识，并以此构成构建科学表征模型的基础，例如夸克、黑洞等隐喻，甚至包括以太等已被证明并不存在的隐喻，我们都得以借助于这种本体论的隐喻建构其模型；后者则使我们预设了符合于特定对象某些内在特征的相关理论，以通过科学隐喻及其建模来表征认知对象的自然特性和运动状态，例如，"薛定谔的猫"是为了探讨 EPR 悖论体现的量子纠缠的怪异性质而提出的，它通过假设实验说明了宏观世界并不遵从适用于微观世界的量子叠加原理。不过，最近奥地利物理学家利用

---

① STEM J. Metaphor in Context[M]. Cambridge：The MIT Press, 2000：10.
② 郭贵春. 科学隐喻的方法论意义[J]. 中国社会科学, 2004(2)：98.
③ 郭贵春. 科学隐喻的方法论意义[J]. 中国社会科学, 2004(2)：98.

量子效应而未通过光子成像拍照，用一个镂空的猫图案进行实验，虽然不是一张同时"要死要活"的猫的照片，却是粒子能同时处于两种状态的证明，相关论文发表在2014年8月28日的《自然》杂志上。可见，科学隐喻不仅可以通过理论建构的模型来构建表征对象及其相关假设，还可以根据现有理论成果和理论预设对表征对象的某些特征进行验证，从而在证实与否、真理与悖论的结果演绎中促成科学理论的发展及其解释方向；尽管科学隐喻和科学模型表征的内容并不一定与现实世界中的对象及其特性存在一一对应关系，但它们为科学表征提供了一种"可能的趋向性"，"无论这种趋向性是被逻辑地证明，还是被测量地证实，均是隐喻的这种表征功能所引导的结果"[1]。

另外，我们在考察有关科学隐喻与科学模型之间的关系时，有时会涉及介于二者之间的科学类比，因为科学类比本质上是一种典型的隐喻思维。自然科学的发展史表明，科学类比是科学理论建构过程中最富有活力的一种方法，科学家常常通过对两个不同语境中的对象、现象、事件或目标系统进行类比，建立基于相似性基础上的理论表征系统。例如，卢瑟福将原子绕核运动类比为行星绕太阳系运行。尽管科学类比与科学隐喻的表征效能有所不同，但科学类比通常表现为一种隐喻映射关系，而"科学隐喻被认为是引发类比或建构相似性的媒介"[2]。事实上，科学类比与科学模型都蕴含着一种隐喻思维，因为隐喻映射是在两种被表征的情形之间建立一种结构排列同轴性并且以此投射推理的过程。换言之，科学隐喻和类比与科学模型之间具有通约性，科学隐喻的直觉性为科学类比的逻辑性和科学模型的整体系统性预设了表征语境，科学模型正是根据基于隐喻语境建立的具有意向性和逻辑性的科学类比而建构起来的，我们可以称这种表征为"隐喻建模"。例如，著名的"黑箱理论"把人的大脑类比为一个不透明的"黑箱"，我们既不能打开又不能直接从外部观察其内部系统，而只能通过大脑信息的输入输出来分析其内部结构，由此，某些科学家试图"根据对精神的常识性了解和某些一般性的概念建立模型，该模型使用工程和计算术语来表达精神"[3]。此外，基因的分子基础及其复制过程，蛋白质的结构及其合成机制

---

[1] 郭贵春. 科学隐喻的方法论意义[J]. 中国社会科学, 2004(2)：99.
[2] JONES D M B. Models, Metaphors and Analogies[M]. Blackwell Publishers Ltd, 2002：114.
[3] 克里克. 惊人的假说——灵魂的科学探索[M]. 汪云九, 齐翔林, 吴新年, 等译. 长沙：湖南科学技术出版社, 2000：17.

等，都体现了隐喻建模是科学表征的重要手段，为我们描绘了一幅关于我们生存世界的生动图景。

三、隐喻建模的方法论特征

科学建模是一种特殊的科学表征形式，而基于隐喻的科学建模则代表了当代科学哲学研究的一种新范式，是科学表征的内在要求。因此，关于隐喻建模，我们可以在科学实践中找到很多这样的实例，例如，"自我复制的 RNA 分子""BP 神经网络"，或者更典型的"理想气体模型"和"无摩擦力的飞机"。事实上，这些模型的最初描述是基于科学家的想象力，借助于隐喻手段来表达的。尽管它们不一定是真实存在的具体物理事物，但是，我们可以通过对这些隐喻建模机制的考察，说明它们存在于时空中的因果关系，从而，不仅可以了解关于世界的可观察结构，更可以对不可观察的世界进行间接把握。

首先，对隐喻建模的哲学分析可以参照罗纳德·基尔（Ronald Giere）对科学的分析，其主要观点可以通过图 2-1 来说明。① 基尔将这种分析归纳为对所有理论科学的分析，即科学家应用语句、数学或其他表征手段来说明一个模型系统，然后对模型系统进行分析、描述和论证；同时，一旦我们理解了模型系统，我们也就可以将它比作真实世界的目标系统。本质上，这种对比是建立在两者的相似性关系基础上的，尽管这种诉诸相似性的表征手段颇受争议，但这幅图为我们提供了关于理论科学的基本描述，它是一种以自然事件的间接表征为特征的表征形式。

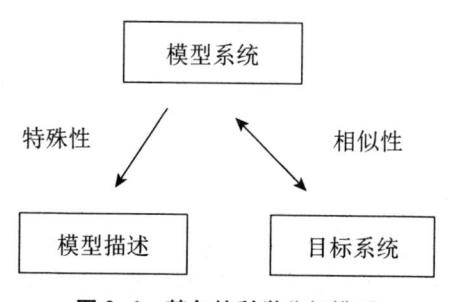

图 2-1　基尔的科学分析模型

---

① GIERE R. N. Explaining Science：A Cognitive Approach[J]. American Journal of Physics，1989，57(6)：572-573.

其次，基于隐喻的科学建模本质上是对模型与目标对象之间的相似性类比，从这点来看，科学的隐喻建模大致体现在以下三方面。第一，两个物理系统之间的类比。通过寻求它们自身物理属性之间的共通性，我们可以应用一种真实的物理模型来理解另外一个真实系统，例如，流体动力学中的"风洞实验"就是根据运动的相对性原理，将模型放置在风洞中，通过研究模型与空气运动之间的相互作用，从而获得模型模拟的实体的空气动力学特征。第二，理论系统与物理系统的类比。典型的方式是通过"思想实验"的逻辑推理和数学演算过程，对现实中无法直接把握的物理现象进行理论化表征。例如，近些年，科学家根据弦理论提出了循环宇宙模型[1]，弦理论的基础是"波动模型"，科学家正是在此理论基础上进行一系列的逻辑推演和系统类比，从而建立了循环宇宙模型。第三，两个理论系统之间的类比。隐喻建模表征的对象有时可能仅仅是一种理论实体，它是一种建立在合理想象和推理基础上的理想化模型。例如，电学谐振子模型与力学中谐振子的简谐运动模型这两个理想化模型的相似性基础是：假设振动物体是体积为零的微粒（质点或点电荷）。另外，电磁学和流体力学这两个理论模型，都是从其隐喻语境"场"的视角来描述其内在规律的，二者在物理描述和数学表达上具有高度的形式统一性，这表明两个理论模型表征的现象具有内在相关性。

最后，既然隐喻建模是由目标对象展现的属性之间的相互映射引导的，在多数情况下，我们可以经由抽象和同构将抽象程序映射到数学程序，这就会牵涉数学描述的理想化表征问题。科学家通过建构理想模型对目标现象进行准确描述，科林·克莱因（Colin Klein）称它为"准理想化（quasi-idealizations）"。实际上，理想化在隐喻建模中的作用可以用一种"轴辐射（hub-and-spoke）"类比来说明：隐喻建模的表征对象作为一个"中心（hub）"，其外围辐射了真实世界的所有实例。例如，在物理学中的费米气体是一个量子统计力学中的理想模型，它忽略了粒子之间的相互作用，致力于研究独立的费米子的物理行为，从而有助

---

[1] 弦理论的基本对象不是基本粒子，而是一维的弦，它支持一定的振荡模式，或者共振频率，从而可以避开"粒子模型"遇到的一些问题。而循环宇宙模型认为，"宇宙将永远不会结束，而是处于从生长到消亡的循环过程中。大爆炸既不是宇宙的起点也不是终点，而只是宇宙不同阶段的'过渡'"。参见宇宙真的可以轮回？罗杰·彭罗斯提出循环宇宙论，完美解释宇宙规律[EB/OL]. 网易新闻，2023-06-25.

于对牵涉粒子间相互作用的问题进行研究。又如，量子力学的微扰理论，在这个理想模型中，经由作为"中心"的费米气体模型的准确知识，加上一系列更经验化的概念和方法，我们可以实现对现实中复杂系统的近似化表征。当知识高度发展以后，这种理论组织中的理想化模型并不会消失，它们作为普遍化的一种结果保留着一种解释性作用。[1]

总之，基于隐喻的模型系统与其目标对象之间存在着类比关系，如果隐喻模型表征的理论实体是真实的，那么模型本身也是对具体的物理实在的配位，具有内在的因果关系。同时，对这种因果关系的描述是建立在对现象的理想化表征基础上的。因此，将模型系统作为理论建构的具体实在，是基于隐喻的科学建模的一个显著特征。

第二节 隐喻建模的语境相关特征

本质上，科学哲学的目标是要表征关于世界的整体图景，广义而言，这个图景其实包含两部分：一部分是对科学家的科学实践的解释，包括科学家如何发展思想、应用了何种表征工具以及如何确证某种观点；另一部分则是对这些实践活动获得的内容的表征，包括这些内容如何与世界联系起来以及它何以使知识成为可能。其中的第二部分就包括本体论和认识论上对科学表征的考察，而隐喻建模作为科学表征的一种重要方式，必然绕不开第一部分的语境基础，因为隐喻建模是关联语境的。

一、隐喻建模的语境关联性

隐喻建模的表征过程基本上可以归结为：对现象提出科学假设，并进一步通过科学建模来提出相关解释，从而实现对更复杂的真实世界系统的表征。换言之，在提出这些理论化假设时，我们都预设了其表征语境——物理学、神经网络、生态学等。例如，风洞实验的表征语境是流体动力学系统，是指在风洞中安置飞行器或其他物体模型，研究气体流动及其与模型的相互作用，以了解

---

[1] WEISBERG M. Qualitative Theory and Chemical Explanation [J]. Philosophy of Science, 2004, 71(5): 1071-1081.

实际飞行器或其他物体的空气动力学特性的一种空气动力实验方法,而风洞实验在昆虫化学生态学的语境下,则体现为在一个有流通空气的矩形空间中,观察活体虫子对气味物质的行为反应的实验。

我们知道,科学家的任务除了理解经验世界外,还包括考察我们的经验世界不能把握的事物,如理想气体模型、黑体辐射等。当然,这些假说最初作为想象力的产物,并不一定真实存在,而且,科学假说作为一种科学隐喻,其命题语言并不是纯数学的,可以还原和化简,并且提出某种预言。但是,基于科学假说的隐喻建模需要依赖于逻辑语言和语境,例如,"麦克斯韦妖"这个隐喻表征的是违反热力学第二定律的可能性,其语境基础是:气体分子的运动,温度高的分子比温度低的分子运动速度更快。麦克斯韦在此语境中意识到,自然界中存在着与熵增加相拮抗的能量控制机制。尽管这个"麦克斯韦妖"最后被证明是不存在的,但它是耗散结构的雏形。

科学模型受隐喻牵涉的各要素之间语境互动的影响,语境的涉入意味着对科学表征的目标对象进行隐喻重描或隐喻预设,因此,隐喻建模在科学表征中的功能可以归结为启发性功能和解释性功能。可以说,隐喻建模的解释性功能对科学表征的意义在于:通过隐喻把科学理论建构成为具有经验应用的抽象模型,从而实现对现实世界的表征;同时,在此过程中的隐喻建模依赖于先前建立的关于某个现象的系统阐述。例如,薛定谔通过对光学和力学之间的类比探索,提出波动力学说。他认为:"把普通力学引向波动力学的一步是一种类似于惠更斯的波动光学取代牛顿理论的进展。我们可以形成这样的形式对比:普通力学:波动力学=几何光学:波动光学。典型的量子现象类似于像衍射与干涉这样典型的波动现象。"[1]此外,还有一种建模并不依赖于先前理论的语境,而是直接从经验领域获得的隐喻构建科学理论,例如,洛伦兹以"蝴蝶效应"来说明,初始条件的微小变化都可能导致气象预报结果的巨大差别。

事实上,在现实的科学表征中,通过隐喻建模进行推理的科学家总会在对该科学问题进行正式分析之前,甚至在对该目标进行清晰定义或详细说明之前,就对语境元素之间的关联关系(associative relevance)产生某种直觉(尽管并不总是精确的)。同时,这种直觉作为表征元素与整个语境之间关联性的初步估计,

---

[1] SCHRÖDINGER E. Collected Papers on Wave Mechanics[M]. New York:Chelsea Pub Co,1982:162.

促进了隐喻建模的表征过程。而且,元素之间的关联度越高,这种关联关系对表征过程的影响程度就越深。另外,由于所有语境元素都在某种程度上彼此相关,只不过关联度不相同而已,因此,关联关系是分等级的。

可见,隐喻建模通过语境的涉入来改变主题的原始"字面"意义从而影响科学表征,使得新的理论概念逐渐调整了现有理论(科学描述和科学解释)中观察术语的意义网。如果我们将语境看作一个域,或者借用人工智能中"盒子隐喻(box metaphor)"的观点,"每个盒子都具有其自身的规则,并且在'内部域'与'外部域'之间具有一定的界限"①。于是,隐喻建模过程中的推理过程就表现为这些语境盒之间和语境盒内部的互动作用,当然,这种互动作用需要遵循一定的规则,从而使得隐喻建模从一个语境盒转换到另一个语境盒成为可能。

二、隐喻建模的动态层级性

隐喻性根本上是由语境决定的,而语境也是连续的且不断变化的,同时,隐喻理解的语境由于关联度不同呈现出一定的层级性。因此,隐喻建模的表征过程也具有相应的动态层级性。鉴于此,我们接下来探讨这种动态层级性在隐喻建模机制中的具体体现。

隐喻建模是在隐喻理解的基础上通过建模方法来实现科学表征的活动,而隐喻理解过程包括"发现共性"和"映射推理"两个过程。因此,隐喻建模过程可以表述为:通过"扫描"相关语境中的元素来寻求基底和目标之间的共性,然后将这些共性定向映射到目标对象之上,并进一步基于这种相似性建立模型表征。事实上,这是一种将"结构映射机制"②应用于隐喻理解的方法。它采用了一个三阶的"局部到整体"的层叠性推理过程:第一个阶段是一个平行的局部匹配阶段,所有相同的谓词及其对应参数的配对组合都被放置在其相应位置上;第二个阶段是一个结构一致性的探索阶段,局部的匹配被合并为小的、结构上一致的映射群集(所谓的"核心程序");在第三个阶段中,核心程序被合并为大的整体解释,这个合并过程使用的演算法则以极大核开始,添加了在结构上与第一

---

① GIUNCHIGLIA F, BOUQUET P. Introduction to Contextual Reasoning:An Artificial Intelligence Perspective[J]. Perspective, 1997(31):127.

② FORBUS D, GENTNER D, LAW K. MAC/FAC:A Model of Similarity-Based Retrieval[J]. Cognitive Science, 1995, 19(2):141-205.

个极大核相一致的第二大核,并继续进行演算,直到在不影响结构一致性的前提下,没有更多的内核可以添加。可见,这个过程体现了隐喻理解的层级性,基于这种理解过程建立的表征模型也应该体现这种层级性。例如,"木星大红斑是一个巨大的气旋",因此,科学家在肥皂泡上复制了这种现象。初始的对称校准过程产生了"动力学对流模式"这个共同系统。于是,定向性推理过程就进一步将关于基础概念"肥皂泡气旋"的知识映射到目标概念"木星大红斑"之上,从而得出观点:"木星大红斑也是一个肥皂泡气旋。"这意味着,我们或许可以通过研究肥皂泡表面的旋涡来预测木星上气旋生成的规律。

实际上,隐喻建模的结构映射过程中体现的动态性,主要是由于语境要素的互动作用形成的。我们可以将这些相关联的语境要素分为:来源于推理机制本身(例如,目标、子目标和由推理机制建立的事实)的"推理语境"、来源于对环境的直觉感知的"感知语境"以及来源于旧的表征的"记忆语境"。隐喻建模的结构映射过程正是受到这些语境要素的互动影响才体现出一定的动态性。

第一,记忆过程不断地根据联结论的机制来改变语境,记忆语境的动态性体现在:从先前语境中获得的元素对当前语境中认知系统的行为的影响随着时间的推移而逐渐减少,换言之,记忆语境对隐喻建模的影响有一个逐渐"衰退"的过程。同时,记忆语境中的变化并非推理过程的结果。实际上,记忆语境反而会通过对已有推论的优先选择而影响推理过程。

第二,感知语境会随着环境的改变而变化,例如,新对象的出现、现存对象改变了自身属性、对象之间的关系随之改变、认知系统的行为改变着环境等。同时,活跃的感知能接收到在此过程中发现的新元素,被感知的语境也因此不断变化。于是,感知语境的建模过程是:感知过程产生了与环境元素相一致的经验直觉,并将它们与目标主体联系起来,其目的是从一个情境图像来建构起关于问题的直觉表征。当主体感知到表征对象的环境变化时,这种情境图像就会随之做出调整,从而适应于感知环境的动态变化。

第三,当推理机制改变时,语境也就随之而改变,例如,当推理机制改变了目标或产生一个子目标,推理语境本身也随之被改变或扩展。推理语境的变化会产生新的目标主体,并将它们与初始的目标主体联系起来,从而影响隐喻的映射推理过程,同时,由此形成的推理结论在进一步的推理过程和建模过程中起着关键作用。因此,语境推理机制的变化将新的实体纳入考察的范围,减少和增加了各种语境元素的影响。另外,不仅语境关联度的计算能在某种方向上引导隐喻建模的推理程序,事实上,推理过程也会影响语境关联关系的计算,从而影响隐喻建模过程。例如,当一个新目标形成时,相关性就会自动改变,而隐喻表征也会将其纳入建模过程中。

总之,语境是动态的且不断进化的,基于隐喻建模的科学表征过程是通过以上三个语境过程的互动而实现的,同时,正是由于这些语境因素的变化而导致了隐喻建模的动态性。

另外,语境的应用使得隐喻建模机制同时具有灵活性和有效性,而这两个特征在传统上是对立的。灵活性意味着隐喻建模能够以多种方式来解决各种科学表征的问题,同时还可以预见新的可能情境;有效性则意味着隐喻建模机制被预先限制于特定领域中的具体启发式和图式中。为此,要想解决这个问题,在特定语境中进行的隐喻建模必须受到当前语境的严格限制。换言之,隐喻建模的语境具有其自身的边界,我们必须在建模机制牵涉的语境边界内对目标系统进行动态的推理预测。

三、隐喻建模的理论建构性

科学家必然时常超越现存理论的范围来建立模型系统,以便对目标系统进行理想化表征或探索性表征。事实上,由此产生的许多模型是不精确或不现实的,而是对目标的理想化建模,例如,我们通过天文模型来表征太阳系;某些模型甚至并不表征现实对象,而是起着预测的功能,例如黑洞模型。尽管如此,我们仍然认为这两种"不精确或不现实的"模型具有重要的表征意义,因为"我们并不要求一个表征理论能够指出或解释精确表征与非精确表征之间或可靠表征与不可靠表征之间的差异性,而只要求指出或解释表征与非表征之间的差异性"[1]。

首先,隐喻建模是一种理想化过程。科学中常常存在一些复杂而难以在实践中解决的问题:必需的方程要么太过于复杂,以至于难以用现有的分析工具和数值工具来解决,要么根本不能形成这些方程。例如,由于许多粒子之间具有复杂的相互关系,物理学家必须引入简化的假设"模型"。这类模型的优势在

---

[1] SUÁREZ M. Scientific Representation: Against Similarity and Isomorphism[J]. International Studies in the Philosophy of Science, 2003, 17(3): 226.

于，它们至少在原则上是容易解决的。例如，我们可以应用胡克定律来说明弹簧振子的运动方程，其中，弹簧振子被建模为一个简谐振子。当然，这个方程并非对弹簧运动的直接描述，我们只是在直观上将它表征为一个简谐振子，但我们在建模的过程中确实表征了它。按照罗纳德·基尔的观点，一个理论模型，如我们的弹簧模型，并非我们写下的预设描述和运动方程，而是由它们确定的抽象实体的某种形式。总之，基于隐喻的理想化建模能为科学表征提供更多的知识，这正是传统的基本理论难以解决的。

其次，隐喻建模的目标可能并不实际存在。事实上，科学中存在许多模型并不表征具体的实际对象或事件，例如，电影《星际穿越》在物理学家基普·索恩的指导下模拟了黑洞模型，探讨被物理学家称为"宇宙的翘曲一侧"的问题，如弯曲的时空、现实世界的缺口、引力如何弯曲光线等。但是，我们面对的问题是：已知并不存在它表征的实际对象，这个模型在何种意义上是表征的呢？例如，19世纪物理学家建构了以太的机械模型。由于以太并不存在，我们并不能架构起模型与以太的相似性，从而也就不能建立模型与以太之间基于相似性基础的表征关系。鉴于此，或许我们可以参考毛利西奥·苏亚雷斯的"推理概念（inferential conception）"来解决隐喻建模中无实际对象的科学表征问题，根据这个观点，一个表征源A表征某个对象B，"当且仅当(1)A具有指向B的表征力且(2)A允许有能力的主体得出关于B的具体推理"[1]，"在理论建构的对象表征与真实对象表征之间并不存在不同之处，除了目标的存在或其他方面"[2]。

最后，隐喻建模是一个动态发展过程。模型常常被用在发展一个"基本"理论的过程中，即所谓的"发展模型"[3]，这意味着迈向一个"就绪"的理论的发展过程。例如，高能物理学中量子色动力学的模型发展。物理学家是通过从强子园（Hadron Zoo）连续的发展模型层级来重构量子色动力学（QCD）理论的。事实上，在强相互作用的物理学的初始阶段，实验物理学家收集了大量从低能核反

---

[1] SUÁREZ M. An Inferential Conception of Scientific Representation[J]. Philosophy of Science, 2004, 71(5): 773.

[2] SUÁREZ M. An Inferential Conception of Scientific Representation[J]. Philosophy of Science, 2004, 71(5): 770.

[3] Leplin J. The Role of Models in Theory Construction. In: NICKLES T. (eds.) Scientific Discovery, Logic, and Rationality[J]. Boston Studies in the Philosophy of Science, 1980(56): 267-283.

应中产生的"基本粒子"。在随后研究衰退粒子的过程中，引入新的内在概念自旋、同位旋和奇异性，并且应用了量子场理论，它提供了一个普遍的形式体系。本质上，量子场理论类似于拉卡托斯所谓科学研究纲领的"硬核"，自20世纪50年代早期以来，量子电动力学就是量子场理论的范式。在建立了量子电动力学之后，物理学家立即扩展了这种形式体系并开始将其他场域量子化。在这些理论的指导下，首先发展了电弱相互作用的理论，很多年后又发展了量子色动力学理论。可以说，这是迄今为止强相互作用的物理学发展的一个终点，各种正在进展中的研究都将量子色动力学包含在了一个更综合的理论框架中。可见，隐喻建模的主要优势在于：它是动态发展的，同时，它预先提供了某种可能的物理机制，而这个物理机制后来被证明是有效的。

总之，基于隐喻的建模是科学理论建构的一个重要方面，它常常被用于结构化数据、应用理论或建构新理论的过程中，从而有助于促进科学研究从已知领域向尚未可知的领域不断发展。这也体现了科学表征是一个动态过程，而其动态性就体现在持续的理论建构中。

第三节　基于语境实在的隐喻建模

一般而言，科学表征至少牵涉三个方面：表征主体、被表征的目标对象、表征结构与被表征对象之间的关系。在基于隐喻的建模语境中，科学表征的过程就是要揭示隐喻解释的语境自身内在的关联关系以及不同语境之间的关联关系。因此，基于隐喻建模的科学表征内含的问题包括：建模主体的认知问题、模型与目标系统之间的表征关系、建模对象的实在性问题。这三个问题具体到隐喻建模的语境相关特征上表现为意向性、精确性和实在性三方面。

一、隐喻建模主体的意向性

在通过对科学数据的"隐喻重描"这种互动的理论模型而实现科学表征目标的过程中，对同一科学问题的不同隐喻视角可能生成不同的模型，这种差异根源于建模主体的意向性不同，本质上体现了主体对同一对象多维度的语境关照。因此，隐喻建模的科学表征首先是在基于主体意向性的心理语境中进行的一种认知表征过程，其次在此基础上实现对目标对象进行模型建构。实际上，影响隐喻建模的语境效应是由语境依赖和语境敏感两个关键因素构成的，它们通过主体的意向性来影响隐喻建模的认知过程。

一方面，科学表征是问题导向的，基于隐喻建模的科学表征必定依赖于具体的问题语境，而这种语境依赖性就体现在隐喻理解和建模结构的关联关系中。同时，这种关联关系是动态的，其动态性恰恰体现在主体基于隐喻理解进行模型建构的语境中。这就意味着主体的意向性是在特定的语境边界内体现的，因为基于隐喻建模的科学表征实践不可能超越其特定语境的边界来进行。特别是随着现代计算机科学的发展，基于隐喻理解的建模模拟，特别鲜明地体现了隐喻理解与模型建构的表征过程在特定的语境边界上的有机统一。

本质上，语境是某个具体情境下影响人类(或系统的)行为的所有实体，即产生语境效应的所有元素的集合。隐喻建模的语境意义体现在主体在隐喻理解的推理机制和模型建构的实践表征中，因为主体建模首先是一个意向性的过程，这种意向性意味着一个不断进化发展的认知系统状态，这意味着隐喻建模语境的自主性和动态性。同时，隐喻理解的结构映射与模型建构的表征过程是统一的，而其统一的基础恰恰是依赖于语境的，而语境是有边界的，"一个表征的语言学结构的表达，就是把语形与它的语词的初始意义的语义解释结合起来并且具体化"①。例如，宇宙暴涨模型的理论预设是引力波的存在，其语境边界就限定在天体物理学之中。正是在这个特定的语境边界条件下，爱因斯坦的广义相对论预言了这种以光速传播的时空"涟漪"，而美国科学家于2014年3月18日宣布探测到了原初引力波，这个发现为宇宙暴涨理论的建模语境提供了有力证据，从而为科学家在该语境边界内建构关于"平行宇宙"的理论模型提供了可能。

另一方面，建模语境必定涉及主体关于建模对象形成的背景知识和理论预设，也包括科学共同体的信念倾向。实际上，对同一对象不同隐喻建模的表征形式上的差异性，本质上是表征主体具有的知识背景、理论体系和信念倾向上的不同层次的体现。因为建模主体的意向性内在地包含着其具有的价值趋向，科学家作为隐喻建模的主体，由于受到其自身认知过程中形成的不同记忆语境、感知语境和推理语境的影响，他们对同一个目标对象可能形成不同的理论预设

---

① FODOR J, LEPORC E. Out of Context[J]. American Philosophical Association, 2004, 78 (2): 90.

和意向选择，由此也就形成了不同的语境建模系统。

事实上，科学共同体是依据相关语境要素的语境敏感性程度来确定因果要素或推理要素的表征力的，也就是说，因果要素或推理要素的重要性依赖于语境中的主体意向性选择。换言之，隐喻建模的推理结构不仅受到已有的实验数据和公理系统的影响，而且受到科学共同体的经验知识和信念倾向的影响。同时，由于科学共同体在进行科学表征的过程中，不断扩展了原初问题语境的范围，并将不断扩展的问题语境融合在自身的意向性建模结构中，因此，隐喻建模的各个步骤都是随着语境的不断扩展和整合而获得持续更新的，这也意味着一个动态发展的认知过程。

总之，特定的科学表征语境下的隐喻建模，本质上是一个具有自主性的语境实现过程，它具有很强的语境依赖性和语境敏感性，不仅体现了建模主体的价值趋向，而且体现了建模语境的边界范围。同时，隐喻建模中的隐喻理解和建模过程统一于该语境的目标系统中，在一定意义上体现了建模语境的内在一致性，也体现了"科学语境的相对确定性与普遍连续性的统一"①。

二、隐喻建模表征的精确性

传统科学哲学关于科学表征的核心观点是，科学表征与其目标对象之间存在着一种必然联系，同时，知识表征必须建立在"符合现实"的基础上，以确保表征内容的客观性和真实性。然而，随着科学技术的发展，尤其是科学家在进行科学探索和科学建模过程中，往往会通过计算机模拟的方法来对难以直接把握的领域或未知世界中的目标对象进行建模分析。那么，这就使得"模型与目标对象之间的表征关系问题"成为现代科学表征语境下隐喻建模必须面对和解决的一个突出问题。

首先，传统的隐喻建模是一种基于相似关系的结构映射的认知过程。事实上，大部分关于科学建模的观点都认同的是精确性是根据模型与世界之间的某种相似性而判定的。同时，人类对世界的表征是以一种自动或无意识的方式而实现对目标对象的直接感知的，而模型的"主观性和客观性均为基于感知图式的

---

① 郭贵春.语境的边界及其意义[J].哲学动态，2009(2)：94-100，129.

隐喻"①。因此，通过隐喻建模方法来进行的科学表征，其目的也在于揭示真理。隐喻模型与其对象之间的表征精确性依赖于二者之间的相似关系，从而通过这种相似关系为目标对象提供一个最佳解释，这体现了基于隐喻建模的科学表征的基本要旨。

其次，隐喻建模的表征实践涉及的关系上的精确性是相对的、有条件的。隐喻模型与其目标对象之间的精确表征并不完整对应，隐喻模型仅仅是在某些方面最大化地相似于表征对象的某个方面。例如，如果弹簧模型使我们设想振子随着时间段（$T = 2\pi$）而振动，当且仅当振子实际上确实随着时间段（$T = 2\pi$）而振动时，这个模型在其预设下就是精确的。因此，模型的精确性取决于我们设想的关于其表征系统的命题的真值（或近似真值），这个观点既适用于物理模型，也适用于理论模型。

最后，隐喻建模是一种理想化的表征关系，隐喻模型与系统之间并不存在严格的演绎关系，而是一种近似符合的关系。尤其是对于没有实际对象的隐喻建模而言，模型与目标系统之间的理想化表征关系更为显著。尽管这种表征关系不具有对称性，但二者具有共同的语境基础，因此，理想化的隐喻建模能够通过这种间接表征关系而使我们获得关于目标系统的相关知识。换言之，理想化建模意味着一种理论预测，例如，基尔将理论模型看作一种抽象对象（或理论实体），它们是由科学家为系统建模时写下的预设描述和运动方程确定的。于是，理论模型的精确性就与这个抽象对象和系统之间的相似性相关，预设描述和运动方程通过确定关于系统的设想来直接表征系统。这个解释为我们提供了一个理解理论模型的精确性的简单方式，简言之，当且仅当模型提供的某方面的设想符合于其表征的对象的真实情况，这个模型在这方面就是精确的。

总之，隐喻模型与其目标对象之间的表征精确性主要取决于语境的相似关系，但是，这种依赖于语境关联的精确性表征关系是相对的、局部的，因为隐喻建模不可能完整地表征目标对象的所有方面。实际上，这在一定程度上体现了科学建模共有的不完备性特征，既是由于目标系统本身的复杂性，又是由于目标对象与语境互动的动态性，所以，隐喻建模实际上是一种理想化的表征

---

① MULAIK S A. The Metaphoric Origins of Objectivity, Subjectivity, and Consciousnesses in the Direct Perception of Reality[J]. Philosophy of science, 1995, 62(2): 283.

形式。

三、隐喻建模对象的实在性

隐喻意义是由语境决定的，且语义变化通过语境互动而发生，而作为不可还原的关系的"相似性或差异性"及其语境条件都是结构性的实在，它们都近似于假设性结构的解释，在逼近这些实体结构的解释过程中，隐喻建模起了一个关键作用。然而，如果仅仅将隐喻建模固定于不断流变的语义网，我们并不能为这些结构性实在提供一个本体论的框架，因此，科学表征的隐喻建模最终还得诉诸语境实在论的理论方法。

首先，迄今的科学实践已向我们证明，基于隐喻建构的科学模型与我们的现实世界具有共同的因果结构，即科学模型与目标世界之间总是在某些相关方面和某些相关程度上具有相似性。实际上，有些科学哲学家已经就此做出相关论述，认为隐喻建模与其表征对象之间具有同构关系[1]或相似关系[2]，至少部分上是同构的[3]。例如，宇宙模型立足于对宇宙的时空结构、运动状态和物质演化的物理分析，力图从宏观物质结构和微观粒子运动上把握宇宙的整体模型。牛顿最早在经典力学的基础上利用欧几里得几何学建立了经典宇宙模型，这是对宇宙模型的宏观把握，确立的宇宙时空的无限性。20世纪初，爱因斯坦在广义相对论的语境基础上建构起有限无界的四维时空模型，指出时间和空间并不能脱离物质而单独存在，宇宙是有限无界的四维模型，这个静态的宇宙模型克服了牛顿经典宇宙模型的矛盾，是第一个自洽统一的宇宙动力学模型。

其次，尽管对同一对象的科学表征可能形成不同的隐喻模型，但不影响两个不同表征模型指向同一客观实在，只不过两个模型对同一实在对象的考察视角有所不同。确切而言，两个不同模型的语境不同决定了同一实在对象具有不同的表征模型。最典型的例证就是量子物理学中的波粒二象性，最初的发生语境是：爱因斯坦基于牛顿关于光的粒子理论和麦克斯韦关于光的波动说提出了

---

[1] SUPPES P. Representation and Invariance of Scientific Structures[M]. Stanford：CSLI Publications，2002：51-95.
[2] GIERE R. How Models Are Used to Represent Reality[J]. Philosophy of Science，2004，71(5)：742-752.
[3] DA COSTA N C A，FRENCH S. Science and Partial Truth：A Unitary Approach to Models and Scientific Reasoning[M]. New York：Oxford University Press，2003：21-60.

光电效应的光量子解释。由于实验测定的方法不同，光的运动在不同的测量语境下既表现出粒子性，又表现出波动性。尽管"对于人类而言，微观粒子只是一种'抽象'实在"①，但这并不意味着否定其本体性，只是因为人类在现有条件下无法直接观察这种实在性，而只能在数学方法和物理理论的语境下对微观世界的实在进行间接把握。这体现了微观世界中"三个不同层次的实在的统一，即自在实在、对象性实在和理论实在的统一，也体现了微观粒子的实体—关系—属性的统一"②。

再次，相同的模型基础在不同表征语境应用中具有完全不同的表征内容，例如，二阶常系数线性微分方程应用在弹簧的阻尼振动模型和电路的电磁振荡模型中时，二者因表征语境不同而表现出完全不同的内容：前者表征的是弹簧振子在阻尼力的作用下做伸长与压缩的往复机械运动，其表征的语境基础是经典机械力学；后者表征的则是一个电路中的电场和磁场在电阻妨碍下的周期性变化，其表征的语境基础是电磁学。可见，一个完整的科学表征模型应该是牵涉语境的，在不同语境中基于不同物理机制的隐喻建模表征的对象或过程具有的实在性并不互相排斥。

最后，尽管科学表征实践中还有许多模型未必与现实对象同构或相似，甚至有些科学模型在现实世界中并不存在其对应物，而只是科学家在心灵中建构出来的产物，但是，这些模型由于具有各种应用上的优势而表现出一定的科学性和实在性，物理学哲学家毛里西奥·苏亚雷斯认为，科学模型描述的状况大多都与现实世界中的情形不符③，但它们能够为某些现象提供定性的解释、对目标现象的某些方面提出较为准确的预测、使用过程中便于计算等。一方面，有些科学模型的建构是在忽略了某些复杂的现实语境条件而在某个理想化的前提下建构起来的，由于其直观性和易把握性而被认可与应用，例如，量子物理学中的"口袋模型"，由于在量子色动力学语境下的推导计算太复杂，物理学家才建构起一个易于理解强子"夸克禁闭"特点的简单模型。另外，当代的天体物理

---

① 成素梅. 如何理解微观粒子的实在性问题：访问斯坦福大学的赵午教授[J]. 哲学动态，2009(2)：85.
② 成素梅. 量子力学的哲学基础[J]. 学习与探索，2010(6)：4.
③ SUÁREZ M. Scientific Fictions as Rules of Inference[J]. Fictions in Science：Philosophical Essays on Modeling and Idealization，2009：158-178.

学中恒星结构模型的四个预设条件是不符合现实条件的,但它科学地表征了恒星内部的运作机制。另一方面,有些模型则直接引入了在现实世界中并不存在的实体,例如,纳米力学中的硅断裂模型①,建模者引入了"硅氢"原子,将量子力学、经典的分子动力学和连续介质力学这三个不兼容的理论糅合在同一语境中,以便精确描述断裂带在固态硅中的传播扩散过程。尽管现实中并不存在"硅氢子",但其模型表征的过程具有实在性。

总之,隐喻建模是科学家表征现实世界的一种重要方法,这个方法主要依赖于模型与目标世界之间的某种相似关系。尽管同一目标对象在不同语境下可能具有不同的隐喻模型结构,但这仅仅意味着从不同视角考察同一实在(物理实在或理论实在)与不同模型之间的相似关系;同时,甚至相同的隐喻模型可被用于表征不同语境中的不同目标对象,这反映了不同语境中不同实在的某方面特征上的相似性,体现了物质世界的统一性。另外,由于现实世界的复杂性,科学探究常常不得不借助于假想的隐喻而对世界进行理论建构,而这个理论模型对应的实在是一种理论实体,它们由于表征或应用上的优势而体现其实在性。

小　　结

隐喻建模在科学表征中占据重要作用,从科学隐喻的推理描述到科学模型的系统建构,都体现着科学表征在科学实践发展中的解释和创新功能。有些哲学家认为,隐喻建模的本质在于:它是调和人类认知能力的有限性和自然世界系统的无限性之间矛盾的一种权宜之计。实际上,有史以来的大部分科学表征本质上都借助了隐喻建模这种独特的表征方式,基于隐喻推理而建构的科学模型在科学家理解和解释世界结构的实践中具有无可替代的显著优势。同时,科学表征的语境相关特征在隐喻建模这种特殊的表征方式中也表现出独特性,即在各种语境要素互动作用和语境效应的影响下,隐喻建模呈现出语境关联性、动态层级性和理论建构性,而这些特征内在地统一于整个隐喻建模的表征语境框架之内。更重要的是,这种内在统一性奠定了隐喻建模的语境实在论基础。

---

① WINSBERG E. A Function for Fictions:Expanding the Scope of Science[J]. Fictions in Science:Philosophical Essays on Modeling and Idealization,2009:179-189.

于是，通过语境实在的立场对隐喻建模的主体意向性、表征关系的精确性和建模对象的实在性问题进行考察，我们可以确立基于语境实在论的隐喻建模的理论框架，即隐喻建模首先是主体的一种意向性的认知活动，科学家可以通过特定语境中的隐喻建模来实现对客观世界的近似化或理想化表征，同时，隐喻建模的对象是具有实在性的物理实体或理论实体。

第三章

智能建模与传统建模之间的动态博弈

随着人类进入了智能化时代，科学建模的方式越来越多地建立在计算模拟的基础上，而计算模拟的关键在于深度学习（DL），尽管基于深度学习的计算模拟能使认知系统在结构的算法层面上发挥作用，并在一定程度上避免了人工干预，从而确保了建模结果的高度精确性，然而，人工智能语境下科学表征的意义建构与模型系统之间也存在着基于理想化和虚构主义的表征鸿沟。这是因为计算模拟赖以建立的机器学习是一种学习算法，其数据调整最终还是依赖于人工干预，这个问题可能会牵涉神经科学领域和深度学习领域。深度学习创建的是智能计算系统，而计算神经科学领域关注的则是构建一个关于大脑运行原理的模型系统。因此，我们需要考察"如何对人工智能中的自然智能结构进行复制"这个主题，从而对计算模拟的合理性、规范性和复杂性问题进行系统把握。

第一节 计算模拟的合理性问题

众所周知，人工智能的出现本质上是对人类发挥大脑计算能力的功能延伸。机器解决方案可以用一系列形式和数学规则来描述，但人工智能对人类来说真正的挑战似乎是自动的直觉分辨率，比如识别口语或图像中的面孔。事实上，计算机根据概念的层次来理解世界的直观方法，避免了人为干预，将目标对象的知识整合和模型建构过程交付给计算机，因为它能够从最简单的概念构建出复杂的概念。然而，计算模拟的过程中依然存在着理想化的或者虚构主义的表征困境。

根据简单虚构观点，我们可以提出一个关于模型与世界之间关系的解释，而这个解释非常类似于我们关于具体模型的解释——模型直接相似于它们的目标,因此,我们关于模型的知识就可以直接与目标相比。通过对简单虚构解释的扩展,在被建构的(戈弗雷-斯密斯)或被想象的(弗丽嘉)模型中有一个"中途停留(stopover)",因此,虚构解释意味着,建模是一个间接表征和分析的过程。不过,利维并不主张这种间接表征,相反,他主张我们像系统具有某些属性一样对它进行直接思考,同时也主张科学推理的许多不同模式。不过,虚构观点仍然面临着某些重要问题,主要包括:科学家内部的差异性(多样性)、理想化建模有限的表征能力、表面价值实践的多样性。

一、科学家表征的内部差异性

就"模型是虚构"而言,不同科学家对这个问题的思考方式上存在许多差异性。根据刘易斯形而上学的简单虚构观点,这个命题意味着,一个模型描述将必须指出可能世界的一个类别,同时,理论学家的想象力将会定位于一个具体世界或一个小的具体世界集合上;对于弗丽嘉而言,理论学家之间的多样性将会产生一系列不同的假扮游戏;对于利维而言,在重新设想一个目标的方式上必然会存在差异性。[1] 然而,这种差异性问题是否会影响科学推理的一致性,关键取决于科学家之间在模型的关键属性上是否一致,如果科学家之间就一个模型的关键属性上达成一致,那么,这些模型就是等价的。

根据虚构解释,数学描述仅仅给出了模型的关键属性,模型中的其他部分都是理论学家想象力的自由建构。因此,如果模型中的高度多样化是可能的,那么,所有的多样化将会发生在非关键属性上。模型具有超越于模型描述的内容之上的关键属性,这些属性,连同理论学家引入的非关键属性,对于建构一个足以被比作真实世界目标的虚构情境是充分的。实际上,虚构解释产生的原始动机在于,建模的认知活动常常意味着以一种相对直接的方式来思考可被比较于真实世界的虚构世界。但是,究竟是什么样的发生原则促使我们从模型描

---

[1] 这类似于文学虚构中的差异性。例如,有人认为奥克斯(Orcs,半兽人)的脚类似于人类的脚,而其他人则认为像熊掌,但这并不会成为一个问题,因为它们并非《指环王》故事中的重要部分,如果这个问题确实构成了故事的关键部分,托尔金必定会为我们提供必要的细节来说明故事是如何展开的。换言之,我们需要对故事的关键属性和非关键属性进行区分。

述中构建具有关键属性的更丰富的世界呢？弗丽嘉认为，模型描述为我们提供了模型的"主要真理（primary truths）"，同时，自然法则填充了剩余部分。但是，这对于产生整个虚构情境而言并非充分条件，甚至在简单情况中也是如此。例如，对于产生虚构的生物种群的洛特卡-沃尔泰拉方程而言，自然法则并非其充分条件。因为对这类生物体的表征应该包括物理的形式、代谢过程和调节过程、行为和位置等，而自然法则并不能够仅仅从洛特卡-沃尔泰拉方程中产生这些属性。因此，我们需要超越于自然法则之上的某些东西。

实际上，在关于虚构的哲学文献中，关于"关键属性是如何产生的"这个问题，有两个标准解释。第一个解释应用了现实性原则（reality principle），这个原则认为，即使虚构世界也是由"我们的世界"中的事物填充的，除非文本特别强调其脱离于我们的世界。这个原则实际上是不合理的，因为，如果我们采用了现实性原则，我们如何形成一个关于捕食者和被捕食者的虚构种群呢？从真实世界加上模型的数学描述中并不能形成洛特卡-沃尔泰拉模型。第二个解释认为，关键属性的建构需要"互信原则（mutual-belief principle）"。这个原则认为，我们填充虚构世界并非通过导入我们自己世界中的所有内容，而是通过导入艺术家世界中相信的内容来实现的。换言之，"如果 p_1, … p_n 都是由一个模型描述 M 直接产生的命题，那么，另一个命题 q 在那个模型虚构情境中，当且仅当它在科学家共同体中是彼此相互信任的，如果我们假设 p_1, … p_n 为真实的情况，那么，q 也将是真实的情况"[1]。很显然，遵循这些路径将会产生一个虚构情境，而这个虚构情境与共同体关于"超越于模型描述之上的模型的关键部分"的信仰交叉集一样具有确定性。于是，这个方案在一定程度上限制了多样性。

然而，差异性（多样性）仍然是一个棘手的问题。因为模型的关键属性表明，它们必须延伸到模型描述的文本之外，而我们需要提供某种生成原则。根据刘易斯的形而上学解释，模型描述附属于一种可能世界，其中的可能世界在各个方面都被完全实例化，然而这很容易生成太多的属性，否则它仅仅是放大了多样性的问题。弗丽嘉避免了对世界属性的过度衍生问题，但是，他还需要解释：所有必要的关键属性最初是如何生成的？他自己关于"自然法则将会生成必要属性"的观点是不充分的。互信原则可能是一个部分上的解决方案，但这个原则实

---

[1] WALTON K L. Mimesis As Make-Believe: On the Foundations of the Representational Arts [M]. Cambridge: Harvard University Press, 1990: 151.

际上对科学家本身之间的个体差异性非常敏感。

二、理想化模型表征的局限性

虚构解释的另一个问题表现在不同模型的表征能力的差异性上,模型可能是离散的或概率性的,集合性的或个体性的,空间上清晰的或不清晰的,等等。如果模型是数学对象,这些差异性就很容易被理解,因为不同的模型使用不同的数学公式,同时也解释了它们的表征能力上的差异性。然而,虚构解释并不能做出这些区分。例如,虚构主义者将洛特卡-沃尔泰拉模型看作由一个捕食者种群和一个被捕食者种群构成的虚构系统,其中并未表征独立的生物体,而是表征了生物体的种群。这个模型预测了,捕食者种群和被捕食者种群不确定且不协调地(无限期地且异相地)振动,振动是中性稳定的,它的一个平衡是不稳定的,例如,一般的抗微生物剂增加了被捕食者种群的相对丰度。

洛特卡-沃尔泰拉模型是通过使用微分方程式来表征的,这意味着它们是通过一个状态空间的轨迹线的完整集合。当我们采用一种基于个体的洛特卡-沃尔泰拉模型时,其中,个别生物体是被离散地表征的,属性就会发生变化。例如,振动就不再出现,除非引入密度制约(density dependence)。尽管"洛特卡-沃尔泰拉模型具有等幅的(无阻尼的)固定振幅的震荡"这点在分析上是可以证明的,但是,如果我们用计算机在数值上逼近微分方程的解,我们就会发现,在每个震荡周期都会有一个微小的振幅增加。数值逼近过程将离散性引入了方程中,同时,不论这些变化多么小,它们都往往会影响其行为。① 于是,数学上的这些变化被看作"模型变化"。然而,虚构主义者并不能在他们理解一个数学模型的本质的过程中把握这个实践。对于一个虚构主义者而言,一个捕食者模型必定是由离散而独特的个体的具体种群组成的。不论数学描述是针对种群的还是个体的描述,模型都是由个体构成的。这被称为根据虚构观点的模型描述上的差异性。

然而,主张"所有的模型差异性都停留在模型描述的层次"是非常不合理的。

---

① 有人可能会认为,数值逼近总是会影响到这些系统的行为,但这是不正确的。我们可以采用一些特殊的方法,以确保离散化方法不会引入不必要的因素,主要是通过使用辛积分方法和元辛积分方法来实现的。这种数值逼近方法保留了这些方程式的某些不变量,从而确保了原始方程式的关键属性在使用了近似法之后还能被保留下来。

既然当数学表达被改变时，在模型的表现方式上就会存在巨大差异，但是这应该用模型中的差异来解释。否则，模型描述和模型之间的规范关系在某些情况下会被弱化或缺失。

另外，表征能力的问题还牵涉概率问题。物理科学、生命科学和社会科学中的许多模型在其本质上都是具有概率性的。例如，许多互动作用都具有概率性的元素。例如，在主体实现洛特卡-沃尔泰拉模型的过程中，生物体的初始分布是由计算机任意生成的。那么，概率性互动是何以被想象或者被虚构的呢？任意已知的虚构情境都将是概率互动的一个简单实例。但是，一个简单的实例化如何能实际上表征可能性呢？我们应该想象或者接受这样一个虚构，即它是由关于所有可能性的大量实例化构成的一个复合物。因此，我们可以将有限的、确定性的和个体性的模型想象为一个正在进行分类的基因种群。然而，聚合模型、无限模型、整体模型、概率模型、高维模型，以及其他模型不可能被完全想象到，这就消除了将这些模型等同于想象的虚构情境的可能性，同时也削弱了沃尔顿关于虚构主义观点的辩护。

利维对数学模型的从物模态解释也面临着一些问题。他的观点不仅提出了一种关于模型本质的通缩解释，而且对建模实践提出一种通缩解释。利维认为，科学建模意味着，对待模型就好像它具有实际上并不具有的属性一样，而不是将数学建模假定为对虚构世界、心理学状态或数学对象的重构。尽管这个观点简化了关于"模型和世界之间的关系"的解释，但它同时也削弱了将建模实践作为一种独特的理论活动的解释。于是，建模实践与抽象的直接表征实践之间并不存在任何差别，利维甚至认为，理想化（idealization）和近似法（approximation）都是真实的事物，根本就不存在建模，最终也就不存在任何模型。

另外，利维还认为，建模与其他科学表征之间的差异性与理论学家的意向有关，而与它生成的表征类型无关。当科学家建模时，他们参与了某种特定的活动并采用了这样的一个前提，即目标具有它实际上并不具有的某些属性集。这个观点的问题在于甚至在直接表征的情境中都会引入变形（distortion），如此，所有的理论化实例都是建模的实例。

三、模拟表征实践的多样性

表面价值实践的普遍性和重要性被过分夸大了。在表面价值实践中，科学家依赖于想象虚构情境以便引入并思考他们的模型,这是某种科学实践的一部分。例如,Karlin 和 Feldman 在对种群生物学中关于松散的连锁结构的不均衡案例中的非对称均衡进行研究时引入了模型,但他们并没有诉诸任何特定的具体种群。相反,整个数学论证是根据无限种群的一般属性来进行的,这些属性可能是对所有真实的和想象的种群进行的抽象,但整个论证并未提及这些种群。

除了科学家在想象的认知能力上的多样性之外,模型系统有时候是非常抽象的,因而也是很难应用想象的。例如,一个化学反应的近似量子力学模型,这个模型将作用于分子系统之上的力纳入考虑范围,并给出一个关于所有这些力的近似数值。由此产生的模型表现为:通过一个势能面的一组路径。空间自身具有高维度(3N-5 的维度,其中的 "N" 是分子中的原子数),通过这个空间的路径不可能被思考或想象,除了势能与分子坐标的相关性外,它们与物理分子的具体属性几乎没有相似性。另外,在统计热力学中,科学中的标准模型是对整个状态的量化,它是对状态的概率分布进行的概率分布,这就构成了以概率来想象复杂空间的问题。可见,这个模型更抽象,离可想象的事物更遥远。

当然,虚构主义者可能会提出一些观点来为实践中的这些多样性进行辩护。他们认为,除去这些表象之外,所有的数学建模都牵涉想象的系统。不论理论学家是否能够在心理上将数学与任意具体的事物相互关联起来,分子模型实际上都是关于虚构分子的。根据这种观点,尽管刘易斯的形而上学将可能世界看作模型,但它允许无法想象的概率的可能性,这就违背了作为对虚构观点进行辩护的一种表面价值实践。或许,我们可以采用一种多元主义的立场,实践是多样化的,那么,认知方式上怎样的差异性会对解释有所影响呢?有些科学家大体上会想象他们的模型,而某些科学家可能从不为他们的模型设想情境,同时,可能会存在与不可想象的情境相关的模型。因此,对待科学模型有许多不同的方式,但并非所有的方式都牵涉想象力。换言之,我们应该将想象力看作一个"配角",而不应该将它放置在一个关于科学模型和建模解释的核心。

综上所述,我们试图通过三种方式来摆脱表征的虚构主义困境。本质上,我们追求的是对科学家认知实践的重构,因此,严格来讲,这种认知活动并不牵涉终极本体论的问题。但是,在对虚构解释的合理性进行批判性考察的过程中,至少会考虑到某些本体论问题。例如,科学家之间的多样化问题或多或少与形而上学问题有关。根据沃尔顿的解释,虚构依赖于想象力,那么,科学之间关于关键的模型属性上的矛盾就是一个主要问题，这是因为沃尔顿的解释将模型与虚构本身等同起来。相反，刘易斯的形而上学可以解决这个问题，因为这个解释不需要特定科学家的想象力来将模型个体化。然而，他们何以对科学家已经创造但并不能想象的可能世界进行解释呢？实际上，基于可能世界的形而上学解释，在解释科学家对他们模型的认知方式上，步履维艰。因此，至少某些形而上学问题不可能从关于模型和建模的解释中被分隔开来。总之，运用虚构方法并非有效解决建模实践中的困境的简单方式，换言之，"科学建模需要虚构"是不合理的观点，因为有些模型并不可能转换为虚构情境。然而，这并不意味着虚构在科学中不具有认知角色，相反，虚构可以通过其他表征方法促进建模实践，这就牵涉一种建模实践的稳健性分析。

第二节 计算模拟的规范性问题

机器学习可以通过将图像、声音或文字等更简单的概念联系起来理解世界。通过这种方式，机器的知识是基于数据生成的一般概念的。这一事实减少了早期人工干预机器数据合成的可能性。事实上，人工智能或认知计算方面的这种知识将阻止操作人员预先指定计算机所需的所有知识，以免干扰输出结果。

一、人工智能的自然语言

最简单概念的起点将指导计算机认知的工作。因此，作为人类干预人工智能的一个例子，机器学习将从一个以前由个人给出的更简单的概念探索的层次，转变为算法提供成功所需的资源。这一事实意味着计算机并不能完全阻止人类的干预，因为在系统背后有人已经建立了这种等级制度的价值。从存在初始人工干预的前提出发，机器学习算法可以分为：有监督学习和无监督学习。

实际上，"大多数机器学习算法都有称为超参数的设置，这些设置必须在学习算法本身之外确定，我们讨论如何使用附加数据设置这些参数。机器学习本质上是一种应用统计的形式，越来越强调使用计算机对复杂函数进行统计估计，而越来越不强调证明这些函数的置信区间。因此，我们提出了两种主要的统计方法：频率估计和贝叶斯推断"①。

人工智能需要操作员事先提供正式规则列表，这个过程更强调形式方法，但同时人工智能也需要直觉知识。换言之，在人工智能领域，最受关注的是为计算机提供直觉思维。为此，我们必须努力将关于世界的知识编码为正式语言。然而，传统建模常常是一种误导：我们试图教计算机根据逻辑推理进行推理，而没有向它提供自然语言中已经隐含的必要信息（逻辑的公理元素）。仅仅借助于形式逻辑的方法之所以不成功，是因为尽管人们在复杂的形式规则下创建了一个数据库，但这个数据库并不能充分地描述世界。机器编码知识的缺乏表明，人工智能系统需要获得构建自己知识的能力，以便从原始的人工智能数据的自然语言中提取模式。换言之，机器学习允许计算机解释世界并做出决定。

我们已经确定了语言的普遍结构，这是出现在人工智能和认知计算中的普遍结构，从而产生了通用语言算法。简而言之，我们解释了在认知计算和人工智能中存在的标准结构，允许这两个元素可以互换应用。我们建议使用语言表征属性。因此，系统将不仅能够映射表征，而且它将发现表征本身具有最小的人工干预。机器学习将使人们能够通过一个简单的任务获得一组资源，而不需要复杂、耗时的任务和人力的资源。例如，自动编码器（包括编码和解码）是学习算法的一个很好的例子。在为学习资源设计资源或算法时，在分离能够解释观察数据的变异因素方面存在问题。因此，它们在不同的影响来源下工作，这些影响来源将反映人类在观察数据中的构造。这是人工智能许多应用中的一个重要难点，因为现实世界中的一些因素被排除在外，影响着我们可以考虑的所有数据。

"表征属性"不同于"表征学习"概念，我们在机器如何执行的过程中研究其结构。表征学习是已经通过人类识别来观察数量的因素，这可能会干扰对物理世界的观察。数字学习的功能解决了表征学习的核心问题，引入了形式表达的表征、更简单的表征、从更简单的概念构建复杂的概念。

通过数字更好地理解深度学习系统如何通过结合更简单的概念来表征概念，我们将这一过程定义为自然语言的表征属性，应该应用于人工智能，而不是表征学习。这样，AI可以更精确地工作。自然语言的"表征属性"包含了一种人工

---

① GOODFELLOW I, BENGIO Y, COURVILLE A. Deep Learning[M]. Cambridge: MIT Press, 2016: 98.

智能表征与语境回归　>>>

智能方法，因为它是一个旨在改进机器学习的过程，使其更直观。机器学习是构建可在复杂现实环境中操作的人工智能系统的唯一可行方法。在表征世界的过程中，最需要的是机器学习使机器适应观察到的语境灵活性。当以概念的层次结构来组织表征时，这是可能的，在这个层次结构中，每个概念都是相对于其他概念定义的。这一原则规定了自然语言的通用结构，为了更好地理解人工智能，本希奥与古德费洛(Yoshua Bengio and Ian GoodFellow)等绘制了同心圆①，将AI放在最高的位置，将DL放在最低和最内部的位置。

二、自然语言的普遍结构

基于各种经验数据的机器学习是这样一个过程，如果一个计算机程序在任务T(用P衡量)中的表现随着经验E的提高而提高，那么我们就说它从经验E中学习了一些任务T和表现P。本希奥与古德费洛并没有对经验(E)、任务(T)和绩效衡量(P)进行定义。但这些元素对于构建机器算法是必不可少的，我们需要理解贯穿于这些元素中的共同结构。该策略为构造一个具有通用结构的算法奠定了基础，该算法将作为配置特定机器学习算法的基础。

按照自然智能的模型，机器学习任务被认为是一个过程的结果，这些任务可以采取不同的行动：例如，分类任务，其中机器被要求指定类别；又如，转录任务，即ML将数据转录成文本形式，如对文本图像的光学字符识别，将其解码成文本序列；再如，自动翻译，将一种语言的数据转换成另一种语言的符号；还如，异常检测，其中检测非典型对象。当然，当人工智能执行的任务很多时，它们的分类变得无效或不切实际。除了任务之外，机器学习收集到的资源或数据还提供了以前给出的定性或定量度量："一个例子是从我们希望机器学习系统处理的对象或事件中量化地测出的一组例子特征。我们通常用向量 x Rn 表示一个例子，其中向量的每一项 xi 是另一个特征。例如，图像的特征通常是图像中像素的值。"②

我们根据自然智能的功能来理解机器学习，这样可以更好地理解人工智能

---

① GOODFELLOW I, BENGIO Y, COURVILLE A. Deep Learning[M]. Cambridge：MIT Press, 2016：9.

② GOODFELLOW I, BENGIO Y, COURVILLE A. Deep Learning[M]. Cambridge：MIT Press, 2016：99.

的本质。如果将后者用于复制真实世界的性能度量,则后者的性能将得到改善。如果独立地使用真实世界和性能度量,则后者很难与系统的期望行为相对应,因为脱离语境的任务描述会导致歧义。

众所周知,在自然语言中,还有其他语境因素会干扰最终意义的形成:我们生活的世界通过将大脑与现实联系起来,打印出心理表征。从语言学的角度来说,通过语义来描述这种联系是可能的,通过语义来分析一个句子是考虑到现实世界的元素。但是,测量系统的准确性是一项不切实际的任务,因为我们只知道理想情况下我们想要测量的数量,或者我们只隐式地处理概率分布。

关于现实经验(E),机器学习算法的有效性在很大程度上取决于机器在学习过程中对经验的组织形式,同时,经验可以是有监督的或无监督的。由于它是由机器接收信息,因而不太可能是无人监督的,因为事先有人类干预并决定在机器中放置什么值,以便选择将吸收的最佳刺激:经典的无监督学习任务是找到数据的最佳表示。本希奥与古德费洛认为:"监督算法和非监督算法之间的区别并没有正式和严格的定义,因为没有客观的检验来区分一个值是由监督提供的特征还是目标。"[1]

就自然智能而言,无监督刺激是指人体每天暴露在环境中接受的刺激。监督性刺激是指个体为了调查特定结果而接受的刺激,比如在功能磁共振成像(FMRI)过程中,受试者通过重复运动来调查大脑中哪些区域的血氧含量更高。机器学习基于一种算法,该算法可以提高计算机程序在特定任务中的性能。而且,机器学习模型的表征存在误差,需要减少或消除误差。机器学习的核心挑战是,我们必须在新的、以前从未见过的输入上表现良好,而不仅仅是我们的模型训练的那些输入。对先前未观察到的输入进行良好处理的能力称为"泛化"。这个解释针对假设有泛化误差的线性回归模型,定义了新输入误差的期望值,希望系统能在实践中找到它。

如果训练集和测试集是任意收集的,那么我们确实无能为力。如果我们对如何收集训练集和测试集做一些假设,那么我们可以取得一些进展。机器学习记忆了先前假设空间中的一组属性。一个机器模型的优化取决于它拥有的输入资源的数量以及与这些资源相对应的参数的能力。我们描述的通用模型指定了

---

[1] GOODFELLOW I, BENGIO Y, COURVILLE A. Deep Learning[M]. Cambridge:MIT Press,2016:145.

广义(最简单的)函数,与此相关的学习算法函数将被用于生成模型的表征能力。截至目前,我们的困境主要是在寻找学习算法的最佳函数中出现的错误。通过不管理松散的边界来确定深度学习算法的能力,与结构相关的工作减少了差异。我们提出了一种通用而简单的方法来设计机器学习的容量。在某种意义上,没有任何机器学习算法是普遍优于其他算法的。我们能想到的最复杂算法的平均性能与仅仅预测某个点的算法性能是基本相同的,这意味着机器学习研究的目标不是寻找一个通用的学习算法或绝对最好的学习算法。相反,我们的目标是理解什么样的分布与人工智能经历的真实世界相关,以及什么样的机器学习算法在分布数据中提取的数据上表现良好。

三、人工智能以自然智能为模型

没有最好的机器学习算法,相反,我们必须选择一种适合于我们想要解决的特定任务的正则化形式。深度学习的总体理念是使用非常通用的正则化形式,可以有效地解决智力任务。

算法的通用结构有助于控制表征学习算法的性能,因为它指导了允许提取解的函数类型。通用结构有助于规避以下问题:与聚类有关的一个困难是,聚类问题本身是不恰当的,在某种意义上,没有单一的标准,衡量数据的聚类对应于现实世界。尽管我们还不清楚什么是最优分布式表征,但是有许多属性的算法有助于我们通过比较多个属性来度量对象之间的相似性,而不是仅仅测试一个属性是否匹配。

在应用于小数据集或大数据集时,使用通用算法的优点是,可以根据指定的任务得到估计的结果,而不是统计上的不确定性。这种积极的结果也反映在数据集有数十万个例子时,从而避免在使用方差计算方法时出现误差。或许我们可以将这种方法与通用语言算法的特征元素相结合:一个表征属性的应用程序,一个决定值是固定还是仲裁的函数,一个优化过程和一个将根据具体情况指定的模型。

无论如何,计算模拟都是基于对大脑功能的模拟,从而将知识应用到人工智能和机器学习,我们设计一个通用的算法并将其作为一个框架算法应用在特定的情境中,这将是决定性元素之间的关系选择,例如,模型、函数和优化算法的组合。当然,人工智能的核心问题仍然是语音识别或物体识别,数字学习的发展源于传统算法无法概括人工智能任务。将由机器学习处理的数据进行泛化，将可能导致一个理想化的、不真实的结果。这种现象被称为"维数诅咒"①，因为一组变量不同配置的数量随着变量数量的增加而呈指数增长。深度学习在关联数据方面的工作相对成功，保留了携带这些数据获得结果的基本特征。在传统的机器学习中使用高维数据和实现泛化的机制将会陷入困境，因为它们不能保留初始数据的特征，同时，深度学习的结构保持了初始数据的等值关系。

神经网络通常由许多不同的功能组合在一起来表征，该模型与描述函数如何组合在一起的有向无环图相关联。例如，我们可以有三个函数 $f(1)$、$f(2)$ 和 $f(3)$ 连成一个链，形成 $f(x) = f(3)\{f(2)[f(1)(x)]\}$。这些链状结构是神经网络中最常用的结构。在这种情况下，$f(1)$ 是网络的第一层，$f(2)$ 是网络的第二层，以此类推。这些网络之所以被称为"神经网络"，是因为它们大体上受到了神经科学的启发。网络的每个隐藏层通常是向量值的。这些隐藏层的维度决定了模型的维度。矢量的每个宽度元素都可以解释为扮演类似于神经元的角色。人工智能并非将层代表单个矢量到矢量函数，而是将层看作由许多并行行为的单位组成，每个单位代表一个矢量到标量函数。每个单元都类似于一个神经元，它从许多其他单元接收输入，并计算自己的激活值。使用多层向量值表示法的想法来自神经科学。用于计算这些表示的函数 $f(i)(x)$ 的选择也很容易受到神经科学对生物神经元计算函数的启发。

第三节 计算模拟的复杂性问题

本质上，计算模拟建构的模型是基于一定的计算逻辑对计算语言进行整合的过程。计算模型是一个基于大脑自然逻辑的模型，它寻找大脑被引导的原则，以计算语言为基础，以计算逻辑为框架，以计算模型为结果，这三部分有机统一且又具有各自的复杂性。

---

① GOODFELLOW I, BENGIO Y, COURVILLE A. Deep Learning[M]. Cambridge: MIT Press, 2016: 154.

一、计算机语言的复杂性基础

计算机语言是一种形式语言，也就是说，它不像自然语言那样是进化而来的。计算机语言有一系列形式规则来进行表达式的转换，通过这些规则，我们可以在不考虑所用语言意义的情况下得出结论。同时，推论过程应当被看作公式消解和公式引入的过程：我们要求这些规则使我们能够在证明中免除一切推论，只把特定的表达式代入一般公式。通常的解释计算系统是有缺陷的，因为它没有考虑到语境因素。无论一个人如何试图在自然语言中引入形式逻辑，都是不会成功的，因为解释超越了三段论的边界，要获得好的结果，就必须考虑语境因素。

形式逻辑在人工智能应用到形式语言中是成功的，但在自然语言中失败了，因为后者是一个动态系统，需要仔细考虑计算模型。关于计算模型的构建，另一个需要解决的问题是关于语言的统计规律是受生物规律支配的假设。口语没有书面的形式。即使是文本的抄写也要遵守语音规则，这些规则建立了说话和写作之间的对应关系。在这种情况下，在词和音素层面转录的口头交流就形成了一个标准语料库，如果它进入标准语料库，那么机器的智能就已经通过人工干预来寻找相应的符号单位。如果人类的选择不够充分，这个系统就会失败。

人类通过数学、逻辑和计算机科学的干预，利用字符从语法和语义的组合中产生形式语言。这种类型的语言控制机器的行为，使其执行特定的任务或产生特定的意义，以促进交流。我们感知到的世界是物理力量对我们感官器官的反射，这些感官器官能组织输入的刺激元素，计算模拟是在此基础上根据一定的逻辑序列和计算语言进行组织建模形成表征的过程。因此，计算语言创造了组织信息的系统，试图模仿自然智能组织人类身体获得信息的方式。然而，计算机语言往往忽略语境因素，这导致表征偶尔偏离模型。事实上，早在1956年诺姆·乔姆斯基（Noam Chomsky）就指出，语法是生成语言的程序，从此之后，人们努力建立人类语言的精确模型，并将这些模型与大脑的特性联系起来。但到了20世纪80年代，哲学家发现，语言在大多数情况下不可能脱离语境因素而仅仅依赖于纯粹的语法规则。

关于计算机语言，图灵开始探究逻辑机器和物理世界之间的关系，他认为我们可以把符号逻辑作为一种引入语义的方式。数学和语言学从理解语言功能的指导结构的理论角度来处理思想的表征,它们是使用符号语言,遵循理性和逻辑原则的学科。计算机语言是一种依赖于自然语言的一些语言原则的形式符号语言。计算模拟结合语法和语义来规范机器执行特定任务时的行为,认为自然语言的逻辑公理原则是计算方法的算法核心。将这种公理逻辑结构应用到机器语言中牵涉一种潜在的学习算法,这种算法能够概括一组因素的执行,也就是说,一种统一的算法将赋予机器直觉能力,使其较少地依赖人类干预。据不完全统计,迄今为止,世界上大约有6500种口语和700种编程语言,这在一定程度上反映了计算机语言的多样性与复杂性。当然,现有语言的数量不是人工智能的主要问题,理解语言功能的复杂性是最大挑战。为了清晰认识世界,计算模拟一般必须具备两个条件:一是对人类认识世界的主要方式的界定;二是对精神形态的鉴定,根据一般理论确立了表现形式。自然科学中概念和判断的形成,使我们能够根据自然对象的构成特征来定义它,并根据知识对象的认知功能来理解它。当我们考虑到纯主观性的领域时,我们假设这些元素是不够的,当适用于所有现象的给定视角为知识对象分配特定的配置时,纯主观性似乎在起作用。

语言的普遍结构具有深刻意义,既是一种人类使用复杂交流系统的能力,也是一组用来对信息进行编码和解码的信号。自然语言的普遍结构包括图像、数字、字母、雕塑等多种类型。语言的普遍结构是公理逻辑的,应该涉及跨学科的讨论。科学碎片化对理解这一复杂现象是有害的,因为它给予计算机语言和语言学语言一个单向的视角,使它不可能识别构成它的所有元素。对语言的整体性或普遍性的认识与语言作为一个动态系统有关,它的观点来自各要素之间的关系过程,而不是构成该系统的各要素的总和。

如果语言总是在更新,那么从最短的描述中复制某样东西需要多少计算步骤?这套规则变得不够充分。最明智的做法是寻找最基本的语言,并将其传授给机器,这样机器就可以根据语境因素进行修改和适应。如果有人画出一个机器算法模型,然后按照传统的语言来工作,由于作为起点的语言的概念有限,他会得到一个有限的结果。如果一个人的目标是实现直观的人工智能,他需要使用自然语言的概念来描述其本质,以在机器中进行复制。通过这种方式,计算机——通过认知计算范式,在人类认知系统(动态的)结构功能的指导下——将成功地再现自然语言过程。

二、计算机逻辑的复杂性机制

计算模拟总是与数学和逻辑相关的，于是，计算模拟过程也可以被理解为逻辑加计算。值得注意的是，计算和自然语言都伴随着逻辑：从数学诞生之日起，逻辑和计算就有着密切的联系。数学是一种符号语言，它以语言模型为基础。基于这种推理，数学符号是由语言的公理逻辑原则来表达思想的。因此，自动演绎法处理的是用语言表达的数学逻辑方面的计算机化，逻辑就是计算。计算模拟中存在一种通用语言，任何论证都可以翻译成这种语言。关于机器操作的图灵方案，"计算机是一种完全确定的机器，它在内部时钟的控制下，以离散的步骤进行；如果我们以某种配置启动计算机，那么配置一步之后就完全确定了。图灵的见解是，现在的配置和一步后的配置之间的关系可以被逻辑地描述"①。

虽然计算机程序可以用逻辑建模，但逻辑存在于语言的基本结构中，精确科学专业人员确认数学由涉及逻辑的算法组成：就像波和粒子一样，逻辑和计算是有机统一的关系，算法的不同方面的隐喻在数学中是核心，数学的逻辑方面围绕着这个算法核心。作为自然智能指导原则的公理逻辑算法核心必须在机器设计中被复制，以便后者跟踪被操纵的各种对象。然而，算法核心具有为复杂概念提供金字塔式定义的功能，这一功能与自然语言的公理逻辑结构相对应，自然语言的公理逻辑结构是由传统语言构建意义的一种无形而全面的认知过程（自然智能）产生的。因此，我们可以得出，没有任何程序是用来解决数学问题的，语言计算的理论基础是公理结构。为人工智能重写自然语言的符号，我们不仅要考虑到语言物理符号的原则，而且要考虑到语境因素，但物理测量遵循语言规律在面对语境因素时遭遇了最大困境。

我们选择对"深度学习"的细节特征进行研究，因为它是最接近我们设计的通用人工语言算法。深度学习的潮流大致有三个阶段：1940—1960年，1980—1995年，2006年再度兴起。即人工神经网络研究的历史浪潮，控制论和联结主义的浪潮，以及神经网络的浪潮。第一次浪潮随控制论在1940—1960年开始，随着生物学习理论的发展，第一个模型如感知器可以训练单个神经元。第二次浪潮始于1980—1995年的连接主义方法，用反向传播来训练带有一层或两层隐

---

① BEESON M. Computerizing Mathematics: Logic and Computation [J]. The Universal Turing Machine, A Half-Century Survey, 1988, 56(3): 197.

藏层的神经网络。第三次浪潮就是深度学习，始于2006年，控制论的浪潮是以现代深度学习的前身为标志的，它由以神经科学观点为标志的简单线性模型组成。这些模型设计为取一组 n 个输入值 x_1, x_2, $\cdots x_n$，并将它们与输出 y 相关联。这些模型将学习一组权值 w_1, w_2, $\cdots w_n$，并计算它们的输出 $f(x, w)$ $x_1w_1 + x_2w_2 + \cdots + x_nw_n$。[1] 这些线性模型也存在缺陷，对机器学习的生物灵感产生负面影响，使神经网络不太受欢迎。不过，神经科学仍然被认为是深度学习研究人员的重要灵感来源，但它的作用减弱了，因为直到那时还没有足够的认知功能数据。要得到机器语言的普遍算法，就必须对语言的普遍结构有深入的理解，包括神经元活动和其他生物系统。例如，神经科学家期望通过深度学习算法解决许多任务，他们发现雪貂可以学会用大脑的听觉处理区域看东西，当它们的大脑重新连接时，向该区域发送视觉信号。这表明，哺乳动物的大部分大脑可能使用一种算法来解决大多数不同任务。

三、计算机模型的复杂性原理

20世纪80年代，在认知科学跨学科方法的基础上，连接主义成为神经网络研究的第二波，研究了符号推理模型。该模型的核心思想是，在网络中连接时，处理大量简单的计算单元以获得智能行为。这个运动的几个关键概念仍然在深度学习中。其中，我们找到了一个分布式表征（系统的每个输入必须由多个资源表示，并且每个资源必须涉及多个可能输入表征）。在20世纪90年代，随着短期长记忆网络（LSTM）的引入，基于神经网络的序列建模得到完善，该网络如今被用于谷歌的自然语言处理任务。2006年，第一个基于大脑学习方式的学习算法出现了。一种使用分层规划作为策略的神经网络出现了，这种策略后来用于训练许多其他类型的深度网络，使深度学习流行起来，并超越了基于其他ML技术的人工智能系统。研究人员现在关注的是新的无监督学习技术，以及从小数据集归纳出深度模型的能力。此时，"深度学习"也被看作人工神经网络的代名词，神经网络是受生物大脑启发的学习计算模型。值得一提的是，了解自然语言是如何工作的，对于理解大脑和人类智力的基本原理非常重要。只有认识到这一点，我们才有希望设计出成功的机器学习模型。

---

[1] GOODFELLOW I, BENGIO Y, COURVILLE A. Deep Learning [M]. Cambridge: MIT Press, 2016: 14.

然而，机器学习模型具有其复杂性，因为它是通过对大脑背后的计算原理进行逆向工程构建人工智能，证明了机器的智能行为是可能的。由于人工智能复制了一种人工语言，它必须按照自然语言的普遍结构工作。对于今天的人工智能来说，最重要的是为算法提供必要的资源，让机器根据记录进行工作。机器学习应用程序的所有记录都集中在一个数据集中。当评估从适合于少量数据语境的算法开始，然后以超越人类性能的方式应用于大量数据时，机器学习的工作效果最好。通用机器学习算法的选择隐式地建立了一套关于算法应该学习哪种函数的原则或信念。广义算法之前已经确定，我们将处理几个更简单的函数的组合，因为学习的目的是表征，包括发现一组潜在的变异因子，这些变异因子必须以其他更简单的潜在变异因子的形式来描述。

当然，如果对小数据集的工作有很好的指导，机器的任务将是成功的。因此，对自然语言如何工作的特别关注有助于更好地将人类语言的结构功能应用到人工智能，使其在没有监督的情况下处理大量数据。关于人类认知功能的一个重要经验是神经网络和神经元是相互联系的。这就是人类语言的工作方式：它是认知过程的结果，经过几个子系统直到实现一个中央系统。如果我们把自然语言看作大脑孤立区域功能的结果，我们将永远无法完全理解它。语言是自然智能的几个紧密相连的生物子系统的产物。目前的人工神经网络比像青蛙这样的脊椎动物的神经网络更小，我们需要增加模型系统的数据基础，这意味着深度学习会表现出更复杂的表征功能，例如，机器翻译的序列学习证明了这个模型是有效的。

在一个形式化的系统中，深度学习是建立在对真理的复杂系统模拟基础上的，通过这种方式，"无论使用什么形式系统，都有一些我们可以看到为真但没有被形式主义者提议的程序赋值为真值'真'的语句"。根据这个推理，数学真理超越了单纯的形式主义，换言之，当数学家进行形式的推理，他们并不想检查他们的论点是否可以制定一些正式的系统公理和议事规则。一些自然语言的连通性原则已经成功地应用于人工智能，卷积神经网络就是一个例子，它的神经网络层通过一个作为参数的矩阵将矩阵相乘，从而使输出单元与输入单元相互作用。卷积利用了三个重要的思想来帮助改善机器学习系统：稀疏交互、参数共享和等变表示。

我们还可以引用有效卷积，其中，输出的所有像素都是输入的相同数量像素的函数,因此,输出像素的行为在某种程度上更有规则。但是,输出的大小在每一层都会缩小。如果输入图像的宽度为 m,核函数的宽度为 k,则输出的宽度为 $m+k1$。在卷积网络的行为参数共享和规律性是成功的,因为它们遵循自然智能的原则。众所周知,神经网络的主要设计原则是受到神经科学的启发。例如,有科学家发现猫的神经元对给定的光模式有更强烈的反应,这使得科学家检测到一个简化的大脑功能结构,负责预处理图像,而不从实质上改变其表征模型。基于这些发现,设计卷积网络层来捕捉三个数据信息:在空间地图上捕捉到的二维结构,以线性函数为特征的简单细胞的活动,复杂单元的不变方面(通过池化策略)。关于这些策略反复应用于大脑的各个层次,实际上,一个特定的概念对许多输入转换是不变的:当我们经过大脑的多个解剖层时,我们最终发现细胞对某些特定的概念做出反应,并且对输入的许多转换保持不变。这些细胞被称为"祖母细胞"——一个人可以在一个神经元激活时看到自己祖母的形象,无论她出现在左边还是右边的图像中,图像是她的脸的特写镜头或是她的全身缩影,她是在灯火通明处或在阴影中,等等。这些祖母细胞存在于人类大脑的颞叶。当然,所谓的"祖母细胞"不是细胞,而是产生这些发现的细胞中存在的一种普遍结构。这个通用结构作用于物体识别任务,因为它承载着不变的信息。例如,"递归神经网络(recurrent neural network,RNN)"在序列建模中用于处理序列数据,主要处理一个值序列 $x(1)$,$\cdots x(\tau)$。

尽管卷积网络被缩放到了图像,但循环网络可以缩放到长序列。为了使信息不失去其特性,需要将参数进行一般化的共享,通过在不同时间阶段共享相同的权值,使特定的信息在序列内的不同位置出现。比较卷积网络和递归神经网络,尽管各有特点,但我们可以观察到一个不变的功能:参数的一般共享,其中每个输出元素是输出前成员的函数。使用相同的更新规则,即使序列很长,也保留了信息的特征。在被观察序列中有一个与操作相关的关系。否则,信息可能会在大量步骤中以指数形式消失或爆炸。一旦我们了解到人类语言是由一个认知过程产生的,这个认知过程经过几个子系统,直到它到达一个中央系统,我们就可以把这个知识转移到人工智能上。如果自然语言仅仅被认为是大脑孤立区域功能的结果,我们将永远无法完全理解它。

小　　结

　　自然智能源于几个紧密相连的生物子系统，这些自然认知的基本原理将为与其他感官相结合的人类视觉系统提供条件，使其不仅仅作为纯粹的视觉卷积网络被人工智能复制。通过这种方式，人工智能将有可能解释整个场景，包括物体之间的关系，以及与世界的互动关系。到目前为止，我们已经描述了简单细胞的线性和选择性的某些特性，非线性和复杂细胞更成为不变的特性，对这些简单的细胞功能进行转换，一堆层之间交替的选择性和不变性可以产生祖母细胞非常具体的现象。我们还没有精确地描述这些单个细胞检测到了什么，在一个深度的非线性网络中，很难理解单个细胞的功能。第一层的简单细胞更容易分析，因为它们的响应是由线性函数驱动的。

　　事实上，这些简单细胞、复杂细胞、"祖母细胞"等并未简化成一个简单的普遍结构。通过自然语言的关键原则，我们可以了解计算模拟的工作方式：自然语言这一过程的结果从外部刺激，通过几个子系统直到达到一个中央系统。因此，自然智力不能被理解为孤立和独立的大脑区域功能的结果。作为几个子系统网络的产物，自然语言与一个中央系统相连接，使智能成为一个紧密连接的产物，成为存储隐性的知识（由负责感知器官刺激的公理元素产生，这些刺激到达位于大脑中心的系统）和明确的知识（由于逻辑推理负责按照一系列步骤处理信息，指定插入神经网络的方式）。这就是自然智能的建模过程：对于由刺激提供的输入信息，有一个直观的系统反应，这是一种与信息相关的推理，其输入参数被推理能力所修改，将给定的序列强加于该信息。

第二部分 02
科学表征的理想化特征

第四章

科学表征中的理想化建模

理想化的假设普遍存在于科学表征中，在科学理论的发展过程中具有基础性地位，然而，传统观点认为理想化假设实际上偏离了科学合理性的理想[1]，在探讨科学合理性的过程中往往忽略了理想化假设在科学表征中发挥的关键作用，从而也将其排除在科学方法论的范畴之外。实际上，科学实践中并不能完全消除理想化，科学推理的过程也离不开基于理想化假设的隐喻表征，理想化恰恰是科学合理性的关键因素。一方面，理想化是科学实践的特征，科学的逻辑本质上包含着理想化的逻辑；另一方面，理想化的逻辑既适用于理论的理想化语境中的隐喻表征，也适用于非理论的理想化语境中的隐喻表征。

既然科学表征常常取决于理想化的假设，而基于理想化的隐喻是一种特殊的表征手段，同时，由于理想化表征本质上就包含着已知为假的假设，这就必然会对科学实在论者造成困惑。为了解决这个困惑，我们首先要对科学实践中的理想化概念及其本质特征进行充分考察。具体而言，科学的目的就是理解世界并发现支配着世界（或实在）的基本原则，从而对世界（或实在）进行全面而精确的表征，然而，由于人类认知能力的有限性与物质世界的无限性和复杂性之间的矛盾，我们对世界的表征实际上是有限的和不完整的。即使我们不断地运用各种逻辑方法、数学技巧和物质工具来丰富我们的认知能力，支配实在的完整、精确和真实的原则对于我们而言都是非常复杂而难以理解与应用的。例如，我国于2015年发射的暗物质粒子探测卫星"悟空"，实际上是通过引力产生的效应来对暗物质进行探测的，这是因为暗物质不发射任何光及电磁辐射，现有技术并不能对暗物质进行直接探测。事实上，物理科学的实践过程表明，大部分

---

[1] 这里的"科学合理性"是建立在广义的逻辑学意义和方法论意义上的，它意味着理性实践遵循了逻辑学条件和认识论条件，从而产生了合理的信念。

的理论陈述只有在高度理想化的模型中才具有真理性①，而科学隐喻表征的过程中也常常借助于理想化的方法，正是通过理想化的隐喻假设建构起有限的模型系统，才最终实现了对自然科学中的事物或现象的部分表征。可以说，理想化弥合了我们的认知局限性与现实世界的复杂性之间的鸿沟，而基于理想化的隐喻推理作为一种特殊的表征手段，在科学建模的方法论实践中体现了科学理论具有的统一的逻辑特征。

第一节　科学表征与理想化假设

世界是由各种不同的具体情境构成的，而其中的具体情境通常又以非常复杂的方式进行互动，并且很快就能超出我们的认知能力。因此，正是由于我们认知资源的局限性和认知环境的复杂性，才导致了基于理想化的科学表征。同时，科学隐喻作为一种特殊的科学表征实践，常常应用到理想化的表征方法。实际上，迄今为止我们对现实世界中具体情境的动态性及其与其他实体的关系进行的完美表征，都不是在日常的物理语境条件下进行的，而是在理想化的科学语境中进行的。

一、理想化的表征理想

科学的表征理想牵涉对理论模型的建构、分析和评价，它们规定了模型建构过程中应该包含的因素，确立了理论学家用以评价的模型标准，同时引导理论探究的方向。表征理想包含着两个法则，即包含规则和逼真度法则，它们强调了对科学家表征的目标范围和逼真度的约束，其中，包含规则说明了模型中将会表征的目标系统的具体属性范围，而逼真度法则涉及对模型的精密度和准确度进行判断。

其一，完备性。完备性是最重要的一种表征理想，根据完备性准则，对一个现象的最佳理论描述就是提供一个完整的表征。按照表征理想的包含规则，

---

① 对于那些在完整世界中具有完全真理性的理论陈述，我们可以将其看作以一个关于理想化假设的空集合为条件的理论陈述。

完备性意味着目标现象的每个属性必须包含在模型中,同时,目标现象内部的结构关系和因果关系也必须反映在模型的结构中;完备性的逼真度法则意味着,最佳模型必定会以某种较高的精密度和准确度对目标系统的所有结构关系与因果关系进行表征。然而,在现实的科学实践中,完备性理想几乎是一个不可能实现的目标,尽管如此,完备性却可以在科学表征中发挥某种指导性的作用。实际上,完备性主要是通过两种方式来指导科学探究的。一方面,完备性体现了表征理想的评价功能。完备性确定了一个衡量标准,我们可以用这个标准来评估所有表征,包括次优表征。由于不同的科学家对相同的目标现象会形成几种不同的表征,而他们可能具有不同的表征力和完备性等级。一个表征越接近完备,它获得的评级越高。另一方面,完备性具有调节功能。调节功能类似于康德所谓的"调节的理想(regulative ideals)"①,它描述了一个目标,为科学探究提供了理论指导,指引着科学进步的正确方向。遵循完备性准则的科学家力图为模型增加更多的细节、更高的复杂性和精密性,从而使科学模型的表征更加接近于理想完备性,尽管大多数情况下,这个完备性理想可能永远不会实现。例如,在确定重力加速度的实验中,伽利略预设了存在一个零阻力的介质,从而使得重力加速度的计算相对简单化,因此,这种理想化是实用主义的。实际上,在理解了系统之后,"我们可以通过消除简化的假设以及'去理想化'而使模型变得更加具体"②。因此,伽利略理想化的表征理想是完备性,力图在不断地去理想化的过程中追求更精密、更正确且更完整的表征,这也恰恰说明了模型表征的动态性特征。

另外,遵循着"完备性"的表征理想,理论学家致力于对模型进行高精确度的表征,如上所述,同一个现象可能有许多不同的表征模型,其表征精确度自然也不同,于是,理论学家就会通过对模型输出的精密度和准确度取最大值而从中筛选出最佳模型。在此过程中可能会涉及使用统计学方法,以一个函数形式、参数集,以及与一个大的数据集相符合的参数值来进行模型选择,于是,通过这些方法选择的模型就会随着越来越多的数据出现而不断被优化。

因此,完备性是一种独特的表征理想,它指导理论学家将一切事物都包含

---

① KANT I. The Critique of Pure Reason[M]. Cambridge: Cambridge University Press, 1998.
② MCMULLIN E. Galilean Idealization[J]. Studies in History and Philosophy of Science, 1985, 16(3): 261.

在他们的表征中。其他表征理想将会在类似的情况下被建立起来，实际上，不同类型的理想化将与不同的表征理想相关联，我们可以在不同类型的理想化构成的大框架中对另外的几种表征理想进行考察。

其二，简单性。简单性是最直接的表征理想，它要求模型中包含尽可能少的内容，同时要求目标系统的行为与模型的属性和动态性之间具有定性匹配。本质上，理想化是为了计算上的简易性而进行的模型简化过程，因为真实的物理系统通常都是非常复杂的，以至于我们难以直接对其进行把握，因此，对这些物理世界或其子系统采用简单化的表征，将有助于我们解决科学家表征过程中面临的那些计算上的困境。

简单性常常被用于两个科学语境中。第一个科学语境是启示性的，其目的是方便我们理解表征对象。例如，G. N. Lewis 的化学键结的电子对模型中，化学键被看作两个原子共有的电子对。尽管 Lewis 模型的发展先于量子力学模型，使得我们更好地理解了化学键，但它为预测许多分子的结构尤其是小分子的结构提供了一种启示。因此，这个模型就是一种建构关于化学结构和化学反应的直觉方式。第二个科学语境是当科学家建构模型以便检验普遍观点时，"一个观点的极小模型试图说明一个假设……其目的并不是要在字面上被检验，任何多于一个的模型将会检验，一个无摩擦力的滑轮模型或一个倾向于无摩擦力的飞机是否错误"[1]。简单性是阐述和分析更复杂模型的起点，一旦简单模型中的动态性被理解，理论学家就会考察更复杂的模型和经验数据。

可见，"简单性"这个表征理想意味着将目标现象的核心因果要素包含在模型中，极简主义理想化建构和分析的模型恰恰体现了这种表征理想的实现，因为极简主义理想化中仅仅包含了某个现象的关键因果因素，因而被称为现象的极小模型（minimal models）。例如，物理科学中的一维伊辛模型，最初的时候，Ernst Ising 发展这个模型是为了研究金属的铁磁属性，对它的进一步发展是为了研究包含了相变和临界现象的其他物理现象。另外，科学建模的过程中，为了规范解释而引入简单化的表征理想。例如，在解释波义耳定律的过程中，理论学家提出假设：气体分子彼此互不发生碰撞。实际上，低压气体中的分子是会发生碰撞的，但由于碰撞对现象并不会产生影响，因此也就不会包含在规范解

---

[1] ROUGHGARDEN J. Primer of Ecological Theory[M]. NJ: Prentice Hall, 1997.

释中。例如，科学家用一个简谐振子模型来表征一个共价键的振动属性，这个模型将共价键看作像弹簧一样，由于回复力而具有一个自然的振动频率。这个简单表征被普遍应用于光谱学中，从而避免了对整个分子的多维势能面进行计算。

其三，普遍性。普遍性是科学表征和科学建模的必要条件，这个必要条件实际上包括两个不同的部分：它不仅包括一个特定模型根据科学家的逼真度准则牵涉的实际目标的数量，还包括一个特定模型把握的可能目标（不一定是真实的目标）的数量[1]。一方面，对普遍性的考察能促进理论模型的建构和评价，普遍性的模型可能属于最广泛适用的理论框架，允许真实的目标系统和非真实的目标系统进行对比，正如 Arthur Eddington 所言："我们几乎不需要补充说明，对一个比实际域更广泛的自然科学域进行反思，会促进我们更好地理解现实。"[2]另一方面，普遍性也可以起到微妙的调节作用。普遍性与解释力密切相关，它意味着科学表征针对的并非具体目标，而是针对从实际系统中抽象出来的基本关系或相互作用进行建模，这个模型适用于更多的真实目标和可能目标。例如，生态学家研究捕食或竞争就忽略了特定物种之间的相互作用。因此，普遍性引导着理论家发展可被应用于许多真实目标和可能目标中的模型，可以说，普遍性在过于简单化的模型与追求完备性的模型之间实现了一种微妙的平衡，这种解释性活动是现代理论实践的一个非常重要的部分。

事实上，科学家有不同的表征目标，诸如准确性、精密性、普遍性和简单性，然而，由于我们认知的局限性和世界的复杂性，以及由于逻辑条件、数学条件和表征条件上的限制，我们大多数情况下很难同时实现这些表征目标，因此，科学共同体常常需要在这些表征目标之间进行权衡，建构起多重模型。实际上，在对同一科学现象进行考察的过程中，由于观察视角不同，表征语境也就不同，因而其中的每个模型都对产生现象的本质和因果结构做出截然不同的论断。鉴于理想化的表征理想——完备性、简单性和普遍性，我们并不可能建立一个包含了一类现象的所有核心因果要素的简单极小模型，但建立一个小的

---

[1] MATTHEWSON J, WEISBERG M. The Structure of Tradeoffs in Model Building [J]. Synthese, 2009, 170(1): 169-190.

[2] EDDINGTON A S. The Nature of the Physical World [M]. Cambridge: Cambridge University Press, 1927: 79.

模型集是可能的，其中的每个模型强调不同的因果要素，而它们的集合则解释了所有关键的因果要素，这个过程就是所谓的"多重模型表征的理想化"（以下简称MMI）。MMI常常被应用于对复杂的科学现象的表征中，例如，生态学家对诸如捕食者这类现象建构多样化的模型，其中的每个模型都包含了不同的理想化假设。一个整合起来的高度理想化的模型集有助于我们发展更真实的理论，而且简单模型的集群增加了一个理论框架的普遍性[1]。

总之，表征理想作为引导理论探究的目标，它们是理想化实践的核心，对它们的系统化解释最终能让我们对理想化形成一种更统一的理解。在理解了理想化的表征理想之后，我们可以对靶向建模语境中的理想化与无特定目标的建模语境中的理想化分别进行考察，以便对基于隐喻思维的科学建模过程中的表征理想进行深刻理解和把握。

二、靶向建模语境中的理想化

基于隐喻推理进行的理论建模是一种特殊的科学表征形式，这种表征实践具有一定的灵活性，因为它可被用于表征一个简单目标、一组目标、一个普遍化的抽象目标，甚至是已知的并不存在的目标对象。"……在理想化中，我们以一个具体对象来开始，并在心理上对其中一些不易获得的特征进行重新排列……但是，我们实际上并不能消除这些因素。相反，我们会用其他更易于把握或更易于计算的因素来代替它们。"[2]

基于某个简单的特定目标进行的科学建模，我们称为"靶向建模"或者"目标导向的建模（target-directed modeling）"，它是针对一个具体的目标系统，并生成关于这个具体目标在其特定语境中的预测和解释。"靶向建模"是最简单的建模类型，为我们进一步探讨更复杂的建模类型奠定了基础。靶向建模有三个方面：发展模型、分析模型、使模型符合于目标。这三个要素在概念上是完全不同的，但它们在实践中是同时发生的，甚至是重复发生的。隐喻建模的靶向建模的过程分为两个阶段：第一个阶段建构或借鉴隐喻模型；第二个阶段对模型进行解

---

[1] MAY R. Stability and Complexity in Model Ecosystems[M]. Princeton：Princeton University Press，2001.

[2] CARTWRIGHT N. Nature's Capacities and Their Measurement[M]. New York：Oxford University Press，1989：187.

释说明，这个解释可能会随着时间而改变，或者会随着其应用语境的不同而发生改变。例如，沃尔泰拉的"掠食者—猎物"模型①，这是一种典型的种群动态模型。

基于隐喻推理进行的靶向建模的基本过程是：科学家对研究的目标系统的因果结构提出假设，然后"应用微积分"写下模型描述，最后，将模型与我们的真实世界目标进行对比。值得注意的是，科学家在借鉴或建构隐喻模型的过程中，致力于选择对他们的目标具有充分表征力的结构，而隐喻模型的表征力是确证模型预测适当性的一个必要条件。

数学建模中的结构确定是通过写下方程式或图表的形式来实现的，计算建模中一个程序的确定是通过使用自然语言、离散数学、虚拟程序代码或编程语言来实现的。实际上，相同的结构可能会由于其应用语境的不同而变成一个具有不同解释说明的不同模型。例如，物理模型从生态学中借鉴结构，化学模型从物理学中借鉴结构。沃尔泰拉将数学结构应用于生物学中，而古德温（Andrew Goodwin）又将沃尔泰拉模型应用于经济学语境中，用以描述经济增长与收入分配之间的关系。尽管这两个模型具有相同的数学结构，但二者由于表征语境的不同而被表征为不同的隐喻模型。

实际上，科学家通常会将基于隐喻推理建构的模型作为目标系统的替代来分析，并在这种分析过程中对隐喻模型与真实世界的现象进行协调，而这种协调是建立在模型与世界之间的相似性关系基础上的。例如，以直线方式来表征实际上并非直线型的程序。不过，模型并不能直接与真实现象相对比，但是可以与目标系统相对比，其中，这个目标系统是对这些现象的抽象②。换言之，当科学家选定一个范围时，他们关注于某个属性集合，并对其他属性进行抽象，这就产生了一个目标系统，即系统的总体状态的一个子集。例如，当一个生物学家想要研究袋獾的剩余种群时，袋獾生存的塔斯马尼亚岛的整体状态就构成了现象部分，然后，他对研究范围进行限制并将它们抽象化为一些不同的系统。

---

① 洛特卡-沃尔泰拉方程（Lotka-Volterraequations）又称"掠食者—猎物方程"，是一个重要的生态学理论。它由两条一阶非线性微分方程组成，经常用来描述生物系统中掠食者与猎物进行互动时的动态模型，也就是两者族群规模的消长。

② 现象具有无数的属性，既有静态的，也有动态的，这些属性的整个集合即现象的总体状态。在现实实践中，建模者对研究现象的总体状态并不感兴趣，但对某些具有科学意义的属性构成的子集感兴趣，这些有限的子集就是目标系统。

例如，目标系统可能是袋獾种群的动态性，也可能是入侵物种。可见，从一个简单现象中就可以形成许多可能的目标系统，因此，现象与目标系统之间的关系就是一对多的关系。又如，生态学建模通常分为不同的理论阵营。种群生态学研究种群规模的动态性，主要集中于诸如竞争、捕食、生长和共生等这样的现象；群落生态学则关注于种群与它们对环境中的生物资源和非生物资源的利用方式之间的互动。甚至当他们研究相同的现象时，他们会对各自感兴趣的不同子域进行抽象化，从而形成具有不同属性的目标系统，例如，在对地球围绕太阳运动的现象进行研究的过程中，科学家形成的目标系统可能仅仅包括太阳和地球，也有可能加上月亮和其他附近的天体。于是，当科学家把握了一个目标系统，他就可以建立模型与目标之间的适当性，即首先对现象进行抽象化表征并确定其研究的目标范围，其次将一个校准的或未校准的模型应用于该目标系统中。我们可以将模型与世界之间的关系简单理解为关于模型和目标系统之间的适当性问题。

另外，科学家有时候需要对现象进行完整表征，这意味着隐喻建模的过程中要充分体现模型的静态属性和动态属性、模型的容许状态、模型允许的状态之间的转换、状态之间的依赖性和转换。例如，在洛特卡-沃尔泰拉模型这个动态模型中，一个完整的模型分析将包括两个种群所有可能共存的种群丰度、这些状态之间的转换、稳定的和不稳定的平衡、中性稳定的振幅幅度等。

随着模型变得越来越复杂，甚至对一个简单的初始条件集进行直接计算都是不可能的。例如，我们可以得出关于天气变化的物理过程的精确模型，然而，当我们将这些过程综合起来并应用于地球大气这个巨大的系统时，模型表征就变得比较复杂，而我们并不能通过直接计算来进行模型分析，这就需要应用多重模型的理想化表征。

三、无特定目标的隐喻建模

靶向建模是为了研究一个具体目标而建构一个简单模型的实践，它并不表征整个建模实践。事实上，科学表征不仅涉及对个体现象的研究，还涉及对现象类别的模型进行探究，即没有特定目标的建模。为了研究普遍现象而建构模型的"普遍化的建模"，为了研究不存在的现象而建构模型的"假设性的建模"，对根本不存在目标的模型进行研究的"无目标的建模"。

第一，普遍化的建模。普遍化的建模常常应用于复杂现象的科学研究中。本质上，普遍化模型是对各种具体目标进行抽象化表征的一种结果，换言之，普遍化模型的目标是通过为每个具体目标寻求总体状态的交集生成的。例如，关于普遍的进化特性，生物学家假设了生存在相同环境下的一个有性种群和一个无性种群之间存在着竞争，同时为这两个种群提供一个初始的基因型分布，在此基础上对普遍的进化特性进行探究，由于激烈的选择竞争减弱了无性繁殖种群中基因型的差异变化，因此，有性繁殖优于无性繁殖。

模型与目标之间的相关性取决于模型的抽象化程度。当模型与其目标具有相同的抽象化程度时，模型描述的动态性就可被直接比作这个目标系统整体的动态性。例如，在建构种群基因模型的过程中，通过具体生物体的生命周期、空间分布、交配互作等来对具体基因型做出预测分析，从而表征一个种群中的基因适当性的分布；当模型比它们的目标具有较低的抽象度时，理论家必须通过使用"说明设定"对他的模型说明加上具体的限制条件，尤其是对模型的任务和预定范围加以限制，从而更抽象地解释它们的模型结构。

实际上，普遍化建模以一种类似于靶向建模的方式来表征其目标，二者之间的主要差异在于对目标的抽象度上，而非模型与目标的关系上。普遍化建模的意义在于：它说明了建模何以从世界的具体现象中被解耦，从而变成科学家所谓"纯粹理论"的一部分；同时被用作目标的极小模型。一方面，概化模型可被用来回答何以可能的问题，例如，离散的等位基因何以产生了类似连续变异的现象呢？一个分子其中一边上的羰基基团的电子属性何以影响另一边上氢原子的电子环境呢？另一方面，我们可以通过极小模型将许多因果要素综合起来，建构起一个把握现象发生的核心因果机制的模型。例如，类鸟群模型表征了真正对鸟类的集群行为产生影响的所有核心因果要素，这个模型最初的发展动机是计算机动画师为制作更多现实的鸟类种群而建构的，它可被用于计算机动画制作，以模拟各种类型的协调运动，例如鱼的运动、企鹅的运动和蝙蝠的运动。另外，这个模型为研究一般的涌现现象提供了启示，即一些简单规则可以产生一个复杂适应系统[①]。

第二，假设性的建模。为不存在的目标进行建模的实践称为"假设性的建

[①] MILLER J H, PAGE S E.Complex Adaptive Systems: An Introduction to Computational Models Ojsocial Life[M]. Princeton: Princeton University Press, 2007.

模"。事实上，科学表征力图将可能性的域与不可能性的域区分开来，而不可能的目标的模型在科学解释中发挥着重要作用，因此，我们研究不可能的目标的模型并不仅仅是为了研究不可能的目标本身，而是为了理解和解释现实目标或现实系统。

实际上，我们常常采用反设事实的方法为不可能的目标进行建模，从不可能的系统模型中我们可以了解到，为什么我们的世界不可能具有这个模型系统，以及我们需要改变哪些自然法则以便使其具有可能性，因此，假设性的建模暗示着一种可能性。例如，X-DNA 是一种分子扩大了的 DNA，它类似于 DNA 模型右旋的双螺旋结构，"相对于自然发生的 DNA 螺旋结构而言，这种扩展的基因系统的一个重要意义在于，它增加了我们信息编码的可能性。我们通过对四个碱基进行组合配对，对所有这些组合进行扩展就可能产生八个具有编码信息的碱基对"[①]。然而，自然界中可能并不存在 X-DNA，但我们可以在 X-DNA 的基础上建构一个完善的基因系统，这种假设模型能够为非存在的系统提供高保真度的模型表征。X-DNA 是热力学稳定的，同时，它还会在黑暗中发出荧光。因此，我们可以根据其荧光性来探测自然发生的 DNA，它能为我们探测地球上或其他星球上的生命形态提供可能性。不过，假设性的建模并非对真实世界目标的一个模拟或者近似表征，因为这些模型很可能都违反了自然法则。例如，永动机违反了热力学第二定律，然而，我们可以建构一个永动机的模型来理解它违反了哪些自然法则。例如，麦克斯韦妖和费曼棘轮。

第三，无目标的建模。无目标的建模研究的唯一对象是模型本身，而不涉及模型为我们提供的任何真实世界系统的内容，这种建模类型与纯粹的数学分析是最相似的。例如"细胞自动机(cellular automata)"，为模拟包括自组织结构在内的复杂现象提供了一个强有力的方法。其基本思想是：自然界里许多复杂结构和过程，归根到底只是由大量基本组成单元的相互作用引起的。因此，利用各种细胞自动机有可能模拟任何复杂事物的演化过程。

关于细胞自动机的一个简单说法是"生命游戏"，这个游戏包含一个无限的二维细胞组，这个数组可能处于两种状态之一：活着(1)或死亡(0)。近邻是通过使用摩尔(Moore)的近邻定义来确定的，即相邻中心的 8 个细胞。游戏的每个

---

① LIU H B, GAO J M, LYNCH S R., et al. A Four-Base Paired Genetic Helix with Expanded Size[J]. Science, 2003, 302(S646)：868-871.

时间步长都意味着要根据以下规则对每个细胞的转换状态进行评估。

（1）如果一个活细胞具有少于两个活细胞的近邻，它就会死亡。

（2）如果一个活细胞具有两个或三个活细胞近邻，它就不会改变状态。

（3）如果一个活细胞具有多于三个的近邻，它就会死亡。

（4）如果一个死细胞正好有三个近邻，它就会从死亡状态转换为活着的状态。

在对活细胞和死细胞的初始分布进行详细说明之后，计算机评估了每个时间步长的规则，更新了细胞，并对更新的细胞再次进行评估。这个游戏是在一个无限的数组上进行的，而我们需要对这个游戏进行有限的计算模拟。首先，这个游戏通过的一个无限网格是图灵完整(Turing complete)的，它可被用于计算任意可计算的函数。那么，如何可能在游戏内真正创造一个图灵机？保罗·伦德尔(Paul Rendell)在其游戏中实现了一个有限的图灵机[1]，这个机器已经被用于执行重要的计算任务。

"生命游戏"与相关的细胞自动机可能为我们提供关于生物学、物理学以及其他科学的知识，部分上是通过促进我们提高想象力而实现的。可见，无目标的隐喻建模意味着一种抽象的直接表征，其研究对象是有关经验现象的一个已建构的模型。例如晶体生长、进化发展，隐喻表征能使得细胞自动机与真实世界的现象相关联。

那么，生命世界中存在真实的运动吗，或者仅存在表观运动(apparent motion)？例如，心理学家将计算机屏幕上闪烁的像素看作视运动。究竟是真的存在运动的网格，还是仅仅存在运动的细胞状态呢？如果仅仅存在运动的细胞状态，那么，我们是否至少能说，这些运动模式是真实的？[2]

另外，对无目标的模型进行隐喻表征可能会激发一个更普遍的建模框架，而这个建模框架可被用于靶向建模。例如，有科学家曾经用类似于生命游戏的细胞自动机来研究政治动荡局面。[3] 又如，三性生物是一个不存在的系统，那

---

[1] RENDELL P. Turing Universality of The Game of Life[J]. Collision-Based Computing, 2002: 513-539.

[2] DENNETT D C. Real Patterns[J]. The Journal of Philosophy, 1991, 88(1): 39.

[3] LUSTICK I. Secession of the Center: A Virtual Probe of the Prospects for Punjabi Secessionism in Pakistan and the Secession of Punjabistan[J]. The Journal of Artificial Societies and Social Simulation, 2011, 14(1): 7.

么，为它进行建模仅仅是出于理论的需要，而非出于实践的需要。

综上所述，理论科学远远不只是要为表征一个简单目标而建构一个简单模型。这个高度多样化的实践可能具有许多结果：建构关于一个简单目标的模型、关于一个目标集合的模型、关于一个普遍现象的模型，甚至关于一个不可能的系统的模型。

第二节 理想化的方法论特征

经验事实表明，由于现实世界的复杂性与我们认知能力和计算资源的有限性之间的矛盾，即使是对最简单的系统进行完整的解释也是不现实的。因此，我们常常需要在科学表征的过程中将理想化的简化假设附加于我们对世界的描述上，而我们在科学表征实践中并不能完全消除这些简化假设。可以说，每个科学理论都至少整合了一个理想化的假设，而这些理想化的假设原则上是不可消除的。实际上，即使基于理想化的隐喻描述具有一定的精确性，但它们至少在某些情况下对于我们把握或者理解特定的认知资源而言都是太过于复杂的，其解释具有部分性，于是，所有理想化的隐喻模型都不可能是对现象的一种完美表征，而完美表征包括一个系统所有相关的因果特征、结构特征和动态特征。

一、简单化与近似真理

理想化是对系统的一种意向性的简化表征，正如麦克马林（Ernan McMullin）所言："我将用它来指对某些复杂事物的一种有意的简化，以期至少实现对这个事物的部分上的理解。它可能会改变事物的原初状态，或者说它可能意味着将一个复杂系统中的某些部分进行搁置，从而更好地关注于其余部分。"[1]我们可以将其语义学形式表述为：一个模型 M' 是对一个基础模型 M 的一种理想化表征，当且仅当 M' 是 M 的一种简化的替代形式，同时，M' 会根据 M 的某些特征 $\{F_1, F_2, \cdots F_n\}$ 来表征 M，而这个 M 在某个语境 C 中必定具有科学意义。

实际上，理想化表征对模型的简化过程分为两种情况：模型收缩和模型置

---

[1] McMullin E. Galilean Idealization[J]. Studies in History and Philosophy of Science Part A, 1985, 16(3): 248.

换。一方面，当科学模型是通过去除某些属性而实现其简化过程时，这种理想化就是非建构性的。实际上，在物理科学的表征语境中，科学家常常应用理想化有意识地将目标系统中的某些物理参数忽略，从而极大地降低模型表征的复杂性。例如，为了确定某种不导电物质的介质常数 k，在对平行板电容器之间的电容量进行测量的过程中就忽略了"杂散电容"的影响。另一方面，当科学模型是通过用其他更简单的属性(结构)来代替目标模型的某些复杂属性(结构)而实现其简化过程时，这种理想化就是建构性的，这种理想化结构本质上与其表征的系统之间具有异质性。例如，质量点常常被用作对星体或粒子的理想化。即使质量点并不具有星体结构或粒子结构的某些属性特征，但是，它在某种重要的意义上与星体结构或者粒子结构具有经验上的相似性。又如，波义耳-查理的气体定律 $PV=nRT$，它忽略了气体分子的自身体积及分子之间的相互作用力，将分子看成质点，因此，该定律表征的是一种基于理想化模型的理想气体。正是由于一般气体在压强不太大且温度不太低的条件下的性质非常接近于理想气体，所以科学家常常会用理想气体模型来研究实际气体。

本质上，科学隐喻的理想化建模是一种建构性的理想化。科学隐喻的理想化模型在两个实体或世界之间建立某种相似性关系的前提下，对现实世界的状态及其动态演化过程进行简化表征，理想化世界与真实世界之间的关系是一种具有部分等值性的表征关系，因此，隐喻建模语境中理想化产生的模型是对目标系统的近似表征，理想化的世界与其表征的现实世界(系统)之间在结构特征、因果特征和动态特征等方面具有相似性。例如，计算化学家通过对分子的近似波函数进行计算来预测分子属性，尽管随着 21 世纪电子计算机的发展，我们可以精确地计算出中型分子的波函数，但这个数值仍然是近似值。

目标对象的结构属性总是独特而复杂的，科学隐喻并不能精确地表征它们的意向域中每一个元素的状态和动态性，因而也不能实现对目标系统的完美模拟。在此意义上，科学隐喻本质上都是建立在理想化基础上的科学表征。在科学隐喻的理想化的表征语境中，消除了各种特殊的干扰和复杂的互动，甚至是现象类别中个体要素的特性，借助于隐喻描述而对实体的状态和动态性进行科学建模，从而实现计算上的简易性。另外，这里的"简单化"至少是一个语境问题，同时，它作为一种实践性的规范，可以作为一种认知上的、数学上的和技术上的限制条件。

二、意向性的关系系统

本质上,理想化首先是一种二元关系,即 R_{xy},其中的 x 和 y 涵盖了精确的集合论意义上的结构或模型,既然可能世界在哲学上类似于模型,那么,x 和 y 就涵盖了由可能世界组成的集合 U。在理想化的关系系统中,构成前者的类型和关系组成的集合是构成后者的类型和关系组成的集合中的一个子集。然而,理想化的关系系统中还应该包含着以反设事实的方式改变的各种关系和属性组成的集合,因此,我们可以用一个三元关系来描述理想化,即 R_{xyz}。其中,第一元关系是根据第三位中的各种属性和关系对第二元关系的一种简化。那么,当且仅当每个理论陈述只有在至少有一个不可被消除的理想化的理论假设的条件下,才具有真理性。

根据意向性的关系系统,理想化的世界是一个有序的四元集合:$w_i = <V_i,{}_iX_1,{}_iX_2,[\ ]_i>$。这里的 V_i 是世界 i 中的元素组成的个体集合,${}_iX_1$ 是世界 i 中的元素的 n 位一阶关系组成的集合,${}_iX_2$ 是世界 i 中的元素的 n 位二阶关系组成的集合,$[\ ]_i$ 是扩展到世界 i 中的每个关系上的一个函数。

在理想化关系中,模型是可被描述为意向性的关系结构的部分世界,同时,作为一种简化表征,理想化的模型与真实世界之间的等值关系仅仅是部分上的等值关系。于是,我们可以根据以上限制性条件将理想化关系定义为:一种意向性的关系结构 w_i 是另一种意向性的关系结构 w_j 的一种理想化,当且仅当 w_i 是对于 w_j 的一种极小的部分的科学表征(当且仅当存在着某个结构 e_i,它是 E_i 的一个元素,同时,e_i 在语境 C 中与 e_j 之间具有 δ 程度上的、经验上的近似等值关系),同时,w_j 是在语境 C 中对 w_i 的一种简化。

可见,一个完整的表征说明了它表征的事物或现象的每一个结构属性,但这并不意味着,每个子结构都与其表征的相应的子结构之间具有同构性。当理想化的反设事实涉及的模型具有经验上的近似真值时,其论证结论就被判定是正确的。于是,质量点模型的经验结果与行星系统的相关经验结果之间具有经验上的近似等值关系,例如,行星的轨道与质量点的轨道之间具有相似性,我们就可以通过有关质量点和重力的推理而将其结果应用于行星的研究中。

然而,部分上的同构性并不是科学表征的必要条件,基于理想化假设的隐喻建构的模型与其表征的现实对象或系统之间不一定具有部分上的同构性,例如，伽利略关于自由落体运动的方程式建构的模型与实际对象的运动结构之间具有经验上的近似等值关系，这是一种不太彻底的理想化，因为其中仅仅省略了这些运动中的摩擦力，这种模型与它们表征的对象或现象都具有经验上的相似性，同时也比这些对象或现象更简单。因此，当一个模型具有近似地符合于我们在真实世界中观察到的某些系统的经验结论时，这个模型就具有表征意义，同时，如果一个模型比它表征的系统更简单，那么它就是一种理想化。因此，从经验科学的视角来看，理想化的表征模型可被用作对被表征结构（它在经验上模拟了被表征的结构）的一种经验替代。例如，伊辛模型的结构（具有最近邻交换的晶格结构）是对复杂的真实世界的固体结构的一种彻底的理想化。

三、理想化的普遍性与不可消除性

理想化表征建构的系统模型通过简化过程使得目标系统具有计算上的简易性。例如，描述了流体力学的欧拉方程和描述了自由落体运动的伽利略方程就是两个典型的例子。

我们来考察一下流体力学的欧拉方程式：$(T_1)\ \rho Du/Dt = -\nabla p$。这里的 ρ 是流体的质量密度，Du/Dt 是流速的水动力导数，即 $Du/Dt = du/dt + u \cdot \nabla u$，同时，$\nabla p$ 是压力梯度。在应用欧拉方程式的语境中，我们提出了一个理想化的假设，即并不存在沿着流体运动的方向而反作用于流体运动的黏性力。这个方程式常常被应用于真实系统中，但它实际上只有在完美的非黏性流体中才为真。

如果我们将黏性力纳入对流体运动的考察中，我们就必须应用纳维-斯托克斯方程式：$(T_2)\ du/dt + u \cdot \nabla u = -1/\rho\ \nabla p + v\nabla^2 u$。其中，$du/dt + u \cdot \nabla u$ 是流速的水动力导数，v 是运动黏度，$\nabla^2 u$ 是流速的拉普拉斯算子，其他符号的指称与 T_1 中的指称相同。从理论上讲，根据纳维-斯托克斯方程，再加上一定的初始条件和边界条件，我们就可以确定黏性流体的流动。然而，由于纳维-斯托克斯方程式是一个二阶方程，而欧拉方程式是一个一阶方程，欧拉方程式在某种意义上比纳维-斯托克斯具有计算上的简易性。因此，欧拉方程式作为一种易于计算的理论，常常被应用于许多真实情境中；同时，欧拉方程式是对纳维-斯托克斯方程式表征模型的一种意向性的简化。

同样地，现实系统都会受到摩擦力的影响，然而，为了计算上的简易性，伽利略在考察自由落体的运动时将摩擦力省略掉，其动力学方程式为 $(T_3)\ d^2y/$

$dt^2=-g$，其中的 y 是自由落体下落的垂直距离，g 是每个单位质量具有的重力，v 是速度，t 是时间。如果将摩擦力纳入考察范围，自由落体的动力学方程式就变成了（T_4）$d^2y/dt^2=-g-\beta/(dy/dt)$，或者（$T_5$）$d^2y/dt^2=-g-\delta/m(dy/dt)^2$。这里的 β 和 δ 是阻力常数，T_4 和 T_5 中最右边的表达式都是摩擦力的表达式。

实质上，我们可能会在对一个物理系统进行模型建构的语境中忽略某个因果要素。例如，在原子的氢原子模型中忽略了摩擦力。玻尔的半经典模型可以表述为：（T_6）$m_e v^2/r = Gm_e m_p/r^2 + ke^2/r^2$。其中的 m_e 是电子的质量，e 是电荷量，v 是速度，G 是重力常数，m_p 是质子的质量，r 是半径，同时，k 是真空中的库伦常数。但是，氢原子中的重力与电磁力之间的比率为：$Gm_e m_p / ke^2 \approx 5 \times 10^{-40}$。因此，即使重力会影响到这种氢原子的物理结构，但是，在对该氢原子的物理结构进行模型建构的过程中将重力忽略，因为这些重力非常微小，以至于它们在实践上并不具有计算的相关性，而其中的计算正是以这个氢原子结构的理想化模型中的理论陈述为基础的。

例如，铁磁性的伊辛模型。在固态物理学中，所有真实的固体都是不完美的，并且是由大量相互作用的粒子构成的。因此，在研究铁磁属性的过程中，为了便于计算，我们可以假定，"我们所研究的固体是一个自旋为+1 或-1 的完美的粒子晶格"，这个假设其实是一种建构性的理想化假设。我们还可以假定，"只存在着最邻近的粒子互动或最邻近的粒子交换，并且自旋的方向是顺着磁场的方向"，这种假设则是非建构性的理想化假设。伊辛模型在一维和二维中（对于链条和平面晶格而言）比较容易计算，而三维中的伊辛模型并不存在确切的解决方案。可见，根据伊辛模型来研究铁磁是建立在某些彻底的理想化假设基础之上的。然而，这些理想化的假设既包含着非建构性的理想化，又包含着建构性的理想化。

又如，在固体的量子理论中，为了计算晶体的电子光谱和晶格振动光谱，我们常常假设水晶是一个理想的晶格。此外，晶体的电子光谱和晶格振动光谱在现实中常常发生着因果互动，但我们并不能同时对二者进行考察。因此，当我们考察晶体的电子光谱时，我们通常会将其与晶体振动光谱相分离，将振动运动设定为 0，这样，我们就可以对固定在完美晶格上离子场中的电子状态进行计算了。然后，通过对每个电子在其他电子平均场中的运动进行研究，复杂的电子问题就会被还原为一个电子的问题。然而，由于所有真实固体的形状都是无限大的,而晶格会在晶体的表面终止,我们可以假定波函数消失在边界上,但是,因为驻波的产生,波函数会反射在表面,这并不容易计算。因此,我们可以引入以下这个边界条件的理想化假设:晶体可以在空间中进行周期性的扩展。如果晶体的一个维度是 l,那么,我们就可以假设 $\Psi(x) = \Psi(x+l)$,其中的 $\Psi(x)$ 是波函数,$\Psi(x)$ 就被认为是周期性的,此时,真实的晶体很显然都不是无限大或无限小的,因此实际上也就不可能在整个空间中都是周期性的。

事实上,大部分的预测性推导或解释性推导在经验事实上都需要使用理想化假设。卡特赖特认为,我们充其量只能在原则上消除理想化的假设。[1] 罗纳德·雷蒙(Ronald Laymon)认为,理论陈述中的理想化假设原则上是可消除的,其普遍性论题其实是一种弱的普遍性,简言之,"对于大部分的理论陈述 T 而言,T 只有在某些理想化假设的条件下才具有真理性,$i_n \in I$,其中,$n \leq 1$ 并且 I 是所有与 T 相关的理想化假设的集合"。相比而言,卡特赖特的普遍性论题是一种较强的普遍性问题,他主张,对于任意的理论陈述 T 而言,T 只有在至少存在一个与 T 相关的理想化假设 i(其中,$i \in I$)的情况下才具有真理性。换言之,所有的理论陈述都至少取决于一个理想化假设,而这个理想化假设甚至在原则上都不可能从那些理论中被完全消除。

卡特赖特曾在探讨迪昂关于物理科学中理论陈述的抽象本质与理想化本质时指出:"物理学旨在表征的简单性,但是,自然实际上却是错综复杂的。因此,在抽象的理论表征与所表征的具体情境之间就不可避免地产生了一种不协调的现象。其结果是,抽象的阐述并不能描述实在,但能描述虚构的建构。"[2]

第三节 理想化与反设事实

理想化在科学表征中的应用是无处不在的,理想化的表征方式既能够提供关于世界的信息,也具有计算上的简易性,然而,这两个必要条件常常是矛盾

---

[1] CARTWRIGHT N. How the Laws of Physics Lie[M]. New York:Oxford University Press,1983:109.
[2] CARTWRIGHT N. Nature's Capacities and Their Measurement[M]. New York:Oxford University Press,1989:193-194.

的。简言之，因为物理系统的表征通过理想化而变得更加简单化，但与此同时会降低这些表征信息(解释的和预测的)内容的丰富性。鉴于此，我们就需要对科学推理的语境中所谓的"可容许的理想化假设"进行考察。

在对有关各种复杂现象的本质特征的假设进行确证的过程中，由于其中的复杂现象中充满了互相干扰的偶然因素，我们需要将这些偶然因素添加到对定律性陈述进行得更具体的说明中，从而使本质主义者高度理想化的假设与现象的现实复杂性之间达成大体一致。当我们在具体假设与现象之间实现完全的一致时，我们就能够在经验上直接地检验具体的假设，并间接地检验理想化的假设。①

事实上，理想化的假设类似于 Ernest Adams 所谓的"仿佛"式的反设事实(as-if counterfactuals)。② Adams 解释道："行星轨道的计算常常是建立在这样的反设事实假设基础之上的，即这些星体都是质量点，而重力在这些质量点之间发挥着作用。可见，这个推理过程中内含着反设事实条件句，因为它被解释为行星轨道类似于这些质量点的轨道，同时，'如果它们都是质量点的话，那么，它们的轨道也都是类似的'，因此，它们的轨道都是类似的。"③因此，基于理想化假设的科学隐喻都应该被看作反设事实条件句，它们都类似于这类"好像"式的反设事实条件句。例如，如果丘比特是一个质量点，那么，它将具有类似这样的一个轨道。其中，"类似的(such-and-such)"后件通常是由恰当的理论陈述构成的，而这些理论陈述则是建立在对这些条件句的前因变量中指定的假设进行简化的基础之上的。因此，这些理论也都类似于反设事实条件句，至少在完善的理论域中，这些陈述的逻辑后项(后件)将表现为微分方程式的体系。

Adams 所谓的"正确的反设事实"，在"好像"式的论证语境中能获得正确的结果。但是，我们将如何确定，其中的哪些反设事实能够获得正确的结果呢？

---

① Nowak 指出，这种方法论最终根源于柏拉图，然后将黑格尔观点与波普尔观点相综合而实现了其发展。请参阅 NOWAK L, NOWAKOWA I. Idealization X：The Richness of Idealization[M]. Amsterdam：Brin Rodopi, 2000：110.

② 关于"'好像'式推理的科学用法"这个问题的探讨，最早可以追溯到费英格于 1911 年对"好像"这个概念的逻辑问题的初步论述。请参阅 FINE A. Fictionalism[J]. Midwest Studies in Philosophy, 1993：1-18.

③ ADAMS E W. On the Rightness of Certain Counterfactuals[J]. Pacific Philosophical Quarterly, 1993, 74(1)：5.

Adams 通过对"否定后件式"的论证进行考察,开始探讨反设事实的正确性。他认为,理想化的表征语境中反设事实的正确性原则为:"(PCR)否定后件式的论证中的反设事实,如果它们会产生关于它们所要检验的推测的正确结论,那么,它们就被认为是正确的。"①

很显然,这种否定后件式的论证中的反设事实的正确性,与我们研究的条件句的真理性之间并没有关系,这是因为条件句并不具有真值条件,但是,其中的条件句具有关于世界的部分信息。这种否定后件式的论证包含着一种标准的反设事实前提,例如,以下这个论证就是一种基于理想化的反设事实的论证形式。

行星轨道类似于质量点的轨道。

如果行星是质量点,那么,它们的轨道就是相似的。

因此,行星的轨道就类似于质量点的轨道。

这个论证中的前提是基于反设事实的前提,而我们实际上也接受了这个前提,即承认了这个条件句的真值条件。② 在这个例子中,反设事实的前提似乎就是正确的,因为基于反设事实的基础之上得出的事实结论是正确的,即使并不存在关于那个前提的事实的内容。但是,正如 Adams 指出的,科学中基于理想化的反设事实的论证,并不具有以上我们考察的"否定后件式"的论证形式。

这种论证形式表明,根据行星与质量点之间的结构相似性关系,质量点的轨道属性可被合理地归因于行星。因此,前因变量(先行条件)中的理想化条件描述的世界与我们研究的现实世界系统之间具有充分的相似性,在某些条件下,会使得我们将反设事实的结论中涉及的现象特征归属于真实系统。因为前因变量中理想化的假设包含着关于真实世界系统的信息。因此,欧内斯特·亚当斯(Ernest W. Adams)指出,"有些事实是关于反设事实所对应的点粒子的运动的,同时,它是否符合于这些事实将决定了从中所得出的结论是否正确。于是,反设事实除了在'否定后件式'的推理中所发挥的作用外,至少还存在一种事实的

---

① ADAMS E W. On the Rightness of Certain Counterfactuals[J]. Pacific Philosophical Quarterly, 1993, 74(1): 4.
② 论证的前提条件必须是具有真值条件的句子,同时,反事实条件句是具有真值条件的。

(实际的)用法,而且,它还传达了它们在这个语境中的一种正确性"①。于是,我们应该在某种条件下认可反设事实的正确性,从而也可以接受从基于理想化的反设事实的论证中得出的结论。

实际上,在科学表征的模型中,理想化的反设事实既具有真值条件,也包含着关于完整世界的部分信息(更重要的是关于现实世界的信息)。科学家将会依据复杂度不同的可能世界之间的相似性序列来解释理想化反设事实的信息性特征。

另外,通常来讲,对于基于理想化假设的物理科学中的理论陈述而言,基底世界就是现实世界。如果特定的理想化条件是真实的,那么,基底世界将会是什么样的呢,它们将会在哪些方面发生变化呢?某个具体世界(或其中的子集)在这些反设事实的前因变量中,通过将世界以反设事实的方式进行简化,从而实现理想化表征。于是,从这个条件句和关于现实陈述的某个集合中,我们就可以得出关于真实世界的表象的某些结论,其中涉及的实体符合于在条件句中的结论性的理论陈述。这是因为,理想化的世界或模型(理论陈述在其中具有严格的真理性)与现实的世界或模型(理论陈述在其中是虚假的)之间具有一定的相似性。最重要的是,这种相似性促进了克里斯·索亚(Chris Swoyer)所谓的"替代性推理(surrogative reasoning)"。正如索亚所言:"被表征的现象的构成部分之间所具有的那种关系模式是通过表征本身的构成部分之间的关系模式所映射出来的。同时,因为表征中对事物的组织就像是由它们所描述事物投射出来的影子,我们可以将关于初始情境的信息编码为关于表征的信息。大部分这类信息都被保存在关于表征的构成部分的推理中,因此,它就可以被还原为关于初始情境的信息。同时,这就证明了替代性推理,因为如果我们以关于表征对象的真实前提来开始,那么,我们经过表征本身的绕道最终将会返回到关于初始对象的一个真实的结论上。"②从广义上来讲,索亚关于替代推理的观点符合我们考察的理想化的推理形式。这种推理其实弱化了表征的精确性,因为它们都牵涉简单化。但是,我们可以在简化的基础之上进行推理,并通过某种方式

---

① ADAMS E W. On the Rightness of Certain Counterfactuals[J]. Pacific Philosophical Quarterly, 1993, 74(1): 5.
② SWOYER C. Structural Representation and Surrogative Reasoning[J]. Synthese, 1991, 87: 452.

将这些结果应用到更复杂的案例情境中。可见，基于理想化的理论陈述的逻辑形式实际上是一种特殊的反设事实。

小　　结

科学表征过程离不开理想化假设，换言之，科学理论只有在某种理想化模型中才具有真理性。罗纳德·雷蒙认为，"实际的推导总是需要使用理想化和近似法"①，但是，包含着理想化条件的推导都是不牢靠的，正如南希·卡特赖特所述："物理学定律总是具有临时性，因为它们所涉及的符号都太过于简单，以至于它们并不能完整地表征实在。"②因此，要使基本的解释性陈述更适用于真实情境就必须消除各种理想化假设。然而，消除理想化假设就意味着加入现实条件或用更现实的条件来代替它们，这必然会削弱科学理论的解释性。

事实上，卡特赖特曾在探讨理想化的假设和模型在量子力学语境中的作用时指出，对待一个真实情境的基本策略是将这些特定的部分综合成一个模型，因此，我们就从各种汉密尔顿算符确定了某个汉密尔顿系统。当模型被比作它表征的情境时，实在论的问题就产生了。《物理学定律是如何撒谎的》这本书认为，即使在最佳情境中，这两者之间也并不具有非常完美的符合性。③那么，现代理论的成功解释能为其真理性进行辩护吗？卡特赖特认为，"如果没有理想化，我们既不可能对理论陈述进行确证，也不可能对现象学陈述或者更低层级的理论陈述进行解释"④。那么，所有理论都是不可确证的或者不可解释的吗？我们需要对科学中的理想化条件的模态地位进行考察。换言之，尽管理想化的具体方法和表征特征不尽相同，但我们可以通过考察理想化表征的逻辑特征来为理想化的表征实践提供一个统一的框架。

---

① LAYMON R. Cartwright and the Lying Laws of Physics[J]. Journal of Philosophy, 1989, 76: 357.
② DUHEM P. The Aim and Structure of Physical Theory[M]. Princeton: Princeton University Press, 1982: 176.
③ CARTWRIGHT N. Fundamentalism vs. the Patchwork of Laws[J]. Proceedings of the Aristotelian Society, 1994, 93: 317.
④ 我们将这个观点称作"卡特赖特的格言"（Cartwright's Dictum, CD）。

第五章

理想化表征的逻辑特征

尽管理想化的假设具有各种不同的形式,但它们有着共同的逻辑特征。理想化表征的逻辑特征在于:基于理想化的隐喻陈述具有一种特殊的反设事实条件句的逻辑形式。可以说,一个科学隐喻就是一种理想化的反设事实条件句。然而,正如 Adams 指出的,这些反设事实条件句并不同于标准的反设事实条件句,因为它们在推理中发挥的作用与标准的反设事实条件句发挥的作用是不同的。

第一节 理想化表征的逻辑基础

科学现象具有其本质特征,科学研究的过程中要力图确定现象的非本质特征,并在形成定律性陈述的过程中将其忽略。换言之,科学的目标就在于揭示现象的本质结构,发现消除了非本质内容的理想化定律。正如以莱赛克·诺瓦克(Leszek Nowak)为代表的波兹南学派论述的:"一个科学定律,作为对事实的一种漫画化描述而不是对事实的普遍化描述,从根本上来讲就是对现象的一种变形。然而,对事实的变形是故意计划的,实际上是要消除其中不必要的部分。"[1]按照诺瓦克的方法,理想化的陈述仅仅是在前因变量中具有理想化条件的条件句,不过,诺瓦克认为,理想化的理论应该被看作实质性的条件句,而不是反设事实条件句。例如,我们假定一个特定现象 F 的结构是一个关于理想化陈述的序列。它们具有 T 这样的形式:T^k, T^{k-1}, ……, T^1, T^0。集合 T 中的

---

[1] NOWAK L, NOWAKOWA I. Idealization X: The Richness of Idealization[M]. Amsterdam: Brill Rodopi, 2000: 110.

每个元素都是以下这种形式的一种理想化定律。

T^k：如果$(G(x) \& p_1(x)=0 \& p_2(x)=0 \& \cdots\cdots \& p_{k-1}(x)=0)$，那么$F(x)=f_k(H_1(x),\cdots\cdots,H_n(x))$.

于是，T^{k-1}，……，T^1，T^0就都是类似这样的具体化。

T^{k-1}：如果$(G(x) \& p_1(x)=0 \& p_2(x)=0 \& \cdots\cdots \& p_{k-1}(x)=0 \& p_k(x)\neq 0)$，那么，$F(x)=f_{k-1}(H_1(x),\cdots\cdots,H_n(x),p_k(x))$，

…………

T^i：如果$(G(x) \& p_1(x)=0 \& p_i(x)=0 \& \cdots\cdots \& p_{i+1}(x)=0 \& p_{k-1}(x)\neq 0 \& p_k(x)\neq 0)$，那么，$F(x)=f_i(H_1(x),\cdots\cdots,H_n(x),p_k(x)\cdots\cdots,p_{i+1}(x))$，

…………

T^1：如果$(G(x) \& p_1(x)=0 \& p_2(x)\neq 0 \& \cdots\cdots \& p_{k-1}(x)\neq 0 \& p_k(x)\neq 0)$，那么，$F(x)=f_1(H_1(x),\cdots\cdots,H_n(x),p_k(x)\cdots,p_2(x))$，

T^0：如果$(G(x) \& p_1(x)\neq 0 \& p_2(x)\neq 0 \& \cdots\cdots \& p_{k-1}(x)\neq 0 \& p_k(x)\neq 0)$，那么，$F(x)=f_0(H_1(x),\cdots\cdots,H_n(x),p_k(x)\cdots\cdots,p_2(x),p_1(x))$。

$G(x)$应该是某个现实的假设，$p_i(x)$是理想化的假设，并且，先行条件$F(x)=f_0(H_1(x),\cdots\cdots,H_n(x),p_k(x)\cdots,p_2(x),p_1(x))$说明了现象$F(x)$的关键特征。

于是，T就是在对应原则的基础上从T^0中得出的一个子理论。这个对应原则的形式为：$(CP)[T^{k+1} \& p_i(x)=0] \rightarrow T^k$。这种普遍的概括性原则在两个理论$T^{k+1}$与$T^k$之间建立了一种渐进的关联关系，其基础假设是$T^{k+1}$这个集合逐渐趋近于0的过程中的某个相关因素，在此基础上我们就能得出T^k。实际上，通过重复应用CP这个原则，我们就可以通过将更多这样的因素设定为0而得出T中的每个元素。① 于是，T^0就是一个事实的陈述(factual statement)，因为所有互相干扰偶然因素已经被添加回去，而T则是一个复杂的陈述(complex statement)，它包含了这个事实的陈述，以及一系列通过将CP应用于T^0而产生的非事实的陈述。严格来讲，$F(x)$的一个理想化的定律T^k意味着，当一个陈述中所有非本质的因素被忽略时，这个陈述就具有最大的理想化。于是，至少有一个关于T^k的具体化在经验上是可检验的；通常来讲，这至少对于T^0或者接近于T^0的其中一

---

① 这个原则在玻尔哲学和庞加莱哲学中都发挥着至关重要的作用。

个理论陈述而言是真实的。那么,根据 CP 原则,T 中的其他理论的确证地位就应该在逻辑上寄生于那个可检验的 T^k 的具体化中,因此,T 中的其他理论的确证地位就是一种形式化关系的问题,即 T 中不可检验的元素与 T 中可检验的具体化(具象)之间的形式化关系。

本质上,波兹南方法论中存在着一些严重的方法论问题。T 中元素的表达式(T^k,T^{k-1},……,T^1,T^0)实际上应该被解释为反设事实的条件句,它们的形式是"如果果真如此……,那么实际情况将会是……"。于是,理想化的隐喻表征的逻辑形式应该如下。

N^k:$(G(x)$ & $p_1(x)=0$ & $p_2(x)=0$ & $\cdots$ & $p_{k-1}(x)=0$ & $p_k(x)=0)>F(x)=f_k(H(x))$,

N^{k-1}:$(G(x)$ & $p_1(x)=0$ & $p_2(x)=0$ & $\cdots$ & $p_{k-1}(x)=0)>F(x)=f_{k-1}(H(x),p_k(x))$,

…………

N^1:$(G(x)$ & $p_1(x)=0)>F(x)=f_1(H(x),\cdots,H_n(x),p_k(x),\cdots,p_2(x))$,

N^0:$G(x)>F(x)=f_0(H(x),p_k(x),\cdots,p_2(x),p_1(x))$。

这里的">"标志着与真实条件句相反的反设事实条件句。因为理想化的条件是假设性的假定,而结论性的陈述在这种假定条件下具有真理性。因此,T 中的条件句应该被解释为反设事实条件句,这将会有利于我们以更现实的观点来理解科学表征的过程,这同时也需要我们考察反设事实中涉及的逻辑问题。

另外,一个科学隐喻就是一种理想化的反设事实条件句。所有理想化的理论对于完全现实和实际的世界而言都是真实的,但这并不意味着"理想化的条件句都是实质性的条件句"。诺瓦克将 T 中的条件句解释为实质性的条件句,那么,它就必须同时遵循换质位法则和先行条件的强化原则。一方面,我们来考察一下换质位法则:(I_1)如果 x 是一个滚动的小圆球,将它投射到一个非常光滑的球形平面上,并且使外界环境施加在 x 上的阻力为 0,那么,x 就会沿着这个平面做均匀的永恒运动。其逆否命题如下:(I_2)如果 x 并不会沿着光滑的平面做均匀的永恒运动,那么,将 x 投射到一个非常光滑的球形表面上,并且使外界环境施加在 x 上的阻力为 0,此时,x 实际上并不是一个完全正圆的、滚动的小球。虽然初始的命题陈述是真实的,但是,逆否命题陈述并不一定真实有效。因为"x 可能并不会沿着光滑的平面做均匀的永恒运动",还有可能是因为 x 是一个中空的球体,其中充满了液体,由此也就会产生一种内在的摩擦力,这种摩擦力会使 x 做不均匀的运动。

另一方面,我们再来考察一下 T 中的元素与先行条件的强化原则之间的关系。很显然,如果 T^i 是一个综合了实质性条件句的陈述,那么,随后为了生成 T^{i+1} 而在 T^i 的先行条件中引入任意新的理想化条件或者任意其他新的信息,都应该对导出 T^i 的结论部分没有影响。这种条件句是单调的,并且遵循先行条件的强化原则。然而,即使是在诺瓦克对于理想化和具体化的方法提出的正式表述中,这也是不真实的,因为某个理想化陈述 T^i 的结论是不可以从 T^{i+1} 的先行条件中推导出来的,而 T^{i+1} 是以另外一个理想化假设的形式引入信息。

在此基础上,诺瓦克指出,对于解释、预测和表征经验世界,我们需要做的全部工作就是 T^0,所谓的一个事实陈述。实际上,科学表征中应用的理想化方法实际上是一种简单化过程,其目的是获得计算上的简易性。例如,我们再来考察流体流量的欧拉方程:$(T_1) \rho Du/Dt = -\nabla p$。这个方程式仅仅对于理想流体具有真实性,同时,在应用欧拉方程式的语境中,实际上是提出了一个错误假设,即并不存在与流体的剩余部分相接触的、平行于表面的任何力。因此,T_1 实际上可被表征为 $(C_f T_1)$,如果 x 是一个流体,并且不存在与其剩余部分相接触的、平行于表面的任何力,那么,x' 的行为就符合于 $\rho Du/Dt = -\nabla p$。

另外,为了将已经被理想化的各种不同类型的力整合进对流体运动的描述中,我们必须应用纳维-斯托克斯方程式:$(T_2) du/dt + u \cdot \nabla u = -1/\rho \nabla p + v \nabla^2 u$。如前所述,$T_2$ 是非常难以解决的,同时,欧拉方程式比纳维-斯托克斯方程式具有计算上的简易性。T_1 只有在对 T_2 中描述的模型进行一种意向性的简化时才具有真理性,但是,T_1 为我们提供的结果常常是可接受的;同时,T_1 必须常常应用这些理论,因为我们根本不可能使用更加现实的理论。不过,T_1 与 T_2 之间具有非常密切的关联性,因为它们描述的模型具有非常重要的相似性。理想化和具体化都是科学实践中不可缺少的重要部分,同时,由于实践条件的限制,我们常常需要对发生在其他可能世界中的现象进行考察,即使也会存在着完全消除了理想化条件的理论。

关于理想化牵涉的认识论上的问题,似乎源于将对应原则看作一种"发现"的逻辑方法。从历史事实来看,科学家往往首先形成简化的理论,然后再消除理想化的条件以便于更接近真实情况。"发现的逻辑"本身就存在很多争议,而 CP 这个原则是一个非常陈旧的原则,其理论基础在于:科学进步的过程中伴随着一系列更加复杂而现实的理论,这些理论通过将这些不太精确的先导理论看作较新的理论的具体实例而对它们进行把握。这就促使我们在科学表征的理论实践过程中保留其确证的实例并引导随后的科学进步,于是,新的理论就意味着对消除了某些非现实的(理想化的)假设的先导理论进行了最保守的逻辑扩展。当然,我们并不能因此而否定 CP 原则的方法论作用,即一个先验地被证明的规范性原则。然而,CP 原则依赖于一个关于方法论保守主义的更基本的假设,但这个假设实际上是完全没有根据的。

诺瓦克主张,将 T 中的条件句看作实质性的条件句,会使得具体化这个过程具有连贯性且能够把握科学的普遍实践。然而,科学史表明,科学的发展是由一系列理论构成的,理论更迭的过程中,先任理论总被证明是不太真实的,从而被后继理论所取代。这也就意味着,每个序列 T 中的非 T^0 类型的先行条件都是错误的。因此,CP 原则就意味着,科学进步仅仅是逻辑演绎中的一个实践,而这是违反直觉的。

如果先行理论最终都被证明是错误的,那么,伽利略和牛顿提出的力学理论就是不真实的吗?我们来考察一下 T^* 这个一般陈述:如果 $(G(x)\ \&\ p_1(x)=0\ \&\ p_2(x)=0\ \&\ \cdots\ \&\ p_{k-1}(x)=0)$,那么 $F(x)=f_k(H_1(x),\cdots,H_n(x))$。在这个理论陈述中,基本要素 $G(x)$ 和 $F(x)$,以及权变因素 p_i 已经被确定且被纳入考察范围。然而,现实实践中,科学家常常并不清楚哪些权变因素在一个特定情境中发挥着作用。例如,伽利略的力学理论,即使伽利略并未意识到他忽略了某些因素和理论本身的逻辑形式,但他能够意识到影响其力学研究的某些干扰力,于是,伽利略的力学理论是错误的且是后继理论的一个特殊案例。

实际上,科学家在进行科学表征的过程中能够清楚地意识到理想化的因素,而科学进步正是通过具体化的过程将这些因素重新添加进去而实现的,然而,这将会使得不断的理论建构活动成为琐碎而单调的逻辑发展实践。因此,诺瓦克的方法论并不合理。例如,牛顿力学并不是对其先驱者理论的一种纯粹机械的和演绎的发展,同时,爱因斯坦的力学理论也并非对经典力学的一种纯粹机械的和演绎的发展。这些先导理论与继任理论之间是相互关联的,而它们之间的语义学则是不同的,正如 CP 原则表明的,即使先导理论与继任理论之间具有形式上的相似性，但是，这些理论在意义上存在着差异性。科学理论不仅仅是形式系统，其发展还需要一定的语法操作过程，否则，科学发展就仅仅是演绎解释中一个不重要的实践。因此，理想化的理论应该被看作反设事实条件句，而非真实性的条件句。

第二节 理想化的逻辑推理系统

基于理想化假设的隐喻表征实际上是关于简单的抽象定律与一个复杂世界之间的表征关系。本质上，理想化是科学方法实践过程中的一个重要组成部分，关于科学合理性的辩护过程中必定包含着理想化。① 在一个普遍语言 L 中，理想化的逻辑包含了一套标准的命题逻辑公理化系统，包括⊥（虚假）、-（真实），以及一系列标准的真值函数连接词¬、∧、∨、→和↔等，以及一个反设事实的条件运算符">"（正如在表达式"$\varphi > \psi$"中一样，它意味着"ψ 在反设事实的简化假设 φ 的条件下为真"），其语义学遵循一种分类选择函数，于是，理想化的反设事实的模型就是一种三元组模型$<W, f, \{\ \}>$，其中的 W 是所有可能世界的集合——既包括完整世界，也包括部分世界，f 是一个函数，它将 W 中的子集赋予了 W 中的每个 φ 和每个 w。这种类选择函数挑选出了与 w 之间具有充分相似性的世界组成的集合，而不是挑选出与 w 之间最具有相似性的世界组成的集合。因此，理想化的模型把握了简化而相似的世界，它们表现如下。

（LS1）如果 $w_j \in f(\varphi, w_i)$，那么，$w_j \in \{\varphi\}$；
（LS2）如果 $w_i \in \{\varphi\}$，那么，$w_i \in f(\varphi, w_i)$；
（LS3）如果 $f(\varphi, w_i)$ 是空的，那么，$f(\psi, w_i) \cap \{\varphi\}$ 也是空的；
（LS4）如果 $f(\varphi, w_i) \subseteq \{\psi\}$ 且 $f(\psi, w_i) \subseteq \{\varphi\}$，那么，$f(\varphi, w_i) = f(\psi, w_i)$；
（LS5）$f(\varphi \wedge \psi, w_i) \subseteq f(\varphi, w_i) \cup f(\psi, w_i)$；
（LS6）$w_i \in \{\varphi > \psi\}$，当且仅当 $f(\varphi, w_i) \subseteq \{\psi\}$。

L 在否定后件式的条件下是封闭的，同时，它也包括以下这些规则。

（ID）$\varphi > \varphi$；

---

① 关于理想化与建模在物理学中的作用的观点，请参阅 FINE A. Fictionalism[J]. Midwest Studies in Philosophy, 1993, 18(1)16.

(MP)$(\varphi>\psi)\rightarrow(\varphi\rightarrow\psi)$;

(MOD)$(\neg\varphi>\varphi)\rightarrow(\psi>\varphi)$;

(CC)$[(\varphi>\psi)\wedge(\varphi>x)]\rightarrow[\varphi>(\psi\wedge x)]$;

(CA)$[(\varphi>\psi)\wedge(x>\psi)]\rightarrow[(\varphi\vee x)>\psi]$;

(CSO)$[(\varphi>\psi)\wedge(x>\varphi)]\rightarrow[(\varphi>x)\leftrightarrow(\psi>x)]$。

因此，在理想化的逻辑中，条件句具有以下的真值条件：$\varphi>\psi$ 在模型 M 中的 w_i 条件下是真实的，当且仅当 ψ 在充分类似于 w_i 的所有 φ 简化的世界中都是真实的。

理想化的逻辑推理是可靠的和完整的，那么，如何将这个普遍的条件逻辑应用于理想化的反设事实的具体情境中呢？在此过程中，根据理想化的逻辑规则，其中的 I 是一个理想化的条件（或者理想化条件组成的集合），同时，T 是一个理论陈述，$I>T$ 在模型 M 中的 w_i 条件下是真实的，当且仅当 T 在充分类似于 w_i 的所有 I 简化的世界中是真实的。

值得强调的是，理想化的逻辑包括以下两个矛盾的原则，而这些原则都描述了某些条件性的逻辑。

(CV)$[(\varphi>\psi)\wedge\neg(\varphi>\neg x)]\rightarrow[(\varphi\wedge x)>\psi]$;

(CS)$(\varphi\wedge\psi)\rightarrow(\varphi>\psi)$。

实际上，这两个原则都存在着很明显的反例。实际上，CV 对于简化的反设事实而言并不具有真理性。例如，真实的情况是：如果 x 是一种流体，并且在其流动的方向上并不存在着对抗流体运动的黏性力，于是，x' 的行为就遵循了欧拉方程。同时，虚假的情况是：如果 x 是一种流体，并且在其流动的方向上并不存在着对抗流体运动的黏性力，而且 x' 的行为遵循了纳维-斯托克斯方程式，那么，欧拉方程式将是真实的。于是，CV 对于理想化的反设事实而言就是无效的。另外，CS 对于一个简化条件与一个给定的陈述之间的结合而言，也并不具有真理性。其根本原因在于二者之间并没有相关性。例如，假设有五个基础的力与某个世界相关，而这个世界比我们的世界更复杂；同时，我们的宇宙正随着时间的推移而以非均匀的速率在扩张（膨胀）。尽管这两个陈述相结合对于现实世界而言是真实的，但我们并不会由此得出：如果有五个基础的力，那么，我们的宇宙就会随着时间的推移而以非均匀的速率不断扩张（膨胀）。于是，CS 对于某些简化的反设事实而言，也是失效的。

根本而言，反设事实的条件句是非单调的、非传递性的，同时也不具有对位性。这就意味着，这些条件句并不遵循以下的条件。

（可传递性）$[(\varphi>\psi)\wedge(\varphi>x)]\to(x>\psi)$；

（换质位性/对位性）$(\varphi>\neg\psi)\to(\psi>\neg\varphi)$；

（前因变量的强化）$(\varphi>\psi)\to[(\varphi\wedge x)>\psi]$。

非单调性与前因变量的强化有关。例如，纳维-斯托克斯方程在条件上依赖于一系列理想化的假设。但是，当这些假设与"所有的流体都是非黏性的"这个假设相结合时，它们就不再支持纳维-斯托克斯方程了，而是支持欧拉方程式，但是，主要观点仍然合理有效。引入其他的理想化假设可能会破坏初始的条件依赖性。① 这些类型的条件句在理想化的逻辑中是真实的，因为在前因变量为真的所有可能世界中，其结果也是真实的。因此，理想化的逻辑就是非经典的，因为它包含着一个非单调的反设事实的运算符。当选择函数被应用于理想化逻辑的模型中时，它就具有非常重要的意义。正如理想化的逻辑中定义的，它挑选出或选择那些最类似于我们研究的那个基底世界的简化世界构成的集合，于是，这就产生了关于简化世界的本质的问题。

第三节　理想化逻辑的非经典性

理想化包含了非经典逻辑的元素，非经典性是理想化的内在逻辑。从方法论的视角来看，理想化作为一种特殊的科学方法论，它在原则上并不可能被完全消除；同时，从经验主义的视角来看，理想化至少反映了现实的科学实践，而理想化的逻辑（至少部分地）体现了科学活动的逻辑。因此，理想化的逻辑是科学的典型特征，我们应该在非经典性的基础上将科学的逻辑包含在对科学方

---

① 当然，在条件相符的情况中进行的因果推理与牵涉理想化假设的推理在某些方面具有非常大的差异。前一种因果推理牵涉非单调性，因为，尽管逻辑后件中所指的事件要求逻辑前件中事件的发生，但是，一个或者更多的因素可能会干扰这个事件的发生过程。逻辑后件中的事件被认为是在常规条件下发生的，即在没有干扰条件的情况下发生的。在理想化假设中进行的推理中，我们也会面临单调性的问题，因为理想化假设可以通过一种类似于因果要素相结合的方式结合起来。但是，取决于理想化假设的理论陈述根本就不是关于常规条件的，或者更确切而言，它们是关于我们的世界中从未实现的条件的。

法论的解释中。

理想化表征是对真实而完整的世界进行简化得出的模型或世界,因此,理想化的世界就等同于不完整的世界或部分的世界。否定完整世界假设意味着我们要采用一个具有真值鸿沟的非经典逻辑,换言之,科学表征的理想化逻辑是非经典性的。

第一,理想化的逻辑违反了"排中律"。因此,理想化的理论陈述建构的模型就忽略了一个或更多的属性或关系,而这些属性或关系是公认的现实世界中的元素(或者是其他完整的可能世界中的元素)。完整世界可被表述如下(其中的U是所有可能世界的集合):对于一个特定语言L及世界w的所有相关命题φ而言,$w \in U$,$w \vDash \varphi$ 或 $w \vDash \neg \varphi$。显然,一个完整的世界确定了一个特定语言中每个命题的真值,而不论我们面对的是什么关系或属性。与完整的可能世界假设相反,我们可以将"部分世界的假设"表述为:对于某个特定的世界w,其中$w \in U$(其中的U是所有可能世界的集合),以及对于某个特定语言L的所有命题φ而言,$w \vDash \varphi$ 或 $w \vDash \neg \varphi$,当且仅当φ中提及的属性和关系都指称了世界w中的元素。

显然,在部分世界中,只有关于某个特定语言的那些命题才具有真值,而其中的特定语言指的是那个世界的域中的所有元素。根据索亚的观点,我们可以将每个世界看作一个意向性的关系系统(IRS)来理解,特别是,这种关系系统是一种有序的四元关系:$w_i = <V_i, {}_iX_1, {}_iX_2, [\ ]_i>$。这里的$V_i$是世界$i$中所有个体元素组成的集合,${}_iX_1$是世界$i$中元素的$n$位一阶关系组成的集合,${}_iX_2$是世界$i$中元素的$n$位二阶关系组成的集合,$[\ ]_i$是对世界$i$中每个元素进行扩展分配的一种函数。至于一阶属性和关系,部分世界假设表达的内容是,当一个句子指称一阶属性或关系,而这个属性或关系并非${}_iX_1$这个集合中的元素时,这个句子就部分地确定了那个w_i,φ要么为真,要么为假。

部分世界的假设反映了哲学家的直觉,他们认为,如果某个φ中提到的属性或关系并不指称某个特定世界w_i的域中元素构成的关系集合,那么,φ在w_i中就既不为真也不为假。如果这种直觉是正确的,那么,理想化的逻辑可能是一个具有真值鸿沟的逻辑。例如,相对于没有摩擦力的世界而言,在某个特定的语言中,关于摩擦的理论陈述就既不为真也不为假。

第二,理想化的逻辑是一种部分的逻辑,它包含了一种非经典的条件运算符，而这种运算符类似于一种特殊的反事实运算符。正如罗素所言，我们应该始终偏爱逻辑建构，而非推论的实体。于是，我们的主要目标就是要为理想化提供解释，而在此过程中并不需要引入理想化的对象本身。这种观点将有助于我们为关于简化世界的反事实条件句提供一种语法学解释，同时也为与部分的可能世界相关的理论陈述的真值条件提供一种语义学解释。①

实际上，应用了理想化假设的推理本身就是合理的科学实践的一部分，如果我们想要对科学合理性形成一种全面的理解，我们就要利用理想化的假设在科学语境中发挥的作用来理解，关于简化系统的推理何以能够被应用于真实世界中？从而进一步理解，理想化的表征何以能够形成关于真实世界的经验结果并对我们具有实践意义呢？

第三，关于理想化的逻辑的条件句是非单调的。在诸如一阶逻辑这样的单调逻辑中，强化前提是成立的，因而，将前提添加到一个有效的论证上也并不会影响这些推论的有效性。如果 x 能够从前提集合 $\{\varphi_n\}$ 中得以证明，那么，x 就可以从 $(\{\varphi_n\}\&\Psi)$ 中得以证明，而不论 Ψ 是什么。更正式地讲，这个原则可以理解为以下这种单调性的形式。

$$\frac{\{\varphi_n\}\cdot\chi}{(\{\varphi_n\}\&\psi)\cdot\chi}$$

这里的 $\{\varphi_n\}$ 是一个句子集合，而 x 和 Ψ 都是句子（或者句子集合）。一种单调性的形式也适用于条件句的情境。物理科学中理论陈述的情境很显然违反了单调性。在对有关某种实体的现象进行表征的过程中，我们常常以某个理想化的条件句作为其前提假设，形式上则表现为一种微分方程式。但是，通过添加新的前提条件来增加更多的信息就可能会破坏这样的条件依赖。因此，在这个意义上，理想化的逻辑也将被看作非经典性的，而这种非经典性将会体现在具有理想化逻辑的条件句的非单调性中。

---

① 这就类似于 Lewis 阐明的那种日常的反设事实条件句的形式化语法学和语义学。请参阅 LEWIS D. Counterfactuals[M]. Cambridge：Harvard University Press，1973. 同时，这里发展的逻辑可被看作对整合了模型的部分性的逻辑的一种扩展。

第四节 可能世界的完备性

关于可能世界的完备性问题,托雷·朗霍尔姆(Tore Langholm)认为:"当我们用一阶逻辑中的模型来体现一个奇特的完整性属性时,我们就应该深刻地认识到:它们表征了完整的可能情境,相应于完整世界的状态。这些模型包含着关于每个基本命题的真理或者谬误。当所有模型都属于这种类型时,绝对不可能将与诸如'Tom 正在唱歌'这样的简单句子的真值有关的、小的部分情境相隔离开来。因此,这个小的世界仅仅对于整个世界情境而言,似乎就是真实的。"[1]

所谓"完整的世界"实际上是指,其中的每个基本命题要么是真实的,要么是虚假的,同时,每个基本命题的真值都是由那个世界确定的。基于完整世界的命题建构的模型是非常复杂的。在考察理想化的本质的过程中,我们发现,理论陈述只有在"当模型是对某些完整世界中(通常是现实世界中)所发生的现象的简化"这个条件下才具有真理性。如前所述,根据意向性的关系系统,世界是一个有序的四元集合:$w_i = <V_i, {}_iX_1, {}_iX_2, [\ ]_i>$。部分的世界假设认为,一个句子 φ 指的是一个一阶属性或关系,而这个一阶属性或关系并不是部分地确定了 w_i 的集合 ${}_iX_1$ 中的一个元素,φ 既不是真实的也不是虚假的。完整的世界假设将一阶属性和关系看作,对于指称了那个部分地确定了 w_i 的集合 ${}_iX_1$ 而言,每个句子 φ 是为真或为假。在闭合的世界假设中,句子 φ 指向一个一阶属性或关系,而这个一阶属性或关系并不是部分地定义了那个 w_i 的集合中的一个元素,φ 是虚假的,而这并不是由我们研究的世界确定的。如果我们认同"一个世界是另一个世界的简化"这种观念,就必须放弃完整的世界假设。然而,接受真实的简化世界也需要用部分世界的假设或者封闭世界的假设来取代完整世界的假设。因此,后一个问题就仅仅是一个关于命题的问题,而这些命题包含着与一个特定的部分世界相关的非指称的术语。

封闭世界的假设将会被用作理想化的逻辑的语义学基础,因为它更简单化

---

[1] LANGHOLM T. How Different is Partial logic? [J]. Partiality, Modality, and Nonmonotonicity, 1996(12):3.

却又不太激进。于是,某些世界是可以通过属性和关系而对其进行填充与丰富的,而其他世界则可能是"奎因式荒原(Quinean deserts)"。但是,诉诸荒原世界以说明理想化理论的语义学并不需要我们采用理想化逻辑中的真值间隙。某些属性和关系在现实世界中并不存在,而我们却获得了关于这些属性和关系的命题,这个命题就是虚假的。因此,可以说,封闭世界的假设"填充"了部分模型。于是,封闭世界的假设相较于部分世界的假设而言,它就是一个逻辑上比较保守的原则。因为部分世界的假设牵涉某些非常复杂的(巴洛克式的)逻辑,因此,封闭世界的假设应该作为理想化的逻辑应用的世界的基础。问题是:如果我们否定了完整世界的假设而采用了部分世界的假设,那么,简化的反设事实的逻辑将涉及对二原子价(二值)的否定。

小　　结

基于理想化假设的隐喻表征实际上是关于简单的抽象定律与一个复杂世界之间的表征关系的。本质上,理想化是科学方法的实践过程中的一个重要组成部分,关于科学合理性的辩护过程中必定包含着理想化。因此,理解理想化的假设在科学语境中发挥的作用,有助于我们对科学合理性形成一种全面的理解。理想化的表征能够形成关于真实世界的经验结果并对我们具有实践意义。从方法论的视角来看,理想化作为一种特殊的科学方法论,它在原则上并不可能被完全消除;同时,从经验主义的视角来看,理想化至少反映了现实的科学实践,而理想化的逻辑(至少部分地)体现了科学活动的逻辑。实际上,物理学中不同子领域中的大量例证表明,理想化的理论陈述只有在对完美世界的简化世界中才是真实的。于是,如果我们将基本粒子看作质量点,那么,基于这个假设基础而做出的理论陈述只有在简化(省略)某些属性或者关系的模型中才具有严格的真理性;同时,当我们想要为理想化语境中的理论陈述提供逻辑上的说明时,部分的世界就提供了一个合理的语义学基础。那么,关于部分世界的理论是如何根据它们的经验意义来表征真实世界的现象的呢?本文的核心观点在于:理想化的理论应该被整合为一种特殊的反设事实条件句。理解反设事实条件句的逻辑特征,将有助于我们对理想化的本质特征及其在科学中发挥的方法论作用形成一种更完整的理解,从而进一步把握理想化的隐喻建模的逻辑框架。

另外,在对理想化假设的方法论特征及其逻辑特征进行了初步探究的基础上,我们还需要对理想化的反设事实条件句的确证条件进行深入分析,并进一步证明存在于物理理论中的理想化假设与恰当理解的科学实在论之间是完全相容的,从而促进我们对理想化与隐喻建模之间的关系形成更完善且系统的理解。

第六章

理想化假设的可确证性分析

科学中标准的理论确证说明，诸如假设—还原方法、实例确证理论、亨普尔理论以及目前具有优势地位的"贝叶斯确证理论"，实际上并不能为取决于理想化的理论陈述的确证提供充分的说明。于是，我们试图寻求另一种条件性的确证理论来代替这些说明，这种条件性的确证理论包括了科学中关键的简单性概念，而这个简单性的观点发挥着这样一种功能，即对那些只有在相关的理想化假设条件下才具有真理性的理论陈述的合理确证提供一种恰当的理论说明。

第一节 理想化与认知进路问题

一、认知进路问题

并非所有理想化的反设事实都能够获得我们现有的经验证据的支持，因为反设事实条件句是关于理想化世界中的理想化系统的，而这个理想化世界是我们在经验上难以接近的。那么，一个特定的理想化的反设事实条件句的确证条件是什么呢？罗伯特·斯托纳克提出了所谓的"认知进路问题（epistemic access problem）"，其理论基础是："许多反设事实似乎都是对未实现的可能性（潜在可能性）的一种合成的、偶然的陈述。但是，偶然性的陈述必定能够被经验证据所确证，同时，研究者只能在现实世界中获得证据"[1]，"正是由于反设事实通常都是关于非常类似于现实世界的可能世界的，并由这个现实世界所确定，所以，

---

[1] HARPER W L, STALNAKER R. IFS: Conditionals. Belief, Decision, Chance and Time[M]. Dordrecht: D. Reidel, 1981: 42.

证据往往与它们的真理性是相关的"①。然而，理想化的反设事实是关于其他不完善的可能世界的，而我们并不可能对此具有直接的认知。因此，我们并不能确定，在现实世界中获得的经验证据与有关理想化假设的世界的确定性论述有关。

事实上，理想化的反设事实的可确证性问题并不是一个新的认知问题。早在柏拉图时期就曾对这个问题提出了"根据形式来认识真理"的观点，但是，这就意味着否定了"获取关于物理科学中的经验事实的知识"的可能性。正如亚历山大·柯瓦雷(Alexandre Koyré)主张的："实际上并不可能提供一个完全水平的平面，也不可能在现实中提供一个真正的球形表面。理性自然(rerum natura)中并不可能存在真正的刚性物体，也不可能存在真正的弹性物体；同时，我们也不可能进行完全正确的测量。感知并不是关于这个世界的：我们可以接近它，但是并不能获得它。经验事实与理论陈述之间存在着，并且也将一直会存在着我们不可能跨越的鸿沟。"②

柯瓦雷认为，构成物理科学的理论陈述实际上并不是对它们所要表征的情境的真实反映。理想化的理论陈述不可能在经验上被确证，因为还没有观察到这些事件的发生。因此，他基于柏拉图的观点指出："完全纯粹的思想，而不是经验或感觉知觉，为伽利略·伽利莱的'新科学'奠定了基础。因此，在探讨关于'一个小球从一艘移动的帆船的桅杆顶端落下'的著名例子的过程中，伽利略详细地解释了物理学的运动相对性原理，以及物体相对于地球的运动与相对于帆船的运动之间的差异性。然后，伽利略还得出结论：如果不诉诸经验，与帆船有关的小球的运动将不会随着帆船的运动而改变。另外，当具有经验主义思想的亚里士多德学派向他提出疑问'你做实验了吗'时，伽利略自豪地回答：'没有，我并不需要这么做；如果没有经验，我也可以确证它，因为它不可能存在其他情况。'因此，'必要性决定实在性。好的物理学是先验的'。"③于是，柯瓦雷主张，物理科学中的理论陈述取决于理想化假设，同时，理想世界与现实世

---

① HARPER W L, STALNAKER R. IFS: Conditionals. Belief, Decision, Chance and Time[M]. Dordrecht: D. Reidel, 1981: 53.
② KOYRÉ A. Galileo's Treatise 'De Motu Gravium': The Use and Abuse of Imaginary Experiment[J]. Reveue d'Histoire des Sciences, 1960(13): 45.
③ KOYRÉ A. Galileo and the Scientific Revolution of the Seventeenth Century[J]. The Philosophical Review, 1943(52): 13.

界之间存在着鸿沟，因此，科学方法在其最极端的意义上都是柏拉图式理想主义的。①

实际上，这种思维方式与卡特赖特"来自不可确证性的论述"是密切相关的，这种论述具有一种较强硬的普遍形式（以下简称"强的不可消除性论证"）。

"所有理论陈述的确证都取决于理想化假设（它们是不可消除的）；

如果所有理论陈述的确证都取决于理想化假设（它们是不可消除的），那么，即使是发展最完善的理论陈述也不可能被确证。

因此，即使发展最完善的理论陈述也是不可能被确证的。

因此，科学实在论是错误的。"

那么，这种论述的较为温和的说法可以总结如下。

"某些理论陈述的确证将取决于理想化假设（它们是不可消除的）；

如果对某些理论陈述进行确证将取决于理想化假设（它们是不可消除的），那么，某些理论陈述就是不可被确证的。

因此，某些理论陈述不可被确证。

因此，科学实在论是错误的。"

可见，关于理想化理论的不可确证性问题最终也是关于科学实在论的问题。实际上，即使上述论证都是可靠的，那么，大部分现存的理论陈述还没有在经验上被确证。这是因为，在对科学活动中的理论陈述进行实验检验的过程中，实际上还没有完全消除其中涉及的理想化条件。如果不可消除性论题是真实的，那么，甚至是所有的理论陈述在原则上都是不能实现经验确证的，因为这些理想化的假设并不可能在我们进行实验检验的过程中被消除。因此，如果现存的理论中已经完全消除了理想化的假设，那么，这些已被确证的理论必定会独立于经验证据而被确证，然而，这必然会导致一个严重的结果：科学中的理论陈述或者是被先验确证的，或者是在某些其他非经验的基础之上被确证的。

所有科学实践中都普遍存在着理想化假设，一般而言，科学家会为复杂的物理过程建构简单的模型，以便于通过将描述了一种特定情境的方程式进行简化而实现计算上的简易性。这个过程在科学表征中具有一种物理学上的必然性，因为世界是非常复杂的，而且我们的认知能力与计算机的认知力上还存在各种

---

① 这个观点将会对经验主义科学观和自然主义科学观产生一定的影响。

各样的物理学的限制条件和计算的限制条件①，于是，科学的推理实践表明，理想化至少在现实的科学实践中是普遍存的。

无论如何，如果理论陈述的确证是建立在以经验证据为条件的主观概率基础之上的，或者说，理论陈述的确证是通过观察经验预测的结果来实现的，那么，根据以上关于"强的不可消除性论证"，大部分现存理论还没有真正地被确证，而那些已被确证的理论陈述要么就是没有被真正地确证，要么就是它们的确证并不是建立在以经验证据为条件的主观可能性上，或者建立在我们观察到的经验结果的基础之上。但是，构成量子力学或者普遍相对性的理论陈述是否还未被真正地确证呢？很显然，答案是否定的。这些理论是已经被确证的，于是，它们必定是在经验证据之外的某个基础上被确证的。

那么，在经验证据之外对理论陈述加以确证的基础又会是什么呢？社会建构主义认为，理论陈述的确证是一种纯粹的社会政治现象或者纯粹的实用主义现象，但是，这个观点是非常不合理的。于是，一些哲学家主张"理论陈述的确证是先验的"，因为基于理想化假设的理论陈述中描述的实体与情境在现实世界中并不存在。如前所述，现实世界的现象与理想化的过程和实体之间存在着不可逾越的鸿沟，"好的物理学的产生是先验的。理论先于事实……基本的运动定律（和静止定律）确定了物质实体的时空行为，这些定律本质上是数学的。它们具有相同的本质，支配着数字之间的关系与规律。我们发现它们并不在自然中，而是在我们自身之中、在我们的意识中以及在我们的记忆中，正如柏拉图很久以前告诉我们的那样"②。因此，根据柯瓦雷的观点，我们对这些系统的经验认知是绝对禁止的，同时，如果我们否定了社会建构主义，那么，我们对这些主张的确证就只能建立在纯粹思维的基础之上。

---

① 这与休谟的观察结果是一致的，休谟的观察是在我们的归纳语境中进行的，休谟的结论即人类有一种自然倾向，认为世界比它实际可能展现得更有序且更具有同质性。这个假设会使问题更易于处理，同时，这点在人工智能关于框架问题的大部分论述中也得到了验证。实际上，这点同样适用于物理科学中的理想化语境中。关于这个问题的探讨，请参阅 PYLYSHYN Z W. The Robot's Dilemma: The Frame Problem in Artificial Intelligence [M]. Westport: Praeqer, 1987. SHOHAM Y. Reasoning About Change: Time and Causation from the Standpoint of Artificial Intelligence [M]. Cambridge: M I T Press, 1987.
② KOYRÉ A. Galileo and the Scientific Revolution of the Seventeenth Century[J]. The Philosophical Review, 1943(52): 13.

这种立场对那些主张经验知识或自然知识的观点，以及根据可能世界语义学发展的观点，都是一个极大的挑战。实际上，尽管我们并不能通过直接观察而获得关于可能世界的理解，但是，这并不意味着，我们并不可能在某种意义上通过更复杂的探究形式来实现对其他可能世界中发生的现象的理解。① 正如克里普克的著名论述："可能世界并非我们偶然遇到的，也并非通过望远镜发现的一个遥远的国度。"② 我们可以通过实验来理解关于其他可能世界中发生的现象的信息，因此，我们就可以弥合柯瓦雷的鸿沟，而不需要在科学方法论上诉诸某些不合理的理性主义形式。于是，我们可以使用我们在现实世界中收集起来的证据和替代推理来实现这个目标。例如，伽利略的斜面实验：当小球从一个斜面滑下时为它进行计时，而我们会用各种不同材质减少这个斜面的摩擦力；同时，伽利略在关于自由落体运动的实验中，将同一物体抛入具有不同密度的介质中并对其进行计时，然后依此推断这个物体在没有摩擦力的世界中将发生的情况，与此同时，我们还可以根据这个摩擦力而对其进行模型建构。很显然，这并不是一个先验的思想实验，而是一种完全成熟的、理解完善的经验发展，也是对理论陈述的一种检验。③

二、理想化假设的确证路径

接下来，笔者将会在关于理想化的反设事实的认知进路问题的语境中对最主要的几种确证观点进行探讨。

第一，假设—演绎主义（以下简称 H-D）。从 H-D 视角考察认知进路问题，将会具有一定的指导意义。斯托纳克尔关于反设事实的认识论问题牵涉我们对反设事实的经验证据的理解，因此，理想化的反设事实的认知进路问题是关于"反设事实何以被确证"这个普遍问题的一个特例。H-D 的确证解释的论证形式如下。

如果关于类 x 的 I-理想化的实体将会具有 Z 的表现形式，那么，O_T 将会在

---

① HARPER W L, STALNAKER R. IFS: Conditionals Belief, Decision, Chance and Time[M]. Dordrecht: D. Reidel, 1981.
② KRIPKE S A. Naming and Necessity[M]. Cambridge: Harvard University Press, 1980: 44.
③ 关于物理科学中渐近方法的详细论述，请参阅 R. W. Batterman: Asymptotic Reasoning in Explanation, Reduction and Emergence[M]. New York: Oxford University Press, 2006.

预期之中。

我们会通过使用测量过程 D 来观察到 $O_D \pm \delta$。

因此，如果实际情况是我们获得了理想化的条件 I，那么，关于类型 x 的实体实际上将会具有 Z 的表现形式。

这些论证的普遍符号形式如下。

$T \rightarrow O_T$

$O_D \pm \delta$

$\therefore I > T$

根据标准的 H-D 确证模型，将有关某个物理系统的理论陈述与一系列初始条件和边界条件相结合就会产生关于该系统的物理参数的预测值，而这些预测值会被用来与我们对该物理参数的测量值相比较。然而，这些预测还依赖于背景知识。那么，理论预测的简单逻辑结构在语法上就可以被表征为：$(T \& B) \rightarrow O_T$。这里的 T 是关于某个系统的动态性的理论陈述（通常是一个数学函数），B 是背景知识——主要包括一系列初始条件和边界条件，而这些条件都作为 T 的输入值，同时，O_T 就是在已知 B 的条件下在理论 T 的基础上对可观察对象 O_n 的预测值。另外，根据标准的"演绎—律则"（D-N）的解释模型，事件或更低层次的理论陈述能够得以解释的条件是，它们是通过某个定律或理论陈述与一系列初始条件或边界条件相综合而得出的。正如在"H-D"的确证模型中一样，解释也需要背景知识。因此，在对一个观察事件进行解释的过程中，我们就能将标准的"D-N"解释框架表征为：$(T \& B) \rightarrow O_T$。很显然，H-D 模型和 D-N 模型具有非常相似的逻辑属性。

然而，从根本而言，H-D 的确证方法作为一种确证理论是不充分的。[1] 此外，H-D 方法实际上并未将各种不同的信仰纳入考虑范围。更重要的是，这种论证框架实质上涉及一个无效的论证形式。从前提中并不能直接得出 $I>T$ 的结论。通过否定后件式，我们就会得出 $\neg T$ 的结论。另外，我们也没办法调整 H-D 方法从而使其获得正确的推理和结论。我们可以尝试着用"$I>T$"和"$T \rightarrow O_T$"这两个公式来代替第一个前提。但是，这就会使得论证出现问题，因为 $I>T$ 是

---

[1] 关于确证的 H-D 模型的非充分性的详细论述，请参阅 GEMES K. Hypothetico-Deductivism：The Current State of Play；The Criterion of Empirical Significance：Endgame [J]. Erkenntnis, 1998, 49: 1-20.

结论，因而也就不能作为前提。那么，我们再以$(I>T) \to O_T$来代替第一个公式（准则），这可以通过用$I>T$来代替初始的第一前提中的前项T来实现。然而，因为$O_D\pm\delta$蕴含着$\neg T$，因此，正确的结论是$\neg(I>T)$，而这是不正确的。

实际上，H-D方法假定，我们可以从理论陈述和假设还原主义的陈述中演绎出这个结论，即当我们的实际观察与预测相匹配时，我们研究的理论陈述就会被确证。换言之，当我们预测的观察O与实际观察到的内容T之间相匹配时，理论陈述就被确证了。正如H-D方法的主张，确证正是建立在以下这类论证形式的基础之上的。

$T \to O$

O

$\therefore T$

但是，对于理想化假设的理论陈述而言，预测到的可观察事物或现象与观察到的可观察事物或现象之间几乎不具有等价关系，因此这些情况中也就不会发生任何确证问题。如果能够匹配，那也仅仅是一种偶然事件。因此，在一个像欧拉方程那样的理想化理论的情况中，我们就可以观察流体流动，但是，与描述的流体参数有关的相关数量的实际测量值将与这些参数的预测值之间出现差异（不一致）。根据H-D方法，这将意味着理想化的反设事实的结果（后项）将会被篡改，而且这也是一个正确的结论，但是，H-D方法并不会对相关的理想化的反设事实得出的结论提供任何建议。因此，我们并不能确定的是，哪些理想化的理论是通过H-D方法而得以确证的。实际上，科学家接受了欧拉方程式，它是一种基于某些理想化条件的理论陈述，而这些理想化条件与某些语境中的证据之间具有恰当的符合度。

第二，确证的范例理论。琼·尼科德（Jean Nicod）介绍了一种确证的实例理论的方法，它是对H-D方法的一种替代性方法。实际上，确证的实例理论与H-D方法具有某些共同特征。最重要的是，这两种方法对确证的说明都是通过对经验事实的观察而得以确证的。但是，哪种类型的观察是导致尼科德说明的那种确证的观察呢？同时，尼科德的实例确证理论将所谓的"尼科德标准"整合为一个基本原则。尼科德标准指出，$(\forall x)(Fx \to Gx)$这种普遍形式的理论陈述可以通过对它们的实例的观察而得以确证，例如，观察Fa和Ga。但是，在我们考察的任意一种包含着理想化的反设事实的论证中，我们对这些实例并不存在经验理解。① 正如柯瓦雷强调的，没有人已经观察到或者将会观察到一个完全虚构的对象，例如，一个完全消除了重力影响的对象。因此，没有人已经或者将能够通过观察实例，对关于这些对象的行为表现的理论陈述进行确证，而其中的实例将会在实例确证理论描述的意义上对这些普遍化形式进行确证。于是，尼科德标准意味着我们不能对这些理论陈述进行充分的确证说明。

第三，亨佩尔的确证理论。亨佩尔曾指出："对经验陈述的特征的确定能够通过对比经验发现而得以检验，即通过对比恰当的实验或集中的观察所得出的结果而得以检验。"②现代科学的主要优势就是其经验特征，因此，对科学实践的方法论分析应该尊重这个特征。

既然尼科德的实例确证理论与 H-D 理论一样，在很大程度上显示出其不充分性③，尤其是确证悖论。亨佩尔提出了否定尼科德标准的一种新的确证理论。那么，亨佩尔的确证理论何以能够对依赖于理想化条件的理论陈述的确证提供说明？亨佩尔的理论是建立在等价条件的基础之上的，他指出："任何确证（否证）了两个等价句子之一的内容，也会确证（否证）另一个句子。"④亨佩尔认识到，尼科德标准与等价条件是不一致的，同时，鉴于同时接受尼科德标准和等价条件导致的矛盾的结论，亨佩尔认为，尼科德标准应该再建构一个逻辑的确证说明以作为对实例理论的继承的过程中的让步。为此，我们仅仅需要注意亨佩尔解释的两个特征，尽管它包含着一些有趣的原则。首先，亨佩尔否定了尼科德标准；其次，在取代了尼科德标准的基础上，亨佩尔接受了他所谓的"蕴含条件（entailment condition）"，即"由一个观察报告所蕴含（引起）的任何句子都是由它所确证的"⑤。

可见，根据 H-D 方法和实例确证理论的原则，这两种确证理论都不能为我

---

① PAPINEAU D. Ideal Types and Empirical Theories[J]. The British Journal for the Philosophy of Science, 1976, 27(2): 137-146.
② HEMPEL C G. Studies in the Logic of Confirmation[J]. Mind, 1945, LIV(213): 3.
③ 关于实例理论的阐述，请参阅：NICOD J. Geometry and Induction [M]. Berkeley: University of California Press, 1970. 同时，对这种实例理论的批判观点，除了参阅 Hempel 的观点（HEMPEL C G. Studies in the Logic of Confirmation[J]. Mind, 1945, LIV(213): 97-121.）以外，还可以参考：EARMAN J. Bayes or Bust? A Critical Examination of Bayesian Confirmation Theory[M]. Cambridge: M I T Press, 1992.
④ HEMPEL C G. Studies in the Logic of Confirmation[J]. Mind, 1945, LIV(213): 13.
⑤ HEMPEL C G. Studies in the Logic of Confirmation[J]. Mind, 1945, LIV(213): 31.

们对基于理想化假设的理论陈述的确证提供充分说明。这些理论中被量化的实体在标准意义上都是不可观察的，因此，我们也就不能形成关于这些实体的真实的观察报告。实际上，如果我们认可亨佩尔的理论并因此也接受蕴含条件，那么，这将表明，这些理论陈述将不会被确证，因为我们从来没有获得这些类型的观察报告，而这些观察报告根据亨佩尔的理论，恰恰是确证的必要条件。

因此，H-D方法、实例确证理论和亨佩尔的确证理论都不能为取决于理想化假设的理论陈述的确证或认可提供说明，即使其面临的另一个严重问题可能得以解决。本质上，尼科德的标准对于实例理论而言实际上是一种不言自明的公理，如果没有那个原则（标准）的话，尼科德的概念确证还能有什么意义呢？对于H-D方法和亨佩尔的确证理论而言，也具有同样的困境，因为H-D方法放弃了"理论陈述是通过对预测到的观察性结果进行观察而被确证的"这个原则，而亨佩尔理论则放弃了蕴含条件。

既然H-D方法、实例论和亨佩尔方法都不能够说明基于理想化假设的理论陈述的确证问题，那么，我们就需要诉诸一种现有的关于概率确证的更有力的说明，从而致力于解释认知进路问题。在此过程中，我们可能会用包含着对概率确证函数的清晰推理的论证来代替H-D式的论证。我们可以将这些更复杂的论证简单表征为以下形式。

$O_D \pm \delta$是通过使用测量过程D而观察到的。

$O_D \pm \delta$确证了，如果理想化的条件I能够实现，那么，类型x的实体将会表现为Z的形式。

因此，如果理想化的条件I能够实现，那么，关于类型x的实体将会表现为Z的形式。

其中，$C[h, e]=z$表征的是，假设h在z的程度上被证据e所确证，这第二种类型的论证就具有以下这种普遍形式。

$O_D \pm \delta$

$C[I>T, O_D \pm \delta]=z$

∴（可能）$I>T$

如前所述，这种论证形式包含了一种确证理论的概率机制，且并不易于受到那个困扰着H-D方法和实例理论问题的影响。更重要的是，这些论证也意味着，在某种程度上，证据会在认识论上包含理论陈述中的信念。其中最主要的是主观的贝叶斯方法，这种类型的贝叶斯确证理论也否定了尼科德的准则并将概率解释为信仰的概率，因此，我们可能会诉诸主观贝叶斯确证理论，以作为对基于理想化假设的理论陈述进行经验确证的基础。

第二节　贝叶斯的确证理论

主观的贝叶斯确证理论或许是解决认知进路问题的一种最有前景的方法，这种方法将概率和确证函数解释为一种对信念度的测量，而这些信念是在一个表征了可能世界的命题空间之上被确定的。基于理想化假设的理论陈述被看作一种特殊的反设事实条件句的命题，然而，主观的贝叶斯主义并不主张，一个反设事实条件句只能通过其实例或者通过对预测到的结果进行观察才能得以确证。对反设事实条件句进行确证的基本条件是，以证据为条件的那个陈述的概率要比我们研究的那个理论陈述的概率更大。既然基于理想化假设的理论陈述具有或然性的本质，那么，基于理想化假设的理论陈述在观察的条件下是真实的，但不一定是通过观察那个过程中确切的实例而被认定是真实的。例如，伽利略对于受到摩擦力影响的真实运动的观察提升了他对无摩擦力的条件下发生的现象的信念度。因此，主观的贝叶斯主义认为，这个世界中的观察有助于我们理解：如果这个世界在某些方面更简单化时将会发生的情况。然而，尽管主观贝叶斯主义在认知进路的问题上更胜一筹，但是，主观贝叶斯主义面临着一个更棘手的问题——理想化的问题，这个问题主要体现在包含着反设事实条件句的命题集合上的概率分布问题中。

一、贝叶斯确证理论的基础

贝叶斯确证理论的基本原则在于，理论确证取决于概率且概率被认为是遵循概率微积分的。对当代贝叶斯主义中发挥作用的标准概率的解释是，概率就是在一个完整的命题空间上确定的信念度。[1] 贝叶斯概率函数是一个连贯的、有

---

[1] 当然，对于贝叶斯概率问题的解释并不止一种，请参阅 SEIDENFELD T. Why I am Not an Objective Bayesian; Some Reflections Prompted by Rosenkrantz [J]. Theory and Decision, 1979, 11: 413-440.

规律的概率分布，它根据一个表征了可能世界的命题空间来表征主体的信念度。换言之，贝叶斯定律(贝叶斯确证理论的核心定律)意味着，一个特定命题从某条特定证据中获得的支持度，以及从概率微积分的公理中得出的支持度。根据豪森与厄尔巴赫(Colin Howson & Peter Urbach)于1993年的表述，这些运算公理如下。

(P1)对于作为 $P(\cdot)$ 这个域中的元素的所有 φ 而言，$P(\varphi) \neq 0$。

(P2)对于所有的逻辑真值 t 而言，$P(\varphi) = 1$。

(P3)如果 φ 和 ψ，以及 $\varphi \& \psi$，都是 $P(\cdot)$ 这个域中的全部元素，并且 φ 和 ψ 之间是相互排斥的，那么，$P(\varphi \& \psi) = P(\varphi) + P(\psi)$。

(P4)$P(\varphi | \psi) = P(\varphi \& \psi) / P(\psi)$。

正如以上提出的，$P(\cdot)$ 的域在布尔运算的条件下通常是一个完整的、闭合的陈述集合或事件集合。贝叶斯定律的一个典型公式如下。

(BTH)对于 $P(\psi) > 0$ 而言，$P(\varphi | \psi) = P(\psi | \varphi) P(\varphi) P(\psi)$。

实际上，概率确证及其概率认可都具有差异性。关于概率运算的一个重要的定律表明(TH3)$P(\neg \varphi) = 1 - P(\varphi)$，如果这个定律是真实的，那么，任何事件的概率就总是有差异的。同样地，采用贝叶斯定律来评估一个事件的概率意味着，当我们用反设事实的理论来代替贝叶斯定律中的 φ 术语，并用证据来代替其中的 ψ 术语时，我们就会得出以下结论。

假设 $P(e) > 0$，那么 $P(I > T | e) = P(e | I > T) P(I > T) / P(e)$。

鉴于贝叶斯主义对概率函数的解释，那么，具有"$I > T$"这种形式的表达式何以能够被证据 e 所确证呢？概率运算是如何被解释以及被应用于这些表达式中的呢？例如，亚瑟与芬斯特(Wallace Arthur & Saul Fenster)提出了一个关于粒子的普遍运动的解释，同时，在此过程中还提出了关于抛物运动的经典例子，随着初始假设被改变并提升了真实情境的近似值，方程式也变得越来越复杂。实际上，在对抛物运动首次提出分析的过程中就做出了以下这些理想化的假设。(1)投射体是一个点质量或粒子。更精确地讲，我们可以假定投射体是一个容量有限且其表面结构确定的物体，于是，我们关注的问题将是质量中心的运动，抛射体的位置是由抛射运动中的指称轴与一个外部坐标参照之间的角度描述的。(2)地球是非自转的。如果我们能够获得更大的精确性，那么，在投射运动之下的地球的加速运动或非惯性运动必定会被纳入考察范围。(3)重力场是恒定的且垂直作用于地平面(平面地球)。由于其距离相比于地球的半径而言比较小，所以平面地球的假设是恰当的。(4)气体对运动并不产生阻力，即运动的发生就好像是在真空中一样。实际上，气体阻力是重要的，它取决于投射体的位置、风速、空气密度、投射体结构以及投射体速度。(5)运动发生在一个平面中。①

因此，对抛物运动这种简单化的解释由于其计算上的简易性而被引用，同时，根据抛物运动的这种力学解释，我们还可以提出其他最基础的简化解释。假定我们在以上这五个假设条件下对其微分方程构成的简化集合进行分析，而消除其中的一个或者更多的假设将会使这些计算和分析变得非常困难，于是，这些假设提供的第一个说明，即抛物运动的分析 $1(T_1)$，只有在同时满足了这五个条件的情况下才能成立，同时，可得出以下这一系列的方程式，从而根据一个投射体在 X(横轴)方向上和 Y(纵轴)方向上运动的构成部分，将从一个点发射出的投射体的运动描述如下。

(PA1.1) $x = v_{ox}t = (v_0 \cos a)t$。

(PA1.2) $dx/dt = v_x = v_o \cos a_0$。

(PA1.3) $y = -1/2gt^2 + (v_0 \sin a_0)t$。

(PA1.4) $dy/dt = v_y = -gt + v_o \sin a_0$。

其中，v 代表速率，t 代表时间，a_0 代表相对于地平面的初始速率的角度，而 g 代表重力常数。因此，我们可以将 PA1.1~PA1.4 称为 T_1，其逻辑形式为 (CfT_1)：如果(1)(2)(3)(4)(5)等五个假设条件都是真实的，那么，T_1 也是符合实际情况的，反之亦然。但是，PA1.1~PA1.4 对于某个特定的初始条件集而言是易于解决的，因此，这个理论在计算上是可把握的。

按照 T_1 的表征思路，亚瑟与芬斯特引入了关于抛物运动的第二个更复杂的解释 T_2，在 T_2 中，理想化的假设(4)被消除了，因此，运动得以产生的介质中的流体阻力就被纳入考察范围之内。在消除(4)的过程中，我们必须对 (CfT_1) 的结果进行适当调整，从而将两种摩擦力包含在内。第一种力是升力，升力是一种垂直于流体和物体的相对速度的力，其公式为 $C_L = F_L/(1/2\rho u^2 \infty A)$；第二种

---

① ARTHUR W, FENSTER S K. Mechanics [M]. New York: Holt, Rinehart and Winston, 1969: 236.

力是阻力，阻力是一种平行于流体和物体的相对速度的力，其公式为 $C_D = F_D/(1/2\rho u^2 \infty A)$。其中，$F_D$ 和 F_L 分别是阻力与升力，ρ 是液体的质量密度，$u\infty$ 是静止的流体相对于物体的速度，同时，A 是物体投射到垂直于静止流体速度的某个平面上的面积。[①] 另外，其中的每个力都是由无量纲系数描述的，那么，我们应该如何将摩擦力包含在 T_1 中呢？亚瑟与芬斯特提出假设：投射体是球形的，因此其升力系数为0。接着，他们指出，阻力系数 C_D 常常与另一个被称为是"雷诺系数"的无量纲变量有关，而雷诺数被定义为：$Re = \rho u\infty L/m$（其中，L 是一个物体的特定长度，m 是流体黏度）。无论如何，亚瑟与芬斯特解释道，当雷诺数比较低时，阻力与投射体的速度之间是大致均衡的，同时，我们可以得出关于有摩擦力的实例中的 PA1.1~PA1.4 的关联性，如下所述。

(PA2.1) $\chi = -(m/\beta)\nu_{0\chi}e^{-(\beta/m)t} + C_2$。

(PA2.2) $\nu_\chi = \nu_{0\chi}e^{-(\beta/m)t}$。

(PA2.3) $\gamma = -(m/\beta)[\nu_{0\gamma}+(m/\beta)g]e^{-(\beta/m)t} - mgt/\rho + C4$。

(PA2.4) $\nu_\gamma = \nu_{0\gamma}+(mg/\beta)e^{-(\beta/m)t} - mg/\rho$。

其中，m 是质量，β 是阻力系数，同时，C_2 和 C_4 都是由初始条件确定的。我们将把这里的 PA2.1~PA2.4 称作 T_2。于是，我们可以将关于抛物运动的第二个解释（基于理想化假设）描述为（CfT_2）：如果（1）（2）（3）（4）（5）等五个假设条件都是真实的，那么，T_2 也是真实的。

尽管 T_2 对抛物运动的分析比 T_1 的分析更具体，但是实际上，构成 T_2 的这个方程式系统比构成 T_1 的那个方程式系统更难以通过分析方法来解决，因为 T_2 中的运动包含了更高的雷诺系数，因此，为了获得计算上的简易性，在牺牲实在论为代价的前提下接受 T_1 往往更简单，尽管这样做会导致与已观察到的数据之间具有更高的不一致性。

二、贝叶斯确证理论的问题

标准的主观贝叶斯主义方法论认为，信念度应该符合以上提出的概率计算

[①] ARTHUR WALLACE, FENSTER S K. Mechanics[M]. New York: Holt, Rinehart and Winston, 1969: 236.

公理。这种必要条件被称为"一致性"条件，根据所谓的"荷兰赌论证"①，对不遵守概率计算的某些信念进行概率分布是不合理的。那么，从主观贝叶斯主义的视角如何看待基于理想化的反设事实的理论陈述呢？具体而言，我们应该如何将先验概率分配给反事实的条件句？

我们是否会将任何具有"I>T"形式的理论替代为贝叶斯定律呢？贝叶斯定律认为，基于证据的一个假设的次要概率等于证据的概率结果，其中的证据是以假设、可能性和首要概率为条件的，这主要是通过证据的概率来进行区分的，同时，假设证据概率并不为0。此外，如果用I>T来代替h，我们就会得出$P(I>T|e)=P(e|I>T)P(I>T)/P(e)$，假设$P(e)>0$。

那么，我们应该如何理解像$P(I>T)$这样的条件句的先验概率呢？实际上，对主观贝叶斯主义的批判主要集中在先验概率的主观性特征上，其核心问题在于：我们如何将一个主观的先验概率分配给一个理论陈述，而这个理论陈述只有在一个或更多的反设事实的理想化条件句中才具有真理性呢？本质上，我们是将一个概率分配给了一个关于"可能世界中将会发生的实际情况"的表达式，但是，它在某些方面被简化了，实际上，一个条件句的概率应该被解释为在已知前提条件的情况下随之发生的结果的条件性概率。②

$P(I>T)=P(T|I)$，对于所有I而言，T属于$P(\cdot)$这个域，而$P(I)>0$。

此外，它还遵循一个原则，即$P(T|I)=P(TI)/P(I)$，假设$P(I)\neq 0$。艾伦·哈耶克(Alan Hajek)将这个原则称为"对条件概率的条件性说明"（以下简称为"CCCP原则"）。

然而，对于贝叶斯主义者而言，CCCP原则由于其平凡性是不可能正确的。根据刘易斯的观点，基于某些更基础的假设，任何具有一个普遍的概率条件的语言都是平凡的语言，因此，根据归谬法，CCCP原则就必定会被否定。因为在

---

① 经典的"荷兰赌论证"表明：如果当事人的不确定信念度赋值不满足概率论公理，那么他在某一赌局中总是输。具体而言，所谓不确定信念系统的一致性是指价值与信念度的赋值和偏好的序关系是一致的。"荷兰赌论证"意味着，在当事人的不确定信念系统中，有关定性和定量概念之间没有协调性：其价值和信念度赋值是混乱的，并导致非理性决策，在这种情形下，当事人不确定信念系统的一致性将遭到破坏。

② 请参阅 MILNE P. Bruno de Finetti and the Logic of Conditional Events[J]. The British Journal for the Philosophy of Science, 1997, 48(2): 195-232. 其中，Milne 对条件概率进行尝试性解释的历史进行了详细说明。

根据 CCCP 原则整合了一个概率条件句的任意语言中,最终结果表明,事实性的句子的概率至多能假设四个值(至少当我们能认定两个具有直觉上的可接受性的假设时),然而,标准的概率函数是在连续区间[0,1]的域上被确定的。因此,这个结论对于具有 T_1 和 T_2 那样的反事实条件句形式的理论陈述而言是有问题的。

事实上,既然科学中的大部分理论陈述都取决于理想化的假设,而这些理论陈述在逻辑上应该被解释为特殊的反设事实条件句,同时,如果对于"如何将先验概率分配给反事实条件句"这个问题并不存在其他方案,那么,科学中大部分的理论陈述,就不可能按照贝叶斯主义者的方法来确证,因为取决于任意理想化假设的每个理论陈述的后验概率并不能根据贝叶斯定律得以确定。于是,这就意味着,我们没有办法在证据上确定我们应该接受 CfT_1,而不是接受另一个具有相同前提和不同结论的反事实条件句 CfT_2。

另外,我们可以假定,已知一个由实验性事件组成的集合,例如,一个由现实的抛物运动组成的集合,T_2 的反设事实的解释就应该通过那个证据,而不是通过 T_1 的那个反设事实的解释,而被更好地确证,即使 T_2 的那个反设事实的解释严格来讲并没有为证据体提供一个正确的说明,因为它忽略了现实的抛物运动的一些因果元素。然而,如果所有这些理论陈述根据贝叶斯定律都不具有充分确定的概率,我们也就没有办法通过使用贝叶斯定律而在一个特定的证据体的基础上,对与 T_1 相关的反事实条件句 T_2 的可确证性地位进行对比。实际上,CfT_1 和 CfT_2 并非两个完全对立的反事实描述,因为相互竞争的理论应该具有共同的前提条件。

可见,对于"我们应该如何将先验概率分配给反事实的条件句"这个问题,贝叶斯主义者并不能提供有效的方案,理想化问题对于贝叶斯主义而言是一个很棘手的问题。换言之,除非贝叶斯主义者可以对"我们何以能够理解这些概率"这个问题提出一致的解决方案,否则的话,他们要么必须否定贝叶斯主义,要么在已知理想化的普遍性的条件下接受这个反直觉的结论,即在现实实践中,科学中的理论陈述几乎不能在任何程度上得以确证。[1] 这两种情况很显然都是贝

---

[1] 实际上,主观贝叶斯主义者认为,只有并不取决于理想化假设的理论陈述才能通过主观贝叶斯主义者倡导的方式得以确证,不过,这种类型的理论陈述是很少存在的(如果存在的话)。

叶斯主义者不愿意接受的，因此，他们必须对"我们何以理解反事实的条件句的概率"这个问题提出更有效的解释。

三、贝叶斯理想化问题的解决方案

大卫·刘易斯在对条件句的概率进行说明的过程中，提出了关于条件句的本质及其概率问题的两种方式。第一种方式是，刘易斯认为，我们可以将概率分配给被称为"想象"（imaging）的条件句；第二种方式是，基于拉姆西测试对条件句提出各种不同的说明，而其中的拉姆西测试否定了条件句具有真值，认为条件句就像信念修正的策略，这些策略会用某些合理的条件来代替真值条件。那么，贝叶斯主义者是否能够利用这些方案来解决贝叶斯的理想化问题呢？

首先，我们来考察第一种方式，即刘易斯引入了"想象"的概念。在否定了CCCP原则之后，刘易斯提出，概率条件句应该被理解为应对虚假的最基本信念的观点提出的策略，同时，这样一个条件句的概率应该被理解为在已知关于 $P(.)$ 的最基本观点的前提下得出的结论的概率，而其中的 $P(.)$ 使得这个条件句的前提的概率等于1。形式上，想象的定义如下。

如果 φ 是可能的，那么 $P(\varphi > \psi) = P'(\psi)$。

在这个表达式中，$P'(.)$ 是经过最基本的修正的函数，它使 $P(\varphi) = 1$。我们将会沿着以下的思路来理解这个表达式：$P(.)$ 被理解为在一个关于可能世界的无限集基础上定义的一个函数，其中的每个世界都具有一个概率 $P(w)$。此外，在这些世界的基础上定义的概率总和等于1，同时，一个句子，例如 A，其概率就是其中的所有世界都为真的所有概率的总和。在这个语境中，我们对一个特定的概率函数形成的想象是通过将每个世界的概率"移动"到最接近于 w 的世界上而获得的。最后，我们探讨的这种修正应该是确定 φ 进行的最基本的修正。换言之，这种修正将包含要使 $P(\varphi) = 1$ 必需的全部转换。那么，刘易斯关于想象的概念就是解释条件句的可接受性条件的正确方式吗？答案是否定的。

那么，我们应该如何看待 $P'(\psi)$ 这个表达式呢？常规的概率函数是在关于可能世界的字面信念组成的集合的基础上确定的。但是，当我们在对于使前提的概率等于1时需要的信念进行最基本的修正之后，将会赋予结论一个概率，那么，这个概率的意义是什么呢？它显然并非一个与我们信念真正相关的概率分配。这些概率更像是在主体可能或将会相信的内容之上确定的概率分配。然而，刘易斯并没有在认识论上对这些假设的概率进行解释。这是因为，$P'(\psi)$得以确定的那个修正过程实际上并没有发生，因为"据推测"(ex hypothesi，假定的)仅仅是一个虚假的修正，这些修正仅仅在反事实条件句的情况中发生，而我们并没有对反事实条件句的概率函数以及它们涉及的相应的部分信念进行解释。倘若主体完全相信相关条件句的前提，那么，它们就与主体对这些信念的概率分布有关，同时，这牵涉对这些信念进行最基本的修正，而其中的修正状态与主体的初始信念状态有关。但是，这并不能帮助我们理解这些假设的概率的认知本质，换言之，我们并不知道应该如何对基于可能的信念状态上确定的假设性概率进行认识论上的解释，因此，我们并不确定应该如何将刘易斯的方案应用于实践中。① 尽管如此，刘易斯认为，"想象"作为对条件句的确证性条件的正确形式化说明，仍然具有认识论上的意义。

然而，刘易斯的方法实际上涉及一个恶性循环，为了评价与关于$P(.)$的φ上的图像相关的数值，我们必须接受另一个条件句，它牵涉这个问题，即如果我们能够确定φ，那么我们的信念又是什么呢？这里涉及的信念修正并不是一个现实的信念修正。因此，为了接受"$\varphi > \psi$"这类表达式，我们就需要分配一个概率给这个条件句，即"倘若我能够确定φ[假设$P(\varphi) = 1$]，那么，我的信念将是K"，其中的K是由经过最基本修正的信念以及在这些信念基础上的概率描述构成的集合。然而，这个新的条件句本身也必须根据想象来解释，因为它是一个条件性的陈述，且并非一个关于"哪些是确定的"命题。根据刘易斯的观点，接受一个命题将会伴随着高度的主观概率，因此，我们就必须再次应用"想象"，从而接受这个关于虚假修正的条件句。为此，我们需要进行另一个虚假的修正，以此类推。例如，我们来考察一下这个命题集合和相关信念：$I = \{a, b, c, e\}$，T_1，$\text{Bel}_1 \varphi$ [x相信$P(\varphi) = 1$]，以及K(x的固定的信念系统)。根据想象，为了确证$I > T_1$，我们必须虚设一个修正以赋值于$P'(T_1)$，同时必须能够对"$\text{Bel}_1 I > K$"是否为真进行评判。但是，这很显然就是一个条件句，因此，为了确证$I > T_1$，如果我们想要避免恶性循环，我们就必须能够为"$\text{Bel}_1 I > K$"分配一个概率，也就是为$P''(K)$赋值；根据想象，这就需要我们判定是否接受$\text{Bel}_1(\text{Bel}_1 I) > K'$，但是，这就要求我们能够确定$P''(K')$的值，于是，无限后退就开始了。

---

① 关于"最基本的修正"的详细论述，请参阅 HANSSON S O. Formalization in Philosophy[J]. Bulletin of Symbolic Logic, 2000, 6(2): 162-175.

根据想象，如果 $P(\varphi>\psi)=P'(\psi)$，那么，想要评定 $P'(\psi)$ 的数值，以使主体在不陷入恶性循环的条件下可以接受"$\varphi>\psi$"（在它应该被接受的信念程度上），主体就必须接受条件句 $P(\varphi)=1>K$，其中的 K 是指主体经过最基本修正的信念以及这些信念上的概率分布组成的集合。同时，想要确证"$P(\varphi)=1>K$"，就是要为那个句子分配一个（高的）概率，因此，如果主体能够判定 $P(\varphi>\psi)$，那么主体就必须能够判定 $P[P(\varphi)=1>K]$。但是，凭借想象，$P[P(\varphi)=1>K]=P''(K)$，其中的 $P''(K)$ 是指：假设主体能够确定 $P(\varphi)=1>K$ 或 $P[P(\varphi)=1>K]=1$ 时，主体经过最基本的修正后的信念以及这些信念基础上的概率分布。另外，根据"想象"这个概念的定义，这本身也仅仅是一个虚设的修正而已。因此，为了给 $P''(K)$ 分配一个值，主体必须接受这样一个条件句："假设他能够确定'假设他能够确定 φ，那么 ψ 或 $P[P(\varphi)=1>K]=1>K'$（其中的 K' 是指主体经过恰当修正过的信念以及这些信念基础上的概率分布）'，那么，主体此时将具有什么信念。"因此，主体就必须为 $P[P(\varphi)=1>K]=1>K'$ 赋予一个值，同时，根据想象，$P[P(\varphi)=1>K]=1>K'=P'''(K'')$。接下来，同样的推理路径也应用于这个条件句，并以此类推，无限循环下去，这种无限循环主要是想象的假设性本质导致的，因此，即使我们能够理解假设信念之上的概率分布，但想象也并不能使我们为条件句提供一个充分确定的概率分布而进行清晰说明。

可见，想象并不能有助于我们为理想化的反事实条件句提供一个充分确定的概率分布，因此，对条件句的概率问题的这种分析并不能帮助贝叶斯主义者避免贝叶斯关于理想化的问题。

其次，我们对第二种方式进行考察，即 AGM 新年修正理论。根据弗兰克·拉姆西（Frank Ramsey）和欧内斯特·亚当斯（Ernest Adams）对条件句表达式的本质说明，一些哲学家和计算机科学家提出了"条件句的表达式并不具有真值"这样的观点。[1] 具体而言，他们认为条件句应该被看作对信念修正的各种不同的认知策略，且这些条件句不应该被看作具有真实条件的断言。换言之，他们将条件句看作是具有认知本质的，同时，在取代了真值条件之后，这些条件句中的

---

[1] RAMSEY F. General Propositions and Causality[J]. The Foundations of Mathematics and Other Logical Essays, 1990: 5-9; ADAMS E. On the Rightness of Certain Counterfactuals[J]. Pacific Philosophical Quarterly, 1993, 74(1): 1-10; EDGINGTON D. Do Conditionals Have Truth-Conditions? [J]. Critica, 1986, XVIII: 3-30.

条件具有合理的支持，而这些支持又与前提中给定的信念集合有关。① 于是，一些学者发展了所谓的"AGM 信念修正理论"，那么，这个理论能够有助于我们解决贝叶斯的理想化问题吗？

本质上，AGM 信念修正理论是建立在一个信念状态、信念集合或者信念语料库，即 K 的概念基础之上的，通常而言满足了以下这些最基本的条件（其中，一般认为，我们以某个语言 L 对信念状态进行了表征）。

(BS) 一个句子的集合 K 是一个信念状态，当且仅当 (i) K 是一致的，且 (ii) K 在逻辑蕴含的条件下是客观闭合的。于是，一个信念状态的内容就被定义为由 K 的逻辑结果构成的集合[因此，$\{b: K \in b\} = d_f. Cn(K)$]。根据这种基本的认知表征形式，AGM 类型的理论将会是一个常规理论，这个理论是关于"一个满足了信念状态定义的特定信念状态是如何与其他信念状态相关的"，而其他信念状态符合的定义与以下这两个条件相关：(1) 将一个新的信念 b 添加到 K_i 上；(2) 从 K_i 中撤回一个信念 b，其中的 $b \in K_i$。后一种信念变化被称为"收缩"，但是后一种信念变化必须被进一步细分为：需要放弃 K_i 中某些元素的信念变化与不需要放弃 K_i 中某些元素的信念变化。并不需要放弃先前提出的那些信念的信念增加被称为"扩展"，而需要放弃先前提出的那些信念的信念增加被称为"修正"②。具体而言，"修正"这个概念对于"我们为条件句提供一个合理承诺的说明"这个问题而言，是至关重要的。无论如何，在已知 AGM 式的理论的前提下，信念的动态性就仅仅是具有认知规范性的规则，它们支配着信念状态的收缩、修正和扩展的合理状态。

实际上，作为收缩的信念变化应该在本质上具有基本的保守性。换言之，在信念变化中，我们应该为整合新的信息做出必需的最基本的修正，同时保持或保留逻辑一致性。这种基础假设应该根据信息经济的原则来进行说明。这个原则认为，信息具有内在的和实践的价值，因而我们就应该不惜一切代价地保留它。因此，尽管这些细节都是不重要的，但是，在这些信念状态上做出的修

---

① 关于这个观点的认知意义，请参阅 GÄRDENFOR P. The Dynamics of Belief Systems: Foundations Versus Coherence Theories[J]. Knowledge, Belief, and Strategic Interaction, 1992: 377-396. 本文中，Gärdenfor 将信念修正传统与知识的连贯理论相结合起来，这为 AGM 理论学家关于条件句的观点提供了某种解释。

② 事实上，AGM 理论认为，仅仅存在两种关于信念状态的动态过程，因为修正是根据扩展和收缩来确定的。

正过程都受限于遵循一个"最小化切割"的原则。

重要的是，在这些信念修正的理论基础之上，这种信念动态性方法的辩护者也提出了，我们可以提出一个关于合理的条件句承诺的理论。[1] 那么，我们就来考察一下当这个理论的核心概念被应用于条件句时的情况，即拉姆西测试（the Ramsey Test, 以下简称为"RT 理论"）[2]，即接受在信念状态 K 中有一个"如果 φ, 那么 ψ"形式的句子，当且仅当接受 φ 时需要的 K 的最小变化也需要接受 ψ。

拉姆西测试要求我们通过将 φ 纳入我们固定的信念系统中来对信念进行调整，然后就会发现结果是什么样的。[3] 于是，这个理论就要求：（1）要么我们现实的信念系统必须被改变，以便于相信一个条件句；（2）要么我们通过在假设的基础上接受 p 来假设地调整我们的信念，从而接受一个条件句。拉姆西测试至少存在两个最主要的可能解释，然而，在还有另一种解释的前提下，这种关于条件句的认可理论还存在一些严重的问题。

首先，虽然不同的信念修正理论的细节方面并不存在争议，但是，为一个最小的信念修正确定一个可接受的说明也是非常困难的。[4] 更糟糕的是，在已知解释（1）的前提下，关于条件句的 RT 理论本质上依赖于信念的唯意志论的真值，其中，信念的唯意志论即我们能够随意地改变我们的信念。[5] 拉姆西关于条件句的测试理论取决于那种最不合理的信念唯意志论的真值，我们可以称为"无

---

[1] GÄRDENFORS P. An Epistemic Approach to Conditionals[J]. American Philosophical Quarterly, 1981, 18(3): 203-211; GÄRDENFORS P. Knowledge in Flux: Modeling the Dynamics of Epistemic States[M]. Cambridge: M I T Press, 1988.

[2] RAMSEY F P. General Propositions and Causality. In Kegan Paul and Trübner Trench(eds.)[C]. The Foundations of Mathematics and other Logical Essays, 1990: 237-255.

[3] Sanford 批判道：在许多情况下，这样一个条件句的前提彻底背离了我们相信的真实情况，我们实际上并不能应用拉姆西实验，因为我们并不知道，假设我们相信了这样一个前提的情况下将会发生什么情况。因此，他认为许多条件都是无效的，而不是真实的或虚假的。请参阅 SANFORD D. If P, Then Q: Conditionals and the Foundations of Reasoning, 2nd edn[M]. New York: Routledege, 2003.

[4] 请参阅 HANSSON S O. Formalization in Philosophy[J]. Bulletin of Symbolic Logic, 2000, 6(2): 162-175.

[5] 关于信念唯意志论的探讨，请参阅 STEUP M. Knowledge, Truth and Duty: Essays on Epistemic Justification, Responsibility, and Virtue[M]. New York: Oxford University Press, 2001.

限制的信念唯意志论"。① 这个观点就是,信念完整地、完全地且直接地处于我们的控制之中。但是,这从心理学的视角和认识论的视角来看,都是完全不现实的。根据拉姆西测试的解释,我们必须在字面上相信一个条件句的前提,以便于完全地应用这个测试。这对于每个条件句都是真实的,因而也就需要我们能够自愿地去相信任意一个命题,因为任意命题都可能成为一个条件句的前提。例如,"地球是方的",这可能是真实的,因为信念本质上具有内在的证据性。但是,拉姆西测试似乎假定了证据主义是错误的,因而从认识论的视角来看是有问题的。② 另外,从心理学的视角来看,拉姆西测试仍然存在问题,因为无限制的信念唯意志论在心理学上是不合理的。例如,"如果地球自东向西转,那么,我们每天将会看到太阳从西方升起且从东方落下"这个条件句,根据拉姆西测试的解释,我们可以直接形成"地球自东向西转"这种信念,以便于了解这个条件句是否具有可接受性,同时,这将会直接形成并采用一种反证据的信念。显然,我们并不能任意地采用像这样的信念,因为通过对正确信念的行为或对真实所指进行考察就可以很容易地消除这种错觉。

其次,拉姆西测试的解释(2)面临着这样类似的问题,这个问题与关于"想象"的策略中出现的问题类似。如果我们将拉姆西测试的解释(2)看作在我们对是否接受"$\varphi > \psi$"进行考察时,我们应该假设将 φ 添加到我们固定的信念系统 K 中,根据 AGM 假定(或者其他类似的假定)做出恰当的修正并考察 ψ 是否在结论的信念系统中,然后,为了接受"$\varphi > \psi$",我们必须接受以下这个附加的条件句:"如果我将 φ 添加到我们固定的信念系统 K 中,那么,我就会相信 K。"然而,为了确证这个条件句,我们必须再次应用拉姆西测试,同时,为了避免恶性循环,我们还必须面对另一个恶性的无限后退,例如,在"想象"的情境中出现的那种恶性循环。相反,如果我们将拉姆西测试的解释(2)看作为了考察我们是否应该接受"$\varphi > \psi$",我们必须添加假设的信念 φ,那么,我们就需要说明:假设的信念是指什么,它们与常规信念之间是如何相互作用的,以及我们如何能够用它们来评价条件句而不需要引入以上指出的那种无限的恶性循环呢?但是,目前并没有这样的解释。因此,这种理论也不能有效地帮助贝叶斯主义者

---

① 实际上,这个评论同样适用于刘易斯的"想象"中使用的"部分信念"这个概念。
② 关于证据主义的完整探讨,请参阅 CONEE E, FELDMAN R. Evidentialism: Essays in Epistemology[M]. New York: Oxford University Press, 2004.

避免关于理想化的问题。

因此，将拉姆西测试的观点应用于理想化的反事实条件句中是非常不合理的。这是因为，正如斯托纳克尔曾经指出的，"……许多反事实条件句似乎是关于未实现的可能性（潜在可能性）的综合的、条件性的陈述"①。物理学家对于科学表征中的理想化的理论（像 T_1 这样的理论），提出了大量的经验陈述，即在并不会发生的条件下，事物将会表现出什么样的形式？实际上，这些条件句并不仅仅是关于"某些科学家的信念是如何被修正的"这个问题的。更合理的是，我们应该将反事实的条件句看作综合的条件性陈述，而这些陈述是关于"某些现实对象在理想化的世界中的状态"这个问题的。换言之，它们都是纯粹本体性的条件，而诉诸 AGM 理论或者拉姆西理论并没有什么用处，因此，这两种方法并不能有效解决贝叶斯关于理想化的问题。AGM 或拉姆西关于条件句的方法并不能促使我们将先验概率分配给理想化的理论陈述，这是因为，如果这些条件句并不具有真值条件，那么，它们就不可能具有为真的可能性。

四、贝叶斯主义者的辩护

实际上，贝叶斯主义者面临着一个三元悖论：或者为"如何将先验概率分配给反事实条件句"这个问题提供一个连贯的解决方案，或者接受"理想化的假设不可能被确证"这个反直觉的结论，或者否定贝叶斯主义。

本内特（Jonathan Bennett）对拉姆西测试的特殊解释中使用了"测试"这个术语，并倾向于支持解释（1）；同时，与典型的拉姆西测试相比，本内特的解释与想象之间具有更多的共同点，他发现了关于想象中涉及的修正的假设性本质。②他对拉姆西测试的阐述基本上可以描述如下。

（RT'）为了评估 $\varphi > \psi$：（a）我们采用构成当前的信念系统 K 的概率集合，并为其添加 $P(\varphi) = 1$；（b）对标准的信念系统 K 进行修正，以使其以最自然和最保守的方式满足于 $P(\varphi) = 1$；（c）考察一下 K 是否包含 ψ 的一个高等概率。其中，（a）是迈向想象的一个步骤，但是，由于（b）和（c）的原因，RT'本质上仍然是拉

---

① STALNAKER R. IFS: Conditionals. Belief, Decision, Chance and Time [M]. Dordrecht: D. Reidel, 1981: 42.
② BENNETT J. A Philosophical Guide to Conditionals[M]. New York: Oxford University Press, 2003: 29.

姆西测试，正如在解释(1)的条件下拉姆西描述的那样。当然，本内特的观点取决于是否能够充分阐明"一个极小化修正"的概念，但是，这个观点中仍然存在着对想象和RT都形成困扰的问题。首先，因为他的观点涉及在解释(1)的意义上对标准的信念系统的字面上的修正，所以本内特观点也不合理地假定了不受限的信念自由主义具有真理性。同样地，这个假定既具有认识论上的问题，也具有心理学上的问题，改变部分信念时牵涉的问题，并不比改变整个信念系统时牵涉的问题更少。这将会要求我们考察大量的行为变化（例如，关于赌博行为的变化），但是，这种行为变化并不是随机发生的，而且，它实际上在应用RT或RT′的情况下并不会发生。例如，在考察我们是否可以接受这个条件句的过程中，即"如果地球自东向西转，那么，我们每天将会看到太阳从西方升起且从东方落下"，我们实际上并没有将概率1分配给"地球自东向西转"这个命题。其次，如果这些概率修正并非假设性的修正，但是这种修正涉及将假设性的修正或部分信念添加到我们的初始信念状态，那么，我们就需要对假设性的概率或部分信念提供一种说明。但是，我们并没有获得这样的说明。因此，关于想象，拉姆西测试还存在着一些严重的问题：或者被解释为一种假设的测试，或者被解释为一种字面上的测试。因此，这些解释并不能为我们接受条件句提供充分的理由，更具体而言，这种方案作为解决贝叶斯理想化问题的一种尝试也是失败的，因为它在解决条件句的确证问题的过程中与想象和AGM或拉姆西测试有着相似的不足之处。鉴于此，贝叶斯主义者提出了两个更彻底的辩护。

对贝叶斯确证理论的第一个彻底辩护来自尼古拉斯·琼斯（Nicholas Jones）。对于贝叶斯主义面临的三元悖论，琼斯认为，这个论证是一个错误的三元悖论，如前所述，尚不存在关于"如何将先验概率分配给反事实的条件句"这个问题的公认的解决方案，同时，贝叶斯主义者也不可能完全地接受"理想化的假设是不可确证的"这个观点。因此，他指出，我们应该否定贝叶斯主义。具体而言，产生三元悖论的根源在于，"理想化的理论应该被看作反事实条件句"这个假设是错误的，这也是理想化问题产生的根源。因此，琼斯认为，贝叶斯主义者应该否定"理想化的理论是反事实条件句"这个陈述，同时，理想化的系统本质上是一种抽象化。

实际上，这种方案存在着很大的问题。一方面，琼斯认为，理想化的理论并不是条件句，更不用说是反设事实的条件句，但他并没有提供充分的理由来说明。具体而言，琼斯的论证思路是，既然贝叶斯确证理论并不能解决反设事实条件句先验概率的问题，而且贝叶斯也并不想接受"现存的、已公认的理论没有被确证"，那么，他就应该改变关于"理论是什么"的观点。琼斯甚至指出："在贝叶斯主义者能够对'如何将先验概率分配给反设事实条件句'这个问题提出一个连贯的解决方案之前，并且，除非他们想要否定'至少有某些理想化的假设可以被确证'这个观点，否则，他们都不应该将这些假设看作反设事实的条件句。"① 另一方面，琼斯没有提供充分的理由来说明"理想化应该被看作抽象化"这个观点，也没有对抽象化陈述的可确证性进行详细论证。按照琼斯的观点，"对系统的抽象描述就是对系统的部分的或不完整的描述，这种描述忽略了系统的某些特征，但不一定是对系统的错误描述"②。例如，欧拉方程式是对流体的一种不完整的描述，尽管欧拉方程式实际上并不能彻底地预测真实的流体展示的运动状态，但它也是正确的，或者至少并不是错误的。然而，理想化并不仅仅是忽略了被表征系统的特征，而且常常也涉及用明显错误的特征来代替系统特征。③ 例如，铁磁性的伊辛模型。在我们对固态物理学中铁磁体的行为进行描述的过程中，由于所有真实的固体都是不完美而复杂的，为了获得计算上的简易性，我们假设固体是一个由自旋为+1 或自旋为-1 的粒子组成的完美晶格，只存在最临近的粒子之间的相互作用力，并且自旋只沿着磁场轴的方向运动。于是，真实固体的混乱结构就会由这个方程式描述的一个纯粹几何学的虚构代替。

$$E = - \sum_{ll'} \sigma_l \sigma_{l'} - \beta H \sum_l \sigma_l$$

这个方程式对于我们研究实际的铁磁体是非常实用的，然而，真实固体的实际情况远非如此，它忽略了真实固体的特征，完全是一个与现实数据不一致的虚构。因此，根据我们的证据而将非 0 的先验概率分配给这些陈述是极其错误的，琼斯的方案是不可行的。

对于以上的消极结果，诺瓦克(Leszek Nowak)提出了另一种可能的解决方

---

① JONES N. Resolving the Bayesian Problem of Idealization [J]. The Ohio State University, 2006.
② JONES N. Resolving the Bayesian Problem of Idealization [J]. The Ohio State University, 2006.
③ 这是所谓非建构性的理想化与建构性的理想化之间进行区别的关键。

案。诺瓦克遵循了琼斯有关三元悖论的论证路径,但他并没有否定"理想化的理论是条件句"这个观点,相反,他认为理想化的理论应该被看作实质性的条件句。因此,如果贝叶斯主义者能够将先验概率分配给实质性的条件句,那么,三元悖论的问题就会被解决,并且贝叶斯的理想化问题也会得以解决。

然而,诺瓦克的这个观点同样不能避免贝叶斯确证理论产生的关于条件句的概率问题。① 即使这个观点可以避免这个问题的产生,但它会产生另外一个方法论问题,而这个问题至少与贝叶斯的理想化问题一样棘手。因为符合理想化理论的所有理想化条件都是错误的,如果我们把理想化的理论归为实质性的条件句的话,理想化理论的经验确证问题将会出现争议。这是因为,任意一个具有错误的先行条件的实质性条件句都是真实的,并且我们并不需要任何证据来证明这一点。如果在这样一个条件句的先行条件中提到的理想化条件是错误的,那么,根据实质性条件句的定义,这个条件句整体上就是不真实的。实际上,作为一个纯粹的逻辑问题,我们知道所有这些理论在此基础上都是真实的。更关键的是,这意味着这些理论根本就不是经验确证的对象。然而这也意味着,所有相互竞争的(矛盾的)条件句都将具有概率1。后一种结论存在着严重的问题,我们可以通过对这些被归为实质性条件句的相互矛盾的理想化理论的考察来理解。以欧拉方程式为例,我们可以将它归为实质性的条件句,同时也将"虚假的"欧拉方程式以同样的方式进行描述。

(M_eT_1)如果 x 是一种流体,并不存在与剩余液体表面相接触的平面之间相互平行的力,那么,x' 的行为就遵循 $\rho Du/Dt = -\nabla p$。

(M_eFT_1)如果 x 是一种流体,并不存在与剩余液体表面相接触的平面之间相互平行的力,那么,x' 的行为就遵循 $\rho Du/Dt = -\nabla p^2$。

既然这两个条件句的先行条件都是错误的,那么,它们就都是不真实的,而且如果我们给这两个条件句赋予概率1,那么这将意味着,并没有原则性的认知基础以使我们接受其中一个而不是接受另一个。然而,这种问题会对所有将理想化理论看作实质性条件句、概率性条件句或者其他条件句的确证理论都造

---

① LEWIS D. Probabilities of Conditionals and Conditional Probabilities[J]. Philosophical Review, 1976, 85: 297-315; LEWIS D. Probabilities of Conditionals and Conditional Probabilities II [J]. Philosophical Review, 1986(95): 581-589.

成困扰。① 因此，这种方案也不能避免贝叶斯的理想化问题。

综上所述，CCCP 原则、想象（imaging）、AGM/Ramsey 对条件句的解释都失败了，与此同时，本内特、琼斯和诺瓦克也为促进解决贝叶斯主义的理想化问题进行了辩护，这些辩护都不能有效解决贝叶斯主义面临的三元悖论。如果贝叶斯主义者想要避免得出难堪的结论——几乎没有任何理论陈述能得以真正地确证，那么，他们就需要寻求其他解决方案。因此，关于理想化的反设事实条件句的确证问题，我们可以尝试着放弃贝叶斯主义，以寻求其他的确证说明。

第三节 理想化与最佳解释推理

通常认为，对一般理论陈述的确证都取决于这个陈述的经验证据，然而，这种确证的理论说明对于理想化的反设事实而言是有问题的。鉴于 H-D 方法、实例理论和亨普尔的确证理论等都不能对理想化的反设事实条件句的确证提供说明，我们面临着这样一个困境，即取决于理想化假设的理论陈述是如何在证据的基础之上得以确证的。通常情况下，对一个命题的确证要取决于其在有效的经验证据基础上是真实条件句的主观概率。② 但是，如果只有琐碎的概率分布附属于理想化的反设事实条件句，那么，它们的确证就不可能在由从前提得出结论的主观条件句的概率中得以实现。然而，至少有一种正确的意义附属于这些反设事实的条件句，并且这种正确性揭示了这些表达式的逻辑本质。反观斯托纳克尔关于反设事实条件句的著名论述，实际上，理想化的反设事实条件句是关于这个问题的命题——假使世界上的事物都比它们呈现的实际情况更简单化，那么，世界将会是什么样的呢？但是，我们是如何确证这些陈述的呢？换言之，一个理想化的反设事实条件句的确证条件究竟是什么呢？

---

① 这点是值得注意的，因为这种策略将会在接下来探讨的"最佳解释推理"的语境中出现类似的问题。如果我们将"最佳解释的推理"看作真理热带（truth tropic 真值回归），那么，最佳解释就是真实的那个解释。但是，如果将欧拉方程式和它的"虚假的"影像看作实质性的条件句，那么，它们就都是真实的。
② 实际上，H-D 方法是这个更普遍的解释的一个特例，而基于证据从该解释中得出结论的概率为 1。

或许，关于理想化的反设事实条件句的确证问题，贝叶斯主义者、亨普尔理论的辩护者、实例理论的倡导者、假设—还原主义者等面对的反直觉的结论，可以通过诉诸最佳解释的推理而得以避免①。如果最佳解释的推理可以根据最可能的解释的推理来说明，那么，这两个问题都是可以解决的。因此，关于依赖于理想化假设的理论陈述的确证规则可以表述为：从各种相互竞争的条件句中，根据我们在语境 C 中获得的背景知识，接受那些在有效证据的基础上传达了最大可能性的理想化的反设事实条件句。

于是，根据这个规则，我们接受其中一个理想化的反事实条件句而不是接受另一个与之相竞争的反事实条件句，将不会包含主观的先验概率。如果其中一个反事实条件句涉及关于现实观察到的抛物运动的一个更好解释，即使它本身并非对这些运动的完整解释，我们也可以将其作为最佳解释而接受。如前所述，理想化的对象并非直接可观察（特别是对于不可观察的实体或理论实体而言），同时，普遍共识认为，我们对于标准的理论实体的知识是通过最佳解释推理而获得的。因此，在论及牵涉理想化对象的理论陈述时，诉诸最佳解释推理是很自然的，最佳解释推理有助于我们为关于不可观察的实体或过程的信念进行辩护，因而，我们可以将其作为一个有效的方法而应用于关于理想化对象的陈述语境中。

另外，在对理论陈述的溯因推理能力进行论述的过程中引入背景知识，将会使我们避免这个问题，即对具有确定性特征的理论陈述的概率进行对比，就好像这些理论陈述的概率必须要么为 0，要么为 1。理论陈述要么会牵涉证据，要么不会。然而，尽管当 e 是 T_i 的必要条件且 T_i 是确定的时，$P(e\mid T_i)=1$ 是真实的，但是这并不一定会得出 $P(e\mid T_i\& B)=1$ 且 $P(e\mid T_j\& B)=1$。其中，B 是我们的背景知识，而 B 中的方法论知识、物理学知识和计算知识可能会在根本上影响我们对那些理论陈述概率的评价，即使它们二者都具有形式上的确定性。综上所述，最佳解释推理可能是我们为取决于理想化假设的理论陈述进行经验

---

① 这里并不集中探讨 C S. Pierce 有关"溯因推理的概念是否与当代对最佳解释推理的理解相同"这个历史问题。在不同的场合下，皮尔斯对于"溯因推理是否可检验的"，以及"这些推理是否能为那些推理的结论提供证据"这个问题犹豫不定，有时候他仅仅认为，溯因推理就是一种提出假设的方法。在这里，我们把最佳解释推理看作可检验的，同时，将一种推理形式看作形成假设的方法其实是犯了概念混淆的错误。

确证，提供说明的唯一合理方式。

一、解释的问题逻辑模型

对最佳解释推理的一个合理说明必须至少满足三个必要条件。首先，这个说明必须建立在某个合理的解释理论的基础之上。换言之，我们必须理解什么是解释。其次，这个说明必须能够为我们阐明一个解释优于另一个解释的原因。① 最后，这个解释本身必须能够解释这种推理形式的证明性本质。最后的一个条件是至关重要的，因为回归论证必须保证我们能得出这些论证的结论。② 如果我们不能满足最后的这个必要条件，那么，在解决基于理想化假设的理论陈述的确证问题的过程中，最佳解释推理很显然就是毫无用处的。

科学哲学的历史上存在着各种解释性理论，最著名的理论是"演绎律则(D-N)"说明模型。然而，由于这种律则说明模型存在着大量的反例，因此，某些理论学家认为，我们应该对这个理论持否定态度或者至少是需要修正的态度。③ 于是，我们将会诉诸另外一种非常有效的解释，即问题逻辑的解释模型，根据这种说明，一种解释就是对一种"为什么—问题(why-question)"以及"如何—问题(how-question)"的解答④，同样地，最佳解释则会被认为是对某个具体的"为什么—问题"以及"如何—问题"的最佳回答。问题逻辑产生了一种关于反向法解释模型的一般观点，从方法论的视角来看，这种理论牵涉语境。换言之，在不同时代或者不同的学科中，不同类型的解释在不同的实用主义语境中都是合理正当的。实际上，所有的方法论标准都不一定是永恒而普遍的，因为它是随着语境而变化的。然而，问题逻辑的解释模型并没有对"解释的可接受性条件"进行论述，而这种特征正是它相较于其他解释理论的一个很大优势，即它通过将

---

① 最佳解释的含义在于，这个解释比其他所有的替代解释都更优。然而，这意味着一种兼容关系，即同时存在着多重的最佳解释。
② 这其实是范·弗拉森对于最佳解释推理进行批评的起点。
③ 对于"D-N 解释模型"的有关问题，请参阅 KITCHER P. Explanatory Unification and the Causal Structure of the World[J]. Scientific Explanation, 1989: 410-505.
④ 关于这种问题逻辑的基本观点，请参阅 BELNAP N D. The Logic of Questions and Answers [M]. New Haven: Yale University Press, 1976.

解释看作对解释性问题的回答,从而以一种外显的方式将解释与理解联系起来。①

在语义学形式上,我们可以将最佳解释推理的这种说明表述为一种解释性的科学问题,S_i 将会被看作包含着一个或更多的"为什么式的问题"或"如何式的问题"的一种五元组 Q_n,这个集合是由所有相互竞争的理论陈述 T(基于反设事实条件句的理论陈述)组成的,而这些理论陈述 T 是 Q_n 中的元素;对于某个特定的问题 q_i 的一种解答而言,它在最基本的意义上满足了一整套逻辑标准 EXP②,其中 $q_i \in Q_n$,相关的证据 E 和一个语境 B 组成了完整的整体。因此,第 i 个理想的解释性的科学问题将会被写作:$S_i = <Q_n, T, E, B, EXP>$。③ 然而,由于大部分的科学问题都是复杂的,$Q_n$ 中将会有一些元素,但是,在最简单的情境中(或者对于"一个简单的问题"),Q_n 将是一个单元素的集合,并且 $q_i = Q_n$。在 S_i 比较复杂的情况下,被编入 Q_n 的元素中的 T 就有一个恰当的数量,同时,B 将会以同样的方式被纳入其中。对一个特定的简单的解释性的科学问题(一个特定的 S_i,其中的 Q_n 是一个单元素集合),其解决方案就是 T_i,它满足了 EXP 的逻辑标准,对于证据 E 而言是最合适的,同时也满足了 B 中的各种标准。另外,更现实的解释性的科学问题将会牵涉对 T 和 E 在语境上的限制条件。在一个特定的语境 B_i 中,如果我们试图回答一个特定的解释性问题 q_i,我们首先选择 T 中的一些元素 T_n,即 $T_n \supset T$;或者我们可以选定已知的整个相关证据 E_k 的某个子集 e_k。正是通过引入理想化的假设,我们使得 T 受到 B 的限制。当一个特定的理想化假设 I 被添加到一个语境中时,它就会将在 I 的条件下并不成立的所有理论陈述都排除在考虑之外,于是,我们就在 I 的条件下简化了前提条件。当然,我们还可以根据其他方式来对 T 进行限制,例如,添加扩展理论,或者

---

① 不过,关于"科学解释的认知目标是科学理解"这个论断还存在某些争议。例如,有人认为"理解仅仅是一种感觉",因而就具有主观性,所以它对于我们理解客观解释并不具有重要意义。相关论述请参阅 TROUT J D. Scientific Explanation and the Sense of Understanding[J]. Philosophy of Science,2002,69(2):212-233.

② 本质上,EXP 是指在某个科学问题的语境中,有一个理论陈述 T_i 要成为这个语境中 T 的一个元素,其必须实现的逻辑条件组成的集合。

③ 因此,这是一个理想的情境推理的例子,而"理想的"与"理想化的"实际上并非同义词。理想化的反设事实条件句是假设事物在某些更简化的条件下的状态,而理想情境的反设事实条件句则牵涉当某些理想的条件被满足时事物的状态。

是仅仅对两个竞争理论的简单差异性对比等。因此,对第i个简单的解释性科学问题的一个更现实的说明就可以写成以下这种方式:$S_i = <q_i, T_n, e_K, B, EXP>$。这意味着,关于一个简单的解释性问题的真实的科学研究牵涉一个有限的理论集合(这些理论通常只有在某个确定的理想化假设的集合条件下才成立),同时还牵涉由一个确定的语境中已知的相关证据组成的某个子集,而其中的语境因素确定了用以评价相互竞争的理论的方法论标准。于是,我们来详细考察一下这些问题及其在科学解释中的作用。

另外,我们也可以根据某种认知命令来对我们感兴趣的各种问题进行分析,而这些认知命令意味着要产生某些认知状态。因此,我们可以对诸如"天空是蓝色的吗"或"为什么天空是蓝色的"等这样的问题进行分析。在前一个问题情境中,主体知道了天空是蓝色的或者天空并不是蓝色的,其必要条件就可以表征为$K_a\varphi \vee K_a\neg\varphi$($K_a\varphi$意味着$a$知道了$\varphi$);在后一个问题情境中,"为什么天空是蓝色的"这个更复杂的问题的必要条件就可以表征为$K_a\varphi$。实际上,所有这些形式完整的问题类型都隐含着一个"预设前提",在这些情况中,预设前提是关于可观察的现象的。实际上,在科学问题的语境中,科学问题的预设前提常常是:它们通常是关于可观察的现象的。"is-question"这类问题的预设前提具有重言式的形式,即$\varphi \vee \neg\varphi$;而"why-question"这类问题的预设前提则具有简单的形式,即φ。更重要的是,一个问题只有在其预设前提为真时才具有合理性。一般而言,我们将会以$\text{PR}(q_i)$这种形式的表达式来表示某个特定问题的预设前提。只有当我们在某种程度上理解了某个简单的科学问题的预设前提,我们才有可能对其最低限度上可接受的答案或者一个潜在答案的概念进行具体化,其中的科学问题("why-questions")至少在部分上解释了构成一个特定科学问题的预设前提的理论陈述。于是,科学问题的可接受的答案是这样的理论陈述,即它们有助于我们理解这些问题牵涉的现象或定律。

二、理想化假设的语境依赖性与确证准则

正如解释的问题逻辑模型中强调的,某个特定的数据库可以通过无数的理论来解释,这体现了理论确证的非确定性。例如,经典力学的教学通常是在量子力学或相对主义力学之前进行的,而且,对同一现象进行后一种理论意义上的解释通常被认为是更完善的。然而,这并不意味着较为简单的解释是没有意

义的或者是没有解释力的,实际上,物理科学中的某些表征语境中常常需要用到经典力学,这就是解释的语境依赖性。① 那么,语境是如何与解释中有效的认识论标准相关的? 同时,语境是如何确定了究竟哪些理论的理想化具有可接受性的? 最后,我们如何评价哪些解释在特定语境中是最佳的呢? 这些问题蕴含着最佳解释推理的评价准则,因此,解答这些问题有助于我们形成关于理想化的反设事实的理论确证问题的一个普遍规则。

首先,关于第一个问题:语境是如何与解释中有效的认识论标准相关的? 我们先来考察下认知语境的相关概念。根据语境主义者对于知识论的语境方面的相关论述,至少存在两种语境主义形式,即主体语境主义(Subject Contextualism)和归因者语境主义(Attributor Contextualism)②。一方面,主体语境主义者认为,知识主体的(物理的)语境的特征会发生变化(例如,位置),因此,这些语境因素决定了主体对知识的理解。当然,计算条件和认知环境也会对我们的认知有所影响。另一方面,归因者语境主义认为,知识归因者的会话语境的语境特征会因主体的不同而不同,因此,我们是否能够确保某些人了解某些事情,就随着这些语境因素的变化而发生变化。这种语境主义中将会发生变化的是认知标准,而我们正是根据这些认知标准来判断某些人是否能够确保做出一个知识归因。③ 实际上,这两种语境特征本质上都是背景知识的基本元素,因而都具有重要的认知意义,因此,我们实际上并不必要做出非此即彼的选择。前一种语境因素是一种经验事实,它们是关于我们的认知局限性、计算能力、物理环境等因素的;后一种语境因素则是一种实用主义因素,它们是关于我们如何根据我们的物理情境和认知情境来应用"解释"这个术语的。④ 在某种意义上,我们既是认知归因的归因者,也是认知归因的主体。我们将会根据归因者语境主义而确定论述的基本框架,同时也会将主体语境主义中的某些因素纳入该框架中,于是,我们需要确定的是:在语境 B 中,一个归因者 a 何时才有充分的理

---

① DEROSE K. Contextualism:An Explanation and Defense[J]. The Blackwell Guide to Epistemology,1999:187-205.

② DEROSE K. Contextualism:An Explanation and Defense[J]. The Blackwell Guide to Epistemology,1999:187-205.

③ DEROSE K. The Case for Contextualism::Knowledge, Skepticism, and Context, vol.1[M]. New York:Oxford University Press, 2011.

④ 本质上,这里的"解释"更倾向于一种语用学意义上的用法。

由提出,某个主体 b 已经为其他主体 c 解释了 e 或者 T_i。根据解释的问题逻辑模型,我们需要考察的是:在语境 B 中,归因者 a 何时有充分的理由提出,某个主体 b 已经为其他主体 c 提供了一个关于 e 或者 T_i 的"为什么问题"的可接受的答案。① 换言之,我们需要考察的是,归因者 b 在何种程度上满足了一个科学解释要求的内在固有的规则。

　　语境主义知识观认为,关于一个特定情境中涉及的认知标准而提出的假设具有的语境是不同的,因此,我们的知识归因也是不同的,对一个具体命题的理解主要取决于其特定的语境主义特征。实际上,科学表征语境中假定的认知标准比日常语境中的标准更加严格,同时,语境至少在某种程度上确定了理想化在同一语境下的可接受程度。根据知识的认知语境主义标准,不同的证据标准对应不同的语境。因此,对于解释的问题逻辑模型而言,将某个现象或者某个数据库的最佳解释看作本身就具有语境依赖性是合理的。对于任意现象或者数据库而言,将会存在许多解释,而其中的最佳解释将会是:在某个特定语境中最佳地解释了数据的理论陈述,而这个特定语境建立了将要被观察的其中的认知标准。但是,对于解释的问题逻辑模型,将最佳解释看作在已知某个特定的认知语境的情况下对某个"为什么—问题"或者"如何—问题"的最佳解答。这意味着,当我们对一个完全具体的解释语境中的最佳解释进行评估时,哪些语境因素应该被纳入考察范围内。然而,"认知语境"的概念是有弹性的,因而是灵活可变的,然而,语境的普遍认知标准的确定在某种程度上是一个经验主义的任务。换言之,所有语境都必须满足的某些非语境的方法论标准是存在的②。于是,解释语境的相对弹性,体现了不同学科中解释实践的多样性,以及对同一学科在不同时期中解释性实践的多样性。

　　实际上,这个普遍的解释说明意味着感知的相对性,但这并不意味着一种相对主义。按照亨佩尔关于解释的经典观点,"解释"的必要条件是其具有真实性,而且它通常是一个长期过程。由此,严格来讲,固体中磁性的伊辛模型并不能解释任何事情,同时,以上描述的解释理论将会是不可接受的,因为它会导致两方面的结果:其一,倘若存在正确的语境,那么错误的理论陈述可能是

---

① 当然,如上所述,a 很可能与 b 是同一个人。在这种情况下,我们就会问:什么情况下我们有理由宣称我们已经成功地向另一个人解释了某些事情?
② 但是,这些方法论标准是非常脆弱的,而且它们在某些情况下其实是解释度的问题。

解释；其二，同一个理论陈述在某一种语境中可能是对某个数据或者更低层级的理论陈述的最佳解释，但在另一个语境中则并非如此。事实上，对于被看作解释的那些错误的理论陈述，如果我们在逻辑上将其建构为反设事实的特殊形式，其逻辑前项是由简化的假设构成的集合（例如，当那些构成固体中磁性的伊辛模型的理论陈述被恰当地整合为反设事实），它们并不是错误的。当我们理解了理想化的理论在某些非现实的理想化假设的条件下为真时，它们就是真实的。

如上所述，最佳解释可能会由于认知语境的变化而发生变化，然而，不会发生变化的是，一个特定的理论陈述是不是对某个现象（或某个特定的科学问题）的一种潜在解释，这个问题实际上牵涉所谓的"问题逻辑"模型。另外，"随着语境而发生变化"，恰恰是我们判断某些解释相对于其他解释的优越性的认知标准。这既涉及相关的理想化假设的可接受性，又涉及我们研究的认知标准。不同的语境中采用不同的简化假设，同时，对不同的理论陈述的确证也采用不同的认知标准，事实上，这样的相对性可能会由于不同的认知情境类型而有所不同，甚至有可能会由于不同的认知情境符号而有所不同。然而，最佳解释随着语境的变化而发生变化，这并不意味着解释的相对性是其必要条件，因为解释本身具有不同的等级，且证据准则可能会发生变化。

其次，关于第二个问题：语境是如何确定究竟哪些理论的理想化是具有可接受性的？根据归因者语境主义和解释的问题逻辑模型，关于理想化的反设事实的确证问题就意味着，特定语境中的解释性信息在何种条件下能够获得最佳说明？实际上，一个特定语境中可接受的理想化假设必须满足的条件是：它能促使相关的理论成为那个假设的真值条件，能对相关的证据 e 进行解释，同时也确保了在语境 B（关于归因者 a 且宣称 b 已经向 c 解释了 e 或者 T_i 的主体语境）中那些理论的计算简易性。因此，一个可接受的理论的理想化假设可被表述为在语境 B 中，I 是一个关于世界 w_j 中的科学问题 S_i 和初始条件 C_k 的可接受理论的理想化假设，当且仅当，对于 T_i 而言，(ATI')：(1) $I > T_i$ 蕴含着，T_i 对于 C_k 而言具有计算上的简易性；(2) $I > T_i$ 在世界 w_j 中是真实的；(3) ($I > T_i$) 满足 EXP。①

---

① C_k 当然是 B 中的元素。

当然，所谓的具有计算简易性的理论本身就是一个语境问题，这是因为，具有现实的可计算性的理论通常是作为一种有效的资源和数学的限制条件的，通过对一个科学问题的认知语境和物理语境进行考察，就可以确定这个科学问题的理想化程度，因此也就在部分上确定了，来源于集合 T 中的理论陈述是可以对那个问题进行确证的。因此，我们力图确定并接受在理想化假设的条件下成立的理论陈述，而这些理论陈述是对我们把握的数据或者低层级的理论陈述的最佳解释。

那么，这种说明对于基于理想化假设的科学隐喻的确证问题具有怎样的启示意义呢？简而言之，我们可以将基于理想化假设的科学隐喻看作在某些语境中是可接受的，而在其他语境中则是不可接受的。另外，我们可以将理想化假设的适当性看作语境的一个重要的附加特征。既然基于理想化假设的理论陈述的逻辑形式其实是反设事实的逻辑形式，而其逻辑前项是由一个或更多简化假设组成的一个集合，那么，当我们面临某个具体的科学问题时，我们就会拥有一个或者是更多相互竞争的理论陈述，它们都是这个问题的潜在答案，那么，最后确定的可接受的理想化假设，必定最佳地解释了提出这个问题的特定的认知语境中的相关要素。因此，在语境与理想化的假设之间存在一种非常密切的关系，当我们将这个关系与逻辑因素相结合起来时，它有助于我们确定一个科学问题的最佳解释。于是，理想化的确证并不能独立于经验证据，同时，这些理论陈述的确证具有其经验本质上的内在一致性，而且这些理论陈述是建立在一种对最佳解释的推理形式有恰当理解的基础之上的。

最后，关于第三个问题：我们如何评价哪些解释在特定语境中是最佳的呢？事实上，一个理想化的世界中并不存在对科学实践者的计算条件上或物理条件上的限制，作为对一个科学问题的最佳评价的解释实际上就是纯粹的逻辑问题。我们需要通过对已经形成的相关理论陈述与已经获得的经验证据进行考察，以便将事物或现象进行简化，其中的这些理论陈述满足了某些语境条件。那么，对于某个特定的解释性的科学问题而言，当一个理论陈述想要被包含在其潜在答案组成的集合中时，它必须满足的最基本标准就是 EXP，这个基本原则如下所述。

(EXP) 关于背景知识 B，其中 $T_j \in B$，理论陈述 T_i 是一个简单问题 S_i 的潜在答案组成的集合中的元素，或者 $T_i \in T$，当且仅当 (1) $P[PR(q_i) \mid T_i] > P[PR(q_i)]$，

同时(2)对于所有的 T_j 而言，$\neg \{P[PR(q_i) \mid T_i \& T_j] \leqslant P[PR(q_i) \mid T_j]\}$。①

实际上，我们应该意识到产生"主体知道 p"这个结论必需的认知条件，它被使用在对解释进行的反向分析中，而这个认知条件需要在某种程度上被削弱。在"why-question"类的问题语境中，当我们意识到解释具有不同的等级时，这意味着一个理论陈述提高了我们研究的现象或定律的概率，同时，为了使某个理论陈述被看作某些数据或某个较低层级的理论陈述的一种潜在解释，并没有其他的理论陈述能完全说明这种有序的概率增加。例如，在"为什么天空是蓝色的"这个问题的语境中，其必要条件就是使这个结论产生，即我们知道天空可能基于某个理论陈述而在某种程度上是蓝色的。因此，从形式上来讲，解释性的必要条件实际上应该被分析为以下这种形式■ $D_b\{K_a[P(e \mid T_i) > P(e)]$，并且，对于所有的 T_j 而言，$K_a \neg [P(e \mid T_i \& T_j) \leqslant P(e \mid T_j)]\}$（此处"■"表示必然关系）。

然而，EXP 并没有将解释的范围缩小太多。众所周知，理想化的理论陈述可以被任意地建构，它们仅仅通过采用一个理论陈述 T_i 并将它与任意字符串的表达式分开，而满足了任意问题 S_i 的 EXP 准则。这就意味着，解释的纯粹的逻辑方面由于受到计算条件、认知能力和物理条件的限制，我们必须根据那些被清晰阐明的理论来对相关的理论陈述进行考察。在未受限制的情况中，n 是非限定的，T 具有 $\{T_i \vee T_j \vee T_k \vee T_l \vee \cdots T_n\}$ 这样的形式；而在真实的情况中，我们仅仅对具有有限的且常常是非常小的基数的 T_n 进行了考察。因此，真实的 T_n 更可能是 $\{(I > T_i) \vee (I > T_j) \vee (I > T_k)\}$ 这样的形式。对相互竞争的理论陈述进行确证本身就是一种认知的理想化情境或方法论的理想化情境，在此过程中，我们通过减少理论的数量而简化了确证语境，语境因素确定了对某个特定的科学问题进行考察的认知标准。换言之，语境确定了在某个科学问题中，有哪些理论陈述应该被看作相关的，以及什么样的理想化假设是被允许的。因此，语境也就确定了 T_n, e_n, I，以及描述了解释性的科学问题

---

① GOLDMAN A H. Empirical Knowledge[M]. Oakland: University of California Press, 1988: 23-25. Wesley Salmon 认为，概率上的增加既不能作为解释的充分条件，也不能作为其必要条件，同时，他主张用 $P(e \mid T) > P(e)$ 的原则取代 $P(e \mid T) \neq P(e)$，请参阅 SALMON W. Scientific Explanation and the Causal Structure of the World[M]. Princeton: Princeton University Press, 1984.

的证据标准。

那么，我们就可以提出：在语境 B 中，a 有充分的理由认为 b 已经向 c 解释了 e（或者已经解释了 T_i），当且仅当 c 已经向 b 提出一个关于"为什么 e"或者"为什么 T_i"的疑问，并且 b 已经将那个"T_j"传达给了 c，而其中的 $T_j \in T$ 且 T_j 满足 EXP。① 更重要的是，IBE 可能会以一种相似的方式出现。在语境 B 中，一个归因者 a 有充分的理由认为，某个主体 b 已经向 c 最佳地解释了 e（或者 T_i），当且仅当已经向 b 提出一个关于"为什么 e"或者"为什么 T_i"的疑问，并且 b 已经将那个"T_j"传达给了 c，而其中的 $T_j \in T$，T_j 满足 EXP 且满足 $BEST$。至于一个包含着 T 以及大量特定的证据 e 的理想的解释性的科学问题，$BEST$ 就被定义为：如果 T_j 满足了 EXP，那么，T_j 就是对语境 B 中 e 的最佳解释，当且仅当 $\neg (\exists T_i)\{(T_i \in T) \& [P(e \mid T_i \& B) > P(e \mid T_j \& B)]\}$。

根据最佳解释推理的基本观点，对于一个满足了 $BEST$ 的理论而言，我们能够确保 T_j 在语境 B 中的合理性。为此，如果我们采用了 $BEST$ 原则作为理论确证度的一种规则，那么，我们就可以将它应用于理想化的反设事实中，而不会陷入贝叶斯的理想化问题。另外，$BEST$ 使我们能够对理想化的反设事实的确证性地位进行评估，因为它并不包含理论的先验概率，因此，当我们用"$I>T$"这种表达形式来代替 $BEST$ 中的 T_j 和 T_i 时，我们并不会遭遇那些困扰着贝叶斯的确证解释的各种问题。因此，$BEST$ 可被应用于对涉及理想化的更现实的解释性的科学问题中，关于一个更加现实的解释性的科学问题，它包含着对 T_n 和大量特定证据 e 的理论限制，我们可以将 $BEST$ 规则调整为 $BEST'$：如果 T_j 满足了 EXP，那么，T_j 就是对语境 B 中 e 的最佳解释，当且仅当 $\neg (\exists T_i)\{(T_i \in T_n) \& [P(e \mid T_i \& B) > P(e \mid T_j \& B)]\}$。于是，这就意味着，我们可以对理想语境和现实语境中的最佳解释推理都保持一种连贯而规范的意义。

三、最佳解释推理与理想化的确证

如上所述，诉诸一种获得恰当理解的最佳解释推理的形式，至少是合理的，而这种形式的最佳解释推理是针对这个问题的，即在我们对已观察的真实的经验数据进行解释（至少是部分上的解释）的前提下，如何对理想化的反设事实进

---

① 当然，这种认知要求应该按照字面意义来解释。

行确证。最佳解释推理实际上是一种证明性的推理形式,而我们需要对这种推理过程进行说明。①

实际上,最佳解释推理的典型情况都是规范的②,并且(至少)依赖于三个简化的假设,而这三个简化的假设都受到现实的科学实践证据的支持。首先,第一个简化的假设是,当科学家在评估某个现象的最佳解释或者是较低层级的理论陈述时,他们仅仅考察了一个由相关理论陈述构成的有限集合。其次,科学家只对一个由所有已知的、与一个科学的解释性问题相关的证据构成的一个子集合进行了考察。最后,科学家通常涉及的都是那些只在一个或者更多的理想化假设条件下才成立的理论陈述。事实上,这三个假设都是由语境因素确定的。

对最佳解释推理的标准批判可以参考范·弗拉森的观点,这种批判的主旨在于:我们并没有充分的理由从一个由现实形成的理论陈述构成的有限集合中确证某个现象的最佳解释,除非我们能够确定,真实的解释就是我们考察的那个集合中的一个元素。当然,范·弗拉森认为,我们仅仅考察了由这些理论陈述构成的非常小的集合,而这些集合则被比作了逻辑上可能的,但尚未进行系统阐述的理论陈述。因此,范·弗拉森得出结论:最佳解释推理并不具有证明的本质,因为根据我们关于认知情境与物理情境的实用主义,最佳解释推理并不追求真理。然而,这种评价是有缺陷的,它建立在对最佳解释推理的现实实践进行了严密理解的基础之上。③

理想化的反设事实的逻辑是非单调的,因为它涉及一个非单调的条件句;同样,最佳解释推理也是非单调的,因为它涉及一种非单调的推理形式。那么,对于这种非单调推理而言,一个特定的理论陈述 T_i 可能就是对语境 B_k 中大量证据 e 的最佳解释;而 T_j 就可能是对语境 B_k 中证据 $e \& f$ 的最佳解释或者是语境 B_l

---

① 如果我们不能为这种说明过程的证明性本质提供辩护,且认为这仅仅是关于科学实践的经验事实,即理论陈述的确证通常会被作为一种理所当然的事,而我们并不能表现出这个过程,那么,这就相当于默认了柯瓦雷的理性主义科学观。
② 一些哲学家对最佳解释推理的确证度提出了异议,这是因为他们通常并未认识到最佳解释推理的非单调性,最佳解释推理是动态的且常常取决于简化的反设事实,而这些反设事实既与那些推理中提供的证据有关,也与其中涉及的理论有关。
③ 关于范·弗拉森对"最佳解释推理"的其他批判观点,请参阅 PSILLO S. On Van Fraassen's Critique of Abductive Reasoning[J]. The Philosophical Quarterly, 1996, 46(182): 31-47.

中证据 e 的最佳解释。① 因此，最佳解释的推理就是一种可扩展的推理，那么，我们应该如何对最佳解释推理的这种特征进行表征呢？在最佳解释推理的推理形式中，我们需要对构成一个推理语境的某些因素进行考察。在这些受约束的语境中，证据通常被限定于某个由所有已知证据 e 构成的子集之上，在此过程中，我们对作为 T 的一个子集的所有理论陈述构成的那个集合进行了限制——这个集合是关于某个现象的所有竞争的理论陈述构成的集合。如果我们为理论陈述中引入了新的证据或者新的理论陈述，或者说，如果语境因素发生改变，那么，被认为具有一致性(连贯性)的那些推理就可能发生改变。

既然最佳解释推理的证明性牵涉最佳解释推理的非单调性，与此同时，适合于最佳解释推理的一致性概念也是非单调的，并且也是理想的实例推理形式，那么，当我们使用最佳解释推理时，我们就有充分的理由推断出，在比现实世界具有更多的认知完善性，但又相似于现实世界的世界中，实际情况(至少)是，T 中的其中一个理论陈述可能比其他理论陈述更加真实。这些世界的理想化意味着，我们把握了有关这些世界的所有备选理论及所有相关证据，而且我们也能够根据"BSET"来对这些理论进行评价。既然这个理想的理论陈述对于理想世界而言具有真实性，那么，我们就应该在现实实践中应用最佳解释推理，并将它作为关于真实世界的一个恰当的科学规范。这是一种关于规范性的康德式方法，其论证思路②是：如果一个完全理性的科学家将会在所有证据的基础之上从所有可能的备选方案中寻求最佳解释，那么，一个不彻底的理性主义科学家也应该在所有证据的基础上从所有可能的备选方案中选择最佳解释。然而现实的科学家并非完全理性的，因此，现实的科学家应该在所有证据的基础之上从所有可能的备选方案中选择最佳解释。接着我们可以进一步推理：由于现实的科学家存在着认知上的局限性，以至于他们通常并不能将所有的证据和所有可能的备选方案纳入考察范围，因此，科学家就只能在某个特定时刻的特定语境中，在已知的有效证据的基础之上从所有已知的备选方案(理想化假设)中，尽可能地为现象选择最佳解释，这通常是我们在不完美的情境中所能做出的最佳选择。

---

① LIPTON P. Inference to the Best Explanation[M]. London and New York: Routledge, 2004: 92.
② 这种论证主要来自霍姆对康德观点的解读，请参阅 HOLMES R L. Basic Moral Philosophy [M]. Belmont: Wadsworth, 2003: 53.

因此，规范地对现实世界语境中的理论进行确证就意味着，在一个特定语境中所有已知证据的基础之上对大量已知假设中的最佳解释进行确证。在遵循了与真实世界的关联性的前提下，概率规则 BEST 确保了我们能够对那些具有最大可能性的理论陈述进行确证，即使我们实际上并不能满足理想的案例陈述的前提条件。换言之，我们能够在已知证据的基础之上从所有已知的理论中，对具有最大可能性的理想化的反设事实进行确证，至少能够将更多证据的引入、新的理论陈述的引入、语境中的其他变化等问题进行悬置。另外，如果有限的理论陈述集合是所有可能的理论陈述构成的集合，并且我们意识到的证据就是所有的证据，那么，在那个证据基础之上具有最大可能性的理论陈述在那个语境中就是真实的。

然而，在通常的科学语境中不仅仅存在着"BEST"这样的规范。如前所述，科学表征力图追求计算上的简易性，于是，我们就获得了一个规范(CT)：科学理论应该具有计算上的简易性。[①] 更重要的是，因为科学研究面对的现实世界并非具有完美规范的世界，所以，为了弥合现实世界与具有理想规范的世界之间的鸿沟，我们还需要用新的方法收集更多的证据，并对新的竞争假设进行阐述和考察。实际上，科学研究通常还涉及另外两个附加规范，即证据生成的规范与理论革新的规范。

(EVG)我们应该使用有效的最佳方法来收集并产生证据。

(THI)我们应该对假设进行阐述和考察。

于是，动态的且语境的最佳解释推理是一种可废止的证明性推理形式，它表明，我们应该接受一个特定语境中所有有效证据构成的最有效的解释，同时，我们还应该竭力满足 EVG 和 THI 这两个规范，以便于我们能够逐渐满足理想的案例规范。[②] 事实上，现实条件并不具有完美的规范性，但是，这并不意味着最佳解释推理是不合理的，相反，最佳解释推理也追求真理。总之，通过对最佳解释推理的概率问题进行说明，我们形成了关于最佳解释推理的相对完整的理论，这个理论有助于我们解决理想化的认知进路问题，并对理想化的反设事实

---

① 如前所述，计算上的简易性至少在部分上是一个语境问题，这意味着科学理论必然在某种重要的意义上发挥着工具主义的功能。

② 于是，科学表征通常是在"BEST""CT""EVG"和"THI"的规范下进行的，科学实践受到其中至少一个规范的制约。

的合理确证进行说明,尽管这种说明方式具有可废止性和动态性。

四、解释与回归论证问题

根据解释的近定律观点(the familiarity view of explanation)①,解释意味着将不熟悉的事物与熟悉的事物联系起来,或者将尚未理解的事物与已经理解的事物联系起来。换言之,只有当待解释项(待解释的事物)被其解释项(已经依赖自身来解释的解释要素)解释时②,我们才能够实现对某个现象或者某个较低层级的理论进行解释。于是,科学理解只有在我们将不理解的事物与已经理解的事物相联系起来时才能实现。但是,我们面临的就是这样一个回归过程:只有当产生了所有理解的最初的解释者假定了某种特权时才能终止。然而,实际上并不存在这样的特权解释者,因此,如果我们解释了某个现象并理解了它,那么,解释就必定不会要求:待解释项只能由某个已经依赖自身实现解释的解释项所解释。换言之,近定律观点必定是错误的。语义学形式上,这个问题形式可以简单地归结为:如果 T_i 由 T_j 来解释,并且 T_j 由 T_k 来解释,那么除非我们理解了 T_j 和 T_k,否则,我们似乎并不能理解 T_i。但是,T_k 本身又该如何被解释呢?在某种意义上,它并没有更深的解释或者其回归是无限的。如果回归是无限的,那么我们将不会理解任何事物或现象。如果它被一个尚未被解释的解释者终止,那么,我们也将不能理解任何事物或现象,或者说,除非存在与初始解释者相关的某种其他形式的理解。因此,我们并不能理解任何事物或者现象,除非存在初始情况下可被理解的初始解释者。这显然是有问题的,它将会使某些哲学家否定科学解释的目标是科学理解,或者使他们转而采用作为回归证明的解释观。那么,我们究竟应该如何避免过度的普遍化和回归解释这两个问题呢?

实际上,认知进路的问题仅仅是一种关于斯托纳克尔普遍化问题的特殊形式,其中,斯托纳克尔问题即在现实世界中收集到的证据是如何证明条件性的反设事实条件句的真值的。一般而言,普遍的简化的反设事实的语义学形式为:当且仅当 $\emptyset$ 在所有 $\ddot{o}$ 简化的、非常相似于 w_i 的世界中为真时,$\ddot{o}>\emptyset$ 在模型 M 中的条件 w_i 下才为真。那么,什么样的证据与这些反设事实的确证有关呢?斯托

---

① 关于"近定律观点"的论述,请参阅 SCRIVEN M. Explanations, Predictions and Laws[J]. Minnesota Studies in the Philosophy of Science Vol.3, 1970: 170-230.

② 为了方便起见,这里使用了亨佩尔的"待解释项"和"解释项"的术语。

<<< 第二部分 科学表征的理想化特征

纳克尔指出:"正是因为反设事实通常是关于非常类似于现实世界的可能世界的,根据这个定义,证据总是常常与它们的真值有关。"[1]

根据最佳解释推理的理论,当且仅当 T 通过 EXP 的方式解释了 e 时,e 是 T 的证据。但是,这就意味着,可能还存在着附加的方法论规范,而它们作为语境的部分元素,限制了所谓的证据。因此,方法的普遍性在这个意义上也是一个积极的特征,因为发挥作用的方法论规范可能会随着语境的不同而发生变化。例如,在某些科学语境中,证据可能必须是定量的,而不是定性的;在其他科学语境中,证据则可能是实验性的,而不是靠肉眼观察到的;还有一些科学语境中,我们可能会需要大量的样本数量,而不是较小的样本数量;等等。此外,当我们超越于 CT、EXP、BEST、EVG 和 THI 之外时,这在很大程度上就是一个经验问题。

实际上,一个特定的理想化理论的确证性地位就意味着它能够对尚未理想化过的可观察的因素进行解释的一种能力。一个理想化的理论能够在部分上对现象进行解释说明,另外,我们建构真实世界的实验情境(接近于理想化的情境),也可以作为对理想化的理论陈述进行确证的一种证据。因此,这是构成理想化假设的理论确证的证据的两种主要类型。例如,玻尔关于不可分割的氢原子的半经典模型的理论表达式为:$m_e v^2/r = Gm_e m_p/r^2 + ke^2/r^2$。在这个公式中,$m_e$ 是电子的质量,e 是电荷的大小,v 是速率,G 是引力常量,m_p 是质子的质量,r 是半径,同时,k 是真空中的库伦常数。尽管这个公式并未解释氢原子涉及的重力效应,但它解释了大部分的光谱效应,并因此而得以确证。另外,通过实验情境的建构来对理想化假设进行确证也有很多例证,比如,伽利略就是通过对实验现象的观察而得出关于抛物运动的假设的,其假设是:在没有空气阻力的情况下,所有做自由落体运动的物体都具有统一的加速度。由此,他得出了关于自由落体运动的方程式 $d = 1/2 at^2$。在实验过程中,随着运动得以发生的介质对自由落体运动中的物体产生的摩擦阻力逐渐减弱,自由落体的运动就越来越接近该公式精确描述的情境。显而易见,科学家会在实验中有规律地进行实验,以便检验和确证基于理想化假设的理论陈述。这种情况的发生可能至少有两种情况:其一,理论可能会部分地解释证据;其二,理论可能会对关于"随着一个

---

[1] HARPER W L, STALNAKER R C. IFS: Conditionals. Belief, Decision, Chance and Time [M]. Dordrecht: D. Reidel, 1981: 53.

效应的消失所发生的情况"的时序证据进行解释。因此,理想化的反设事实得以确证的证据在于,现实世界中收集到的证据常常是与理论陈述的真值相关的,而这些理论陈述只有在相似的简化世界中才具有严格意义上的真值。

另外,在建构一个充分的最佳解释推理理论的过程中,我们还需要对解释性的回归论证(Regress Argument)问题进行回应。弗里德曼提倡"联合主义观点(Unificationist View)"①,它是一种回归论证,因为它意味着,某些理论或者现象只有在被整合成一个整体系统时才能得以解释,而这个整体系统构成了我们的知识基底,或者说,这个知识基底划定了具体科学的界限,因为这样的系统是整体的,所以它们就是回归论证的。但是,解释总是在已知这个观点的前提下作为一种连贯整合的问题(a matter of coherent integration)。因此,这种解释性的回归论证的缺陷就在于:它具有某种意义上的随机性和先验怀疑性特征。它将所有的解释都统一为一种方法论的真值,以便于避免所有问题的回归。但是,并非所有的科学解释都是统一的解释,同时,它也并非一种先验问题,因此也就不能反映科学中发现的解释性实践的多样性。此外,这个理论本质上是语境主义的,而所有的解释都是在某个语境中的解释。实际上,解释性实践具有差异性和多样性,且一个特定的语境的确证是一个经验主义问题。更重要的是,"解释是语境的"意味着,在一个特定情境中,有效的背景知识是依赖语境而确定的,因此,可能并不存在无限的解释性回归论证。所谓的某个特定语境中的终极解释者都是依赖语境而确定的,而且这将会随着语境的不同而不同。因此,在我们忽略了量子力学的语境中,科学家就会将经典原则或者相对原则看作解释基元,但是,当物理学家试图根据量子原则来解释电动力学时就是另一种情况了。

小　　结

基于理想化假设的理论陈述是否具有合理的可确证性?科学中标准的理论

---

① FRIEDMAN M. Explanation and Scientific Understanding [J]. The Journal of Philosophy, 1974, 71(1): 5-19; MORRISON M. Unifying Scientific Theories: Physical Concepts and Mathematical Structures[M]. Cambridge: Cambridge University Press, 2000.

确证说明，诸如假设—演绎方法、实例确证理论、亨普尔确证理论、贝叶斯确证理论等，都试图为其确证条件提供充分的说明，然而最终都失败了。于是，更合理的方案是将理想化的理论看作一种反设事实条件句，并最终提供一种非贝叶斯主义的确证理论，而这个理论满足了经验确证的某些合理的必要条件。第一，理想化的理论陈述具有共同的逻辑形式。第二，它完全可以将建构性的理想化看作理想化。第三，它保留了最标准的逻辑概念。第四，它对理想化的反设事实条件句的前提和结论的现实确证地位保持着正确理解。

于是，对于理想化的反设事实的确证是通过为已观察到的现象寻求最佳解释而实现的，并且这些解释加深了我们的理解，主要是通过为有关"现象发生的原因和方式"的问题提供最佳的部分答案。在此过程中，科学家实际上是确证了关于这个问题的陈述，即如果它们在经验证据的基础上比较简单时，现实对象将会有什么样的表现。然而，这就意味着仅仅关注于一个实体行为的某些方面。因此，对理想化理论的确证就是一个溯因推理，而我们就从这些简化的理论陈述(它们解释了某个语境中的证据)中实现对那个证据的理解。因此，对于理想化假设的理论陈述的确证问题，诉诸最佳解释推理是一种成功的方案。因为，如果我们不采取这种策略，那么我们就只能接受以下两个结论了：(1)某种形式的归纳主义对于理想化理论的确证和接受而言是真实的，但是大部分理论陈述在某种程度上还没有被确证；(2)某种形式的理性主义是真实的，同时，基于理想化假设的理论陈述实际上是先验确证的。[①] 实际上，对于自然主义者或经验主义者而言，方案(2)是非常不合理的；同时，方案(1)全然不顾与科学的历史和实践有关的经验事实。因此，为了解决这种困境，我们需要建构一个合理的最佳解释推理理论，这种确证理论对有关理想化的反设事实的确证理论的问题提供了详细说明。

根据最佳解释推理理论提供的方法，我们可以根据各种方法论规范来对科学中基于理想化假设的隐喻表征及其建模进行说明，其中的方法论规范正是构成了描述这些学科特征的语境元素。于是，某些科学语境可能会要求可接受的解释具有因果性或者机械性，而其他的科学语境则会要求统计学模型；某些语境可能会允许黑箱解释，而其他语境则不允许。同样地，在某些物理学问题的

[①] 当然，还有另一种反实在论观点，即我们根本不接受或相信任何理论，但是这必然会与它们牵涉科学实践时的经验事实相矛盾。

语境或者化学问题的语境中，普遍定律是需要被解释的，而在生物学或者考古学之类的其他科学语境中，只有奇异的因果解释需要被解释。当然，科学实践中还存在着更普遍的方法论规范，例如，简单性、预测的新颖性等，它们都描述了不同语境中的科学实践。最重要的是，最佳解释推理的语境理论具有重要意义，它与科学中的各种解释性实践和描述了个体语境的各种附加的方法论规范都是一致的。

第三部分 03
科学表征的方法论趋向

第七章

计算模拟与"可强化"的建模框架

计算机科学是一项复杂活动,涉及建模和实验的各个方面,同时,通过模拟产生的数据具有一种认知状态,其稳健性不如实验数据,但大于通过数学操作或模型计算得到的结果,这是计算模拟的合理性问题。虽然计算模拟可以在认知上与实验测量相同,但我们并不是说模拟就像实验,而是强调实验数据可靠的条件有时也可以在计算模拟中复制。换句话说,模拟输出在某些情况下,类似于实验测量。我们不仅需要强调模拟在实验中的作用,而且应当考察模拟数据如何在实验结果的论证中发挥日益显著的作用。从这个意义上说,计算模拟数据是实验不可或缺的一部分,而不是与之截然不同的东西。当我们谈及计算机生成的数据和测量的合理性时,所指的不仅是关于哲学论证的规范性问题,而且是关于将计算模拟输出作为实验数据使用的问题。

第一节 计算模拟的合理性反思

关于模拟数据的稳健性,最常见的反对意见是我们无法从计算模拟中学到任何真正新颖的东西,因为我们只能得到我们输入的东西。换句话说,自然实验可以通过不同的实验设置推导出不同的实验结果,而计算模拟只给我们编程到计算机中的结果。虽然这种说法在某种意义上对确定性模拟来说是正确的,但它忽略了计算模拟更重要的一点,即它允许我们提取出在模拟运行之前不明显的、可能永远不会明显的信息。这个异议就像是说,我们不能从基于数学的物理论证中学到任何新东西,因为所有信息都已经包含在我们想要解决的方程中了;但几乎没有人会否认新的知识是数学论证的结果。从这个意义上说,反对评估模拟结果的重要性被夸大了，也被误导了。简单地说，计算模拟提供的计算能力让我们能够发现物理系统的特征，这些特征可能隐含在方程中，但在其他情况下仍是未知的。也许更重要的是，在随机模拟的情况下，输出结果和实验一样不确定。

为了正确地评估模拟知识的状态，我们的重点应该包括模拟输出中固有的不确定性程度，在离散化的过程中由于信息丢失而导致的不确定性，以及那些与理论模型中的输入参数相关的不确定性。与不确定性问题相关的是围绕"验证与证实"的方法论问题，特别是有效性层次结构和用于比较模拟结果与实验数据的验证度量的概念。对这些不同方面的仔细检查表明，虽然模拟显然与实验和模型的方法论特征有联系，但它不应该被同化，也不应该被认为是一种混合。与计算模拟相关的方法论结构为我们提供了一种独特生成的知识类型，并提出了自己的认识论问题，这些问题在评估认识论依据时需要谨慎和微妙的方法。然而，任何对模拟数据及其在实验环境中应用的评估都需要解决有关验证模拟结果所用方法的问题，以及该方法本身在某些方面是否存在问题。从这个意义上说，我最关心的是考察模拟数据涉及的过程。

"验证与证实"方法的设计是为了使模拟成为一种知识来源，因此，它与实验的假设检验特征的区别在于，它引入了新的方法来解决关于模拟的准确性和可靠性的认知问题。尽管采用了这种方法，但确定模拟过程以及验证和证实之间的关系实际上出现了困扰。从技术上讲，验证是有效的先决条件，包括确保代码准确地表征感兴趣的问题，只有这样才能进行验证。维森博格（Austin Winsberg）指出，这些过程很少按顺序进行，换言之，"验证与证实"通常更多地关注成功的结果，而非方法上的论证。

尽管维森博格几乎没有为这些说法提供任何具体的证据，但他提出了关于"验证与证实"方法，特别是在大型量子对撞机（LHC）中使用模拟发现希格斯玻色子。例如，在只有很少的可用数据和大量重要数据尚未产生的时候，验证LHC的模拟究竟意味着什么？最著名的模拟灾难之一是哥伦比亚号航天飞机事故。这个案例是理论建模问题的一个例子：模型没有适当考虑泡沫碎片的大小。结果，错误的建模参数被输入模拟中，从而产生了错误的输出。泡沫翼碰撞条件超出了计算模型的验证范围，其目标旨在模拟小物体（如陨石）对航天飞机瓦片的影响，泡沫的大小是陨石坑验证测试中使用的撞击物体大小的400多倍。

另一个例子是阿丽亚娜 5 型火箭在起飞 40 秒后爆炸。在这种情况下，问题是舍入误差导致的，这是在计算中使用的数字的近似值和它的确切（正确）值之间的差异。在某些类型的计算中，舍入误差可能会被放大，因为任何初始误差都是通过一个或多个中间步骤进行的。本质上，惯性参考系统试图将 64 位浮点数转换为 16 位数字，但触发了溢出错误，被制导系统解释为飞行数据，导致火箭偏离轨道并被摧毁。虽然这类问题肯定是与模拟相关的，但它代表了一般的计算机科学问题，这是由于处理浮点数导致的，其中不能存储准确的值。而浮点值可以存储到很多位小数，计算结果也可以精确到很多位小数，但是舍入误差总是存在的。为了确保浮点例程的结果是有意义的，此类例程的舍入误差必须始终被量化。在计算中，浮点描述了一种以支持广泛值范围的方式表征实数的方法。一般来说，数字近似地表征为固定数目的有效数字，并使用指数进行缩放。缩放的基数通常是 2、10 或 16。与定点和整数表征相比，浮点表征的优点是它可以支持更广泛的值范围。浮点格式需要更多的存储空间（用于编码基数点的位置），因此，当存储在相同的空间中时，浮点数以牺牲精度为代价实现了更大的范围。最后，还有一个人为错误的简单问题。在火星大气中丢失的火星气候轨道器，是英制和公制单位意外混合的结果。虽然这导致了模拟的不准确性，但这并非基于模拟的错误。

因此，虽然舍入误差的问题很重要，但它是可控的。在模拟中，重要的误差来源是在第一类和第二类问题之间的接口上——建模误差与数值处理误差。这两者之间的接口经常会出现与"验证和证实"相关的问题。为了澄清这种关系，我们首先需要定义一个"模拟结构"，它将隔离模拟的每个部分，以及每个部分的各种进程特性是关联的。典型模拟问题的基础是目标系统的概念或数学模型，该模型包含输入数据，如偏微分方程的系数、边界条件等，所有这些都必须得到很好的定义。模拟模型或许也可以作为一个理论模型，重点是区分目标系统的模型，该模型是在理论原理和数学方程的基础上构建的，应用离散化技术的结果。计算或模拟模型的构造本质上涉及将一个微积分问题转化为一个算术问题，方法是将连续微分方程转化为离散差分方程。有各种各样的方法或技术可以实现这一点，如有限元方法、有限差分方法、粒子方法等。一种特殊方法的使用通常与正在调查的系统或问题的类型相联系。例如，有限元是结构力学中所有类型分析的首选方法（求解固体或结构动力学中的变形和应力），而计算流体动力学倾向于使用有限差分方法或与分子动力学相关的粒子方法。一旦构建了计算模型，它就被映射到软件指令中。模拟运行后，编程软件会映射到一组数值解，与原始数据转换为数值解表征。后面的两个步骤都可能导致错误：第一个涉及数值解决方案错误，这是关于解决方案本身状态的认知不确定性的结果，以及从原始数据到解决方案表征的过渡中产生的进一步不确定性。

上述不确定性通常是由于在构建和运行模拟的过程中传输的输入数据的不确定性造成的。它们可能是由于理论建模错误、离散化过程中出现的错误，也可能是由于不可控的随机过程造成的真正物理不确定性的结果。在错误的情况下，需要区分那些由简单的错误导致的错误，如编程错误（源代码中的错误）或输入文件的不正确使用，还有一些可以估计的错误类型，如空间离散性不足。它指的是一个量与真实值的偏差。这两种类型的误差都可能导致在模拟构建的不同阶段的不确定性，这不仅会影响被建模的物理系统描述的准确性，而且会影响模型参数的估计和离散事件表征中可能事件的序列。换句话说，与不同类型的误差相关的不确定性可以是物理的，也可以是数值的。这些区别可以进一步细化为两个基本类别。

其一，偶然的不确定性。与环境相关的物理不确定性（可变性）通常可以减少或避免。通常用概率分布表征，包括结构中的阻尼，随机振动等。有关"托利·卡尼翁号"事故的不确定性因素是已知的。因此也是可以解释的。它的数学处理通常涉及概率分布，不确定性通过建模和模拟过程的传播，由一个良好发展的概率方法论表征。我们通常将这种不确定性与模拟模型中的随机性联系在一起。

其二，认知的不确定性。由于缺乏用户知识而产生的不确定性，可能发生在过程中的任何一点上。这种认知的不确定性是缺乏有关参数值导致的，如何构建一个适当的模型或模拟来表征这种不确定性就是一个困境，如湍流建模。虽然这些不确定性的来源原则上可以减少，但如果一个人没有意识到不确定性（在系统基本无法访问的情况下，非常有限的数据使一个人甚至无法隔离不确定性的来源），它将通过系统传播，导致预测的强烈偏差。这个与模型选择有关的问题，与随机参数引起的不确定性有很大不同。后者可以是一个认识问题（当参数的值是未知的），它通常是物理系统不确定性的反映，因此更准确地描述为偶然的不确定性。实际上，关于认知不确定性的一个重要问题是，在构建概念或数学模型时，如何处理由于理想化或忽略系统特征而产生的不确定性。由于这是科学实践的一个恒定特征，因此，无论讨论的量是否近似，这种不确定性总是存在的。当我们离散数学模型时也会出现类似的情况，因为信息的丢失也会伴随这样的过程。接下来，笔者将在"验证与证实"讨论中更多地讨论离散化错误。认知不确定性的量化和传播比偶然性不确定性的量化和传播问题要大得多，而且通常不在概率框架内定义。

鉴于影响模拟的不同类型的不确定性和误差这一非常普遍的情况，"验证与证实"的方法论的目标是管理不确定性，特别是输入数据中的不确定性，并评估它们对模拟结果的理由和使用的影响。正如笔者注意到的，在实际实验数据有时缺乏的情况下，"验证与证实"的方法论变得特别重要，同时也相应地变得困难。在认知上，与"验证和证实"的方法论相关的重要问题是方法论本身的稳健性程度，以及它能够承保的结论的相应认知价值。从这个意义上来说，精度的概念是"验证与证实"的方法论的一个重要特征；但准确性也有一个前提，即人们可以指定一种能赋予其意义的正确性衡量标准。但是，当可供比较的实验数据稀缺时，我们如何确定准确性的限度呢？这本身就存在问题，原因将在后面讨论。然而，将"验证与证实"与假设检验的方法进行区分，有助于突出计算模拟在评估模拟数据中的具体论证作用。

第二节 计算模拟的可强化框架

验证是确保理论或概念模型被离散化计算模型正确求解的过程，这本质上是一个数学问题，在某种意义上关系到两种不同类型的模型之间的关系；证实则是一个物理问题，涉及计算模拟结果与实验数据的比较。那么，在没有适当的实验数据的情况下，如何建立计算模型的有效性呢？使用模拟的主要原因之一是实验数据的稀缺或缺乏。因此，如果验证需要比较评估，就会产生有关其整体合法性的问题。为了评估这些问题，有必要首先检查"验证与证实"之间的方法论差异，以说明它们如何有助于模拟结果的认知保证。

验证是一个可实现的目标，所有验证活动都基于计算模型为理论模型提供合理准确的解决方案。因为数学误差可以通过为错误原因提供正确答案而给人以正确的印象，所以在任何验证活动之前进行足够充分的验证是绝对至关重要的。在验证过程中有几个不同的步骤，这些步骤既关注计算机代码本身，也关注它产生的解决方案。在前一种情况下，关注的是显示代码能够计算出一个准确的解决方案。这需要通过确定数值算法在代码中得到正确的实现来查找和消除源代码中的错误，例如，确定空间离散化方法将产生预期的收敛。代码验证的另一个方面涉及识别软件中的错误。代码验证的固有问题是，这个过程在很大程度上是整体的——通常算法的正确性不能独立于涉及软件实现的代码执行来确定。因为算法验证与代码的单独执行有关，它通常是通过将计算解与数学/理论模型的精确解或作为"基准"的高度精确解进行比较来实现的。精确解的概念指的是一个封闭形式的数学模型的解，也就是说，在初等函数或自变量的容易计算的特殊函数方面。实际上，解析解是在概念/理论模型中代表的偏微分方程的特殊情况的封闭形式的解，通常由无穷级数、复积分和渐近展开公式来表征，因此需要数值方法来计算。这里重要的一点是，这些解的精度可以比概念模型的数值解的精度更严格地量化。

然而，问题是解析解只存在于非常简化的物理或几何图形中，而科学计算通常涉及具有相对较少精确解的耦合偏微分方程的复杂系统。因此，"制造解的方法"经常被用作一种更通用的方法，正如标签所示，这种方法涉及制造修正方程的精确解。因为验证只处理数学运算，制造的解不必与物理现实问题相关。一般的方法是先选择一个解决方案，然后对选择的解决方案进行控制偏微分方程操作。所选的解就是由原始方程加上附加解析源项组成的修正控制方程的精确解。本质上，它是一个反向问题的解：给定一组原始方程和一个选定的解，找到一组修改后的方程，所选解将能符合这个方程式的解析解。

在许多情况下，物理上现实的精确解决方案是必需的，例如，评估离散化误差估计器的可靠性。在这些情况下，有一些方法可以生成"真实的"制造解决方案，例如，使用物理现象的简化理论模型作为制造解决方案的基础。当然，也有各种各样的方法来逼近精确解，如在一些情况下，适当的变换可以将偏微分方程系统简化为常微分方程系统。这类问题表明，核查工作可以是多方面的。

通常，当我们想到与计算模拟相关的认识论问题时，我们关注的焦点是物理系统的原始模型和离散版本之间的过渡，以及后者的表征是否足够接近理论模型，以保证我们想要的那种物理结果。实际上这相当于是将问题放大了，因为代码验证涉及的过程——具体来说，作为评估数值算法准确性的基线的方程本身是近似的，因为它们通常是不同方程的解，而不是被模拟的解。这些困难强调的是，验证的目标并不是真正证明准确性，而是提供证据，证明理论模型是由离散数学计算机代码正确解决的。从这个意义上来说，这一进程是一个不断发展的进程，但也可以有各种不同的解释。换句话说，证据支持模型被正确解决的程度可能由不同从业者以不同方式表述。当一个严格验证的代码（二阶精度）应用在一个新情况下时，可能会出现进一步的问题。这些情况下没有对准确性的评估，所以使用经过验证的代码不足以保证得到准确结果。

因为代码验证是不够的，还需要解验证，以提供计算解的数值精度的定量估计。输入数据的验证也是解决方案验证的一个重要方面，包括检查模型选择之间的一致性，以及验证用于生成输入数据的任何软件。尽管这些验证过程很重要，但它们提出的问题在哲学上不如那些与数值误差估计相关的问题有趣。尽管代码验证不能达到证明的状态，但在进行解验证之前，它仍然假定数值过程是稳定的、一致的和稳健的。虽然用于代码和解验证的方法有一些相似之处，但两者之间的重要区别是，后者是在不知道正确解的情况下，试图近似代码的特定应用的数值误差。因此，也必须估计数值误差，而不是简单地评估。这种判断也是高度主观的，因为它是基于个人的判断。

误差的主要来源是偏微分方程数值解中的空间和时间离散，以及由于在数字计算机上使用有限算法而产生的舍入误差。四舍五入错误通常被定义为截断一个实数，以使其适合计算机内存在的某些类型的计算，舍入误差可能会被放大，因为任何初始误差都可以通过一个或多个中间步骤进行。但是，在数值误差可以被高度置信地估计的情况下，它们可以以类似于从实验测量中去除已知偏差的方式从数值解中被去除。这不应该与截断误差混淆，截断误差是 PDE（"PDE"指偏微分方程，即 Partial Differential Equations 的英文缩写）与其离散近似之间差异的度量。误差的程度通常可以通过运行不同精度的模拟和比较解决方案来确定。

离散误差是最难估计的，它涉及离散方程的精确解和理论模型方程的精确解之间的差异，包括网格质量和分辨率、时间步长等。正如笔者指出的，问题在于在许多情况下精确的解根本是未知的。对于离散化误差的普遍担忧是，它们是以与潜在解的性质相同的方式传递的；虽然有几种估计它们的方法，但估计者往往依赖于来自过去数值解的信息，而这些数值解可能没有明确表明误差是否足够小。不过，计算模拟的可靠性要求潜在的数值解在渐近范围内，这是不容易实现的。因此，由于误差的真实值通常是未知的，离散化误差通常与认知的不确定性相关，而不是与更直接的数值误差相关。

因此，因为验证需要识别、演示和量化误差，以及建立数值格式的鲁棒性、稳定性和一致性，它远远超出了人们在传统实验环境中发现的解析或形式误差分析提供的方法。我们需要一种更复杂的方法，虽然被归类为数学问题，但误差的估计和评估的主观性使验证不准确。

虽然对实验数据的分析也有一定的问题，但模拟与实验在误差估计和评价方面的这些差异也说明了模拟容易受到误差传播的影响。前述讨论已经对认知不确定性和偶然不确定性进行了区分，以及它们与不同类型错误的关系，于是，我们接下来就进一步来分析不确定性与验证中的误差之间的关联性。实际上，在讨论一开始我们就阐述了验证与证实之间的本质区别：前者是一个数学问题，后者则是一个物理学问题。因此，误差和不确定性也可以被理解为数学和物理学之间的区别。一方面，误差是由于将数学问题或数学公式转换为数值算法和计算代码导致的，而且，这里的已知错误是舍入、迭代算法的有限收敛；另一方面，不确定性又通常与定义问题所需的物理输入参数规范有关。

实际上，不确定性量化在模拟的验证阶段是至关重要的，但它对证实也很重要。通常而言，不确定性出现在模拟过程的三个阶段：第一，理论（概念）模型的构建及其数学化；第二，模拟模型的离散化和建立；第三，结果的计算及其与实验数据的比较。验证的不确定性涉及前两个阶段，而证实的不确定性能覆盖到第三个阶段且对第三个阶段具有重要影响。如果在理论模型或模拟模型的假设或数学形式中、在偏微分方程的初始或边界条件下，或者在数学模型中的参数变换中出现不确定性，那么计算模型的使用或实现将导致不确定性在数学上被映射到模拟结果中出现不确定性，这将导致不确定性的增强。

传播不确定性的数学框架依赖于数据的表征。例如，如果它们是用概率分布表征的，那么传播是概率的（频率主义者或贝叶斯主义），而隶属函数需要模糊逻辑或集合理论。在对验证的讨论中，我还将对这些方法进行更多的讨论，但从目前的讨论中收集到的重要一点是，如果我们想到的是一种合理严格的验证意识，可以为验证实践提供基础，那么这些方法似乎都不完全足够。验证的合法性不仅取决于验证阶段的高度准确性，而且整个验证过程也取决于假定系统的理论或数学模型的准确性标准。从这个意义上来说，验证问题——计算模型是否被正确地解决了——不仅仅是一个内部的数学问题。所有关于模拟的文献都将证实和验证之间的区别描述为数学问题与物理问题之间的区别。因为至少有一部分与验证相关的不确定性来自输入参数或模型形式的不确定性，因此还需要解决物理方面的问题。由于验证过程中嵌入了不同形式的误差和不确定性，而且后者通常涉及对验证程度的估计，而不是某些确定的答案，因此对验证的物理意义有明确而重要的含义。所以，两者联系非常紧密。

然而，这种联系并不意味着"验证与证实"中涉及的活动是以一种特殊的方式进行的，也不意味着过程必须涉及调优和参数调整以获得一致。验证和证实的相互关系也不意味着这个过程是不连续的。如果在证实之前不进行验证，则后者涉及的计算可能会受到抵消效应的影响，算法的缺陷和数值解的不准确可能会在验证计算中相互抵消。当然，在验证过程中可以发现编码和解决方案错误，但这只是意味着在进一步进行之前需要返回并修复错误；否则，就无法知道验证结果是否因编码错误或较大的解决方案错误而失真。

此外，对"验证与证实"方法的担忧在于，尽管其具有重要的方法论意义，但这并不意味着"验证与证实"方法的整体结构有系统性的优势。"验证与证实"不能像模拟主义者建议的那样被巧妙地分开，而且"很少有人会认为模拟模型的结果与预先选择的、理论上可行的模型之间存在某种数学关系"。模拟主义者也很少能够得出"独立于他们的解决方法的结果，为他们最终使用的模型提供良好的依据"。事实上，这种观点的根源在于承认了这个前提，即模拟的认识论更接近实验的认识论，但是计算技术的可靠性并不是由可靠的数学理论和分析来保证的，相反，计算模拟的合理性与可靠性本质上还依赖于来自实验的经验数据的基准重要性。

第三节　计算模拟的合理性原则

如上所述，验证包括确定模型对目标系统的准确表征度，更确切而言，确定计算模拟结果与实验数据之间的一致程度。这里的"模型"是指计算模型，它是系统的理论或数学模型的离散版本。那么，后一种模型是否与实验数据一致，这只能通过计算模型的解来确定。与证实不同的是，验证关注的是数学问题，即数学方程是否能得出一个数值精确的解，而证实关注的是物理学问题，即物理学方程是否能得出一个逻辑为真的解。这个问题涉及两方面：(1)比较实验数据和计算结果，重点是准确性；(2)比较对于特定目的的充分性。因为验证主要是一个统计问题，它的适当领域是(1)而不是(2)。这意味着(1)应该有一个本质上客观的标准，一致的标准应该以正式的方式规定。在第二种的情况下，不同的组可以根据其预期的目的合理地采用不同标准进行模型验证。例如，如果该模型为核废料设施的设计提供了基础，那么适当性的标准将需要严格设定。

那么，应该如何定义或实现(1)所需的客观性类型？除了对理论模型和计算模型中的不确定度进行识别与量化，以及对计算解中的数值误差进行量化之外，还需要对实验不确定度进行量化，然后才能将二者进行比较。通常，计算结果和实验数据之间的比较是用一些参数范围内的计算量与实验量的图形表征的。如果结果在一定范围内与实验数据基本一致，则认为计算模型是有效的。图形比较的问题是，没有量化数值解误差或实验数据中的不确定性，这些不确定性可能来自实验条件的变异性、未知边界条件或实验人员根本没有报告的其他条件。由于在计算分析中实验不确定性通常被认为是自由参数，因此，经常对其进行调整以获得与实验数据更好的一致性。这当然会导致灾难性的后果，但是，"验证与证实"的方法至少在原则上是为适应这些问题而设计的。

然而，关于验证所需的实验数据类型，还有一个更深入、更重要的问题。由于目标是测试特定模型的准确性，因此，需要准确地指定初始条件、边界条件和其他模型输入参数，并充分考虑所有测试条件和其他测量结果。在传统实验的情况下，目标往往有些不同——人们通常对提高有关特定现象或系统的理解、估计模型参数的值或改进模型本身感兴趣。因此，在传统的实验设置中，验证所需的仔细记录或实验参数控制可能不需要执行，甚至是必要的。这些缺点往往伴随着不充分的测量系统出放量，以及有限的不确定估计和文件的随机偏差误差。除了纠正这些问题并严格遵守指定的标准之外，验证测试还应该产生各种数据，以便对模型的不同方面进行评估。因此，与现有的实验数据比较不足以验证模拟，因为许多必要参数的值根本不可用。为了满足规定的要求，需要进行特定的验证实验。

我们需要使用验证度量将验证实验的结果与计算模型解决方案进行比较，验证度量是对特定数量的计算结果和实验测量数据之间的一致性的定量度量。它通常被定义为差分算子，它可以产生一个确定的结果，这个结果是一个精确或不精确的概率分布。奥伯坎普夫（Rue Oberkampf）首次提出，在计算流体动力学背景下需要验证实验和验证指标，但随着计算模拟的使用越来越多，这种方法对于评估模拟数据的优点是至关重要的。为了充分理解"验证与证实"是如何用来建立模拟知识的可信度的，并强调这种方法与传统实验中使用的假设检验之间的区别，我们需要解决三个独立的问题。其一，验证实验的方法是什么，它们与传统实验有什么不同？其二，度量标准是如何定义的？其三，当数据稀缺或不可用时，该方法是如何实施的，以及如何进行比较？显然，度量的可靠性将取决于从验证实验中收集可靠数据的程度。由于后者往往只以有限的方式进行，因此，在开展和评价验证性实验时需要考虑到数据的稀缺性。

什么是验证实验？验证实验是一种相对较新的实验类型，如前所述，进行验证实验是为了定量地确定模型及其在计算机代码中模拟特定物理过程的能力。验证实验是专门设计的，以便数据与特定领域的代码计算充分相关。与传统实验不同，在传统实验中，重点是在受控环境中测量过程，而在验证实验中，重点是实验本身的特征，也就是说，测量模拟所需的实验的各种特征。控制环境并不重要，重要的是能够精确地指定环境，以一种精确的方式，使模拟模型的所有相关特征都包含在实验中。与传统的实验一样，确定数据的准确性和精确度是至关重要的，因此，模拟应当首先对测量的不确定性进行评估，以确保计算模型预测的科学性与合理性。

由于被建模或模拟的系统往往是大规模的和极其复杂的，在整个系统上进行实验是不可行和不切实际的。此外，大量的组件和非线性行为使其难以隔离问题。复杂性的程度可能会导致不同级别模型之间的错误消除，从而产生验证的错误外观。换句话说，系统可以在不同的复杂性水平上建模，从不包括任何交互的非常简单的模型到包含物理和工程模型的更复杂的模型，更复杂的类型导致更大的出错概率。为了解决这些问题，通常需要建立验证层次结构，以确定验证实验的顺序以及如何在不同级别之间进行比较。这涉及将系统划分为多个层，其中最低的层显示出最弱的复杂性。空间维度和物理过程的耦合是最常见的需要分离的复杂性类型。通过进行具有非耦合和分离物理效应的实验，可以减少或消除非线性耦合，事实上，分层背后的哲学是基于这样的假设：通过检查部件可以确定"系统"模型的精度提高。

顶层或"完整系统"层代表整个系统，该层次结构随后被分为单元问题（最低层代表系统的最简单方面）、基准标记用例和子系统用例。随着层级的上升，我们越来越不能够测量参数的特定值，因为系统变得越来越复杂。当我们达到"完整系统"级别时，复杂性阻碍了完全验证实验的进行。在某些情况下，还可能存在安全或经济方面的限制，从而限制了性能措施，如试验核装置。验证实验的部分重要性在于，认识到不同层次的信息的数量和准确性是完全不同的。推断的质量和强度与整个系统的复杂性成反比。由于不确定性随着层级的上升而增强，因此不期望在每一层进行的验证实验会产生一个完整系统的验证模型。

在大多数关于验证层次结构的讨论中，它是从明显的工程角度而不是科学或模型构建的角度来感知的。因此，目标是确定一系列涉及分离耦合物理和与工程系统相关的复杂程度的实验。这使得来自不同学科的计算机代码可以被评估。基于这一特征，这个层次结构是应用驱动的，而不是代码能力驱动的。虽然像隔离特定硬件方面这样的工程特性对于在子系统层设计验证实验是至关重要的，但在区分验证层次的知识和应用方面似乎是错位的。验证实验的目标，特别是层次结构，是确定作为目标系统表征的计算模型的准确性，正如笔者提到的，在解决任何应用程序问题之前，必须先回答准确性问题。换句话说，验证层次结构的重点是，尽可能确保用于表征系统的不同计算模型中的误差和不确定性得到解释与量化。当从子系统层转移到基准层时，这点尤其重要，因为这标志着从关注硬件和组件到关注基于物理的问题。在层次结构的顶部，基于物理的层对验证实验来说是最困难的挑战，部分原因是隔离系统的不同特性的困难。只关注应用程序驱动的验证可能会导致使用不正确的模型，因为它为特定的问题提供了所需结果。因为验证性实验的目的是确定嵌入在计算机代码中的模型模拟特定过程的效果如何，代码本身在确定实验的预期结果和通过其预测函数设计实验方面发挥着重要作用。

近些年来，科学家逐渐开始重视模型的准确性评估，其中包括构建数学运算符，即验证指标，用来计算实验测量结果和模拟结果之间的差异验证指标应与评估的数量相对应。例如，如果计算量和实验量都是概率度量，如概率密度函数或累积分布函数,那么度量也应该是概率度量,应该量化计算结果和实验数据比较中的误差与不确定性。这包括计算模拟中的数值误差,建模过程中的不确定性和误差,实验数据中随机误差的估计,由实验参数中的随机不确定性引起的计算不确定性,以及由于缺乏必要的计算量的实验测量引起的不确定性。实际上,实验不确定度通常分为两部分:表征的不确定度,这是由于测量数量有限导致的;认识的不确定度,存在于测量本身。前者通常被称为"抽样误差",后者可能有许多不同的来源。

验证指标通常是计算模型所有输入参数的函数,即使相关的兴趣量只依赖于少数主要的参数。因为模拟和实验结果通常是函数,而不是单个数字,典型的验证指标将是统计运算符。p-box是一种特殊类型的累积分布函数,它代表了所有这些可能函数的集合,这些函数都在规定的范围内。它可以用模拟、实验结果或两者来表征认知不确定性和偶然不确定性。因此,在层次结构的较高层进行的验证实验,将会有精度较差的实验数据输入计算模拟中。在这些情况下,验证需要对物理子模型中的不确定参数、偏微分方程的初始条件或边界条件进行概率处理。这通常依赖于概率抽样技术(如蒙特卡洛方法)来为各种参数提供值。

另一个问题是,嵌入计算机代码中的物理模型是基于一些近似关系,有时应用于实验上不可接近的区域。因此,我们必须依靠对底层微物理的模拟来验证计算模型。一个简单的例子是通过基本过程(原子间势)的分子动力学描述对材料强度特性的直接数值模拟。"实验"数据本身包含模拟数据,这一事实在原则上或实际上并不构成问题。当询问代码或计算模型是否通过了验证实验时,不能假设实验测量比计算结果更准确。此时需要的只是一个比较的基础。由于所有实验数据都有随机(统计)和偏差(系统)误差,"正确性"的概念被"统计上有意义的比较"所取代,验证度量中表征的正是这种比较。考虑到实验数据的不确定性,然后计算一个统计置信区间,该区间反映了模型精度估计的可信度。在计算模型的情况下,获得平均值的最准确方法是使用抽样程序,通过模型传播不确定的输入,以获得计算结果的概率分布。然后,只要有一个充分的抽样分布,就可以计算出平均值。然后将其与实验测量总体的平均值进行比较,而实验测量总体只做了有限的一组测量。第一部分的重点是样本均值的统计性质,重点是估计总体真实均值置信区间的统计程序在假设检验中,置信区间是为两个假设之间的差异计算的。构建验证度量的细节，可能涉及各种不同的方法，这些复杂但并不是要点要求的，要点是模拟数据和实验数据之间的比较应该仅限于准确性的评估，而不包含任何伴随的风险容忍度测量。验证度量的一种方法是计算模型数据和实验测量结果产生的可能性。在这种情况下，比较对象可以是两个累积分布函数之间的形状，差异是可以测量的。

小　　结

在较高层的验证实验中，用于计算模拟的数据输入很少或精度很差。这就需要对偏微分方程的计算子模型、初始条件或边界条件中的不确定参数进行概率处理，并通过蒙特卡洛等概率抽样方法在计算模型中传播。但是，由于从单元问题（基准层）到子系统（系统层）的层次结构中信息流的定量规范可能是高度不确定的，其结果可能是验证层次结构中的二阶不确定性。

重要的是，虽然"验证与证实"关注的是定量的准确性评估，但现有的认识论资源远远不能解决模拟可信度的问题。它们通过提供模拟输出正确或准确的证据来促进过程，但是由于模拟过程的复杂性，通常没有可计算的参考值来作为模拟比较的基础。因此，数值误差估计以及对系统响应中所有不确定性因素影响的估计，是唯一的评估选择；但这些可能在解释数据的方式上是高度主观的。当一个成功的模拟模型应用于新的情况时，总会有风险。在验证的情况下，我们有时对数学模型有高度精确的解决方案，但它们的应用有限。在验证环境中，基准是在仔细构建的验证实验中测量的特定参数，但这些通常与执行实验模拟所需的所有量的不确定度一起使用。因此，尽管"验证与证实"的方法可以非常具体，但由于涉及的复杂性极强，通常不能在任何严格意义上满足客观性的目标。与包括传统实验在内的所有其他科学活动一样，"验证与证实"在准确评估结果方面依赖人类的判断和技能。

尽管如此，但我们应该将"验证与证实"方法视为一种不断发展的实践，其目标是在各种环境中使模拟模型合法化。事实上，由于在科学调查中使用模拟的方式不同，"验证与证实"可以涉及各种技术和策略。鉴于与"验证与证实"相关的问题，一个有趣的问题出现了，即我们应该如何评估大型强子对撞机模拟的状态,特别是上述那种专用验证实验通常是不可实现的。然而,验证项目是LHC物理的重要组成部分,其目标是评估模拟物理和实验发生的整体环境的充分性。在某种意义上,希格斯玻色子的发现是对模拟各个方面的验证,因为它表明模拟的物理和探测器是可靠的。然而,验证是一个正在进行的项目,例如,"验证与证实"在高能物理学中的重要性及其不同的特征,不仅证明了该方法的一般意义,而且证明了它在广泛的科学调查中具有合法性和稳健性。

第八章

计算模拟与"可测量"的建模过程

当我们评估计算模拟的地位时,建模语境中出现的认知问题常常被夸大。我们不仅必须考虑理论模型是否精确地表征了目标系统,而且促使理论模型服从于数值解需要的离散化过程可能会涉及初始模型的信息内容发生变化。因此,除了考虑模型是否实际上已经被正确地解决之外,还需要确定的问题是,已解决的模型在哪种程度上表征了目标系统。因此,我们应当慎重看待计算模拟,将它作为一种提供实验知识的方法。事实上,在某些情况中和某些特定的条件下,模拟能够对理论进行测量,尽管这个主张听起来是非常夸张且反直觉的,但是当我们考察在某些实验测量中实际包含的内容时就会发现,这并不是很夸张或违反直觉的。一旦我们对这些实践进行恰当的分析,我们就会发现,在模拟以类似于实验测量的方式发挥功能的适当条件下,计算模拟可以通过与实验测量足够相似的方式模拟函数,以使结果具有认识论意义。

第一节 计算模拟的规范性反思

首先讨论模型如何作为"测量工具"发挥作用,其次研究如何将模拟称为一种实验活动。建立模拟和特定类型的建模策略之间的联系,并强调说明这些策略也是实验的基本特征,使我们能够澄清我们可以合理地称"计算模拟"为一种实验测量形式。换句话说,模拟与建模和实验有共同的特点,但后两者之间的联系对于阐明模拟的各个方面很重要。

开尔文勋爵以强调模型在产生科学知识中的作用而闻名。他指出:"我从不自我满足,除非我能做出一个机械模型。如果我能做一个力学实验,包括测量理论量的值。如果我不能做出一个机械模型，我就不能理解，这就是为什么我不能得到电磁理论。我坚信光的电磁理论，当我们理解电、磁和光时，我们将把它们视为一个整体的一部分。"①开尔文批评了麦克斯韦的拉格朗日公式的电动力学，以及缺乏合适的力学模型来显示电磁波是如何在空间中传播的。开尔文声称，他无法理解一种现象，除非他有一个力学模型说明它是如何构建的，以及如何将其整合到更广泛的理论背景中。该任务的一个重要部分是对模型的各个方面进行量化的能力，这种能力与不同的值和参数的测量有关。开尔文没有详细阐述这种联系，但这对当代建模和测量具有重要意义。

确定模型和测量之间可能的联系对于区分测量与计算，以及思考实验和模拟之间的关系是很重要的。最初，这些区别似乎相对简单。测量通常被认为包括通过仪器与物质世界的某种因果关系，这也是实验的特点。另外，计算是一种涉及抽象推理的数学活动，通常用铅笔、纸或电脑进行。因为模拟经常与计算机联系在一起，它们作为实验的地位与"数值实验"的概念联系在一起，即使用数值方法来找到无法用解析方法解决的数学模型或方程的近似解，这有时被称为"对一个模型进行实验"。近年来，计算模拟已经从"数字实验"这一标签表征的数据处理活动，发展为气候科学和天体物理学等领域的调查研究工具。这些活动是否在模拟和实验之间建立了联系，以及模拟产生的输出数据是否可以作为测量的特征，这些问题使表征变得复杂。

准确地说，将模拟的产品描述为测量，而将模拟本身描述为实验意味着什么呢？这里的目标并不是提供测量实践的完整描述，相反笔者只是想指出，作为实验实践的一个特征，测量高度依赖于模型和建模假设。关于测量的认识论意义在于，它是一种基于模型的解释。实际上，关于计算模拟的说明过程是：计算机作为装置，运行模拟的活动被视为一个数值实验。但这并不能真正告诉我们是否或为什么可以将模拟输出归类为测量。或许我们可以通过观察实例在传统实验和模拟环境中的作用来回答这个问题。模型不仅允许我们解释测量和管理输出，而且模型本身也可以作为测量工具发挥作用，并且正是后一种角色在模拟分析中作为测量或实验显示出重要的作用。

这种将模型作为测量工具的思想在19世纪英国场论的背景下尤为重要，不

---

① WILLIAM THOMSON K. Mathematical and physical papers, Vol. 2[M]. Brookline：Adamant Media Corporation, 2001：73.

同类型的物理模型的操作被用来阻止地雷特征或与电磁场相关的数量，这些反过来又被用来修改麦克斯韦的原始方程。在这种情况下，这个模型作为一种设备运行，能够"测量"某些与以太有关的量。尽管这种测量方法是值得怀疑的，但有个典型例子是，使用物理平面摆来测量局部重力加速度。虽然这似乎涉及一种更直接的测量概念，但重要的是要注意，即使在这种情况下，也广泛依赖于理论模型和近似技术，这是保证测量过程或结果的准确性所必需的。在这种情况下，模型和测量之间的联系超出了对输出的理论解释，延伸到对仪器本身的理解，以及"嵌入"在模型或仪器中的物理现象的表征如何使我们能够将其用作测量设备。因此，我们需要非常复杂的模型，以便以适当的方式来表示该装置。因为与测量相关的知识是通过模型、仪器和模型函数而在许多方面作为一个单一的系统。事实上，物理摆作为测量仪器其功能完全依赖于这些模型的存在。从这个意义上说，模型本身也扮演着测量工具的角色。

接下来，将说明模型如何在测量文本和测量工具中发挥作用，从而说明测量对于评估计算模拟的认知状态的含义。实际上，当我们处理统计模型时，模型、测量和表现之间的联系不太清楚。统计学，特别是结构方程建模，利用测量模型，指定潜在变量之间的关系，并决定如何测量这些变量。这有时被称为"模型规范"，可能是过程中最重要和最困难的步骤，因为如果模型被不正确地指定，或者选择了错误的测量变量来反映潜在的变量，那么模型几乎没有希望给出任何有用的信息。在这里，模型占据了定义研究对象的中心舞台，它是模型本身的变体。同样，这种活动是否被描述为测量或计算的问题将决定了我们使用模型来提供的结果类型。可见，模型和度量之间具有联系上的普遍性。对模型在测量环境中的中介作用的考察有助于澄清阐明模型本身何以成为调查的焦点。它们在我们和世界之间，在我们和我们的理论之间，作为调查的对象和作为中介的知识来源于物理现象的边缘。这种中介知识是我们在测量环境中获得的知识类型。

我们先简单地讨论一下开尔文工作中模型、实验和测量之间的关系。他为模型和测量的强调提供了一个有趣的背景，可以看到关于抽象方法和物质性的辩论是如何在历史上发展的。他还强调了模型被视为弥合测量和计算之间差距的实验工具的方式。从那里，将探索有关作为实验活动的模拟的地位问题，并将模拟的特征与作为测量仪器的模型的特征联系起来。最终得出模型和测量之间的联系为处理某些类型的模拟输出提供了基础，在认知上与实验测量相同，或者实际上是测量本身。

第二节　计算模拟的可测量性

在伽利略的《关于两个主要世界系统的对话》一书中，辛普利西奥提出了论点和论证。他与萨尔维亚蒂的辩论必须涉及理智的世界，而不仅仅是纸面上的世界，这一区别很好地概括了我们关于实验和模拟之间区别的许多直觉。前者被认为直接参与物理世界，而后者被视为一种更抽象的活动类型。这种抽象的理论和基于材料的调查之间的区别，在19世纪电动力学的发展中也是重要的。麦克斯韦在阐述他的场理论时，很大程度上依赖于以太的力学模型，这些模型包括画在纸上的力学描述，用数学方程详细描述其功能。麦克斯韦意识到，它们不过是用来推导一组场方程的启发性装置的虚构实体，于是在后来的理论公式中抛弃了它们，转而采用拉格朗日的抽象解析力学。这使他忽略了关于隐藏的机制或可能负责产生以太电磁现象的物质原因的困难问题。尽管采用这种"论文"的方法建立理论，麦克斯韦声称他的场方程是在关于运动物质的一般动力学原理的帮助下，从实验事实推导出来的。这使他能够把场变量当作广义的机械变量，其中包含只对应于可观测的项。一旦某个物理现象可以被完全描述为一个物质系统的构型和运动的变化，动力学解释就完成了。然而在那之前，我们必须依靠机械的图像、类比和模型来提供现象的视觉概念，这些概念的唯一作用是启发式的。

与麦克斯韦同时代的开尔文勋爵对这种建模方法极为不满。他认为模型是一种触觉结构，可以手动操作，从而让人知道目标系统或现象是"真实"的东西。事实上，在他关于巴尔的摩的演讲中有一个共同主题，即理论表达的观点只有在它们可以被观察到或感觉到的程度上才可以被接受，因为机械模型可以提供这种有形的知识，它们为自身代表的道具和物体提供了令人信服的证据。例如，当在演示一个分子与乙醚相互作用的模型时，开尔文在一碗果冻中使用了一个球，并通过来回移动球产生振动。对他来说，这为物质和以太之间的关系提供了一个更现实的解释，因为人们可以看到振动是如何产生如何通过介质传播的。

开尔文声称，这些模型在某种程度上具有示范性，而麦克斯韦的"纸上"模型则没有。事实上，他声称人们可以仅根据模型操作来预测分子的特征，即我们求助于传统的实验方法。

模型在解决棘手问题的时候具有较大优势作用，比如，分子和醚的结构。相比之下，麦克斯韦电磁理论的数学公式和想象结构没有现实基础，导致了开尔文所说的虚无主义——一个只有文字和符号的系统。但这种操纵与现实之间联系的基础究竟是什么呢？换句话说，为什么开尔文认为操纵机械模型类似于实验演示？部分原因在于，对于开尔文来说，关于模型的争论不仅仅是关于建模方法的争论，也是关于新电动力学某些理论特征的论证——这些特征与他以模型为基础的经验主义的特征格格不入。开尔文认为，作为光的波动理论基础的弹性固体以太模型提供了电磁波传播的唯一可行解释。麦克斯韦场论的基础是引入了位移电流，它负责在磁铁和导体周围的空间中传播电流。例如，麦克斯韦关于位移的论述中，一旦麦克斯韦放弃了机械以太模型，就没有办法解释电荷或电是如何产生的，取而代之的是位移电流作为磁场的来源，以及法拉第电磁感应定律，为E场和H场之间的相互作用提供了所谓的物理基础，从而构成了电磁波。这使得麦克斯韦推导出一个波动方程，其解为沿传播方向的带有磁波和电波的扰动。但在这里，位移只是方程中的一个项；那么在什么意义上，它们能提供一个理论的"物理"基础，特别是如果没有伴随的位移，如何产生因果力学解释呢？这正是困扰开尔文的问题。这些横波的推导不涉及力学假设，只涉及电磁方程。

根据开尔文的弹性固体模型，以太具有果冻状物质的结构，光波被描述为果冻中的身体振动，它和它的任何改进型都不能支撑横波。此外，这种弹性固体以太模型为他在跨大西洋电报电缆方面的大量工作奠定了基础。电报理论证明了纵波的存在——纵波就是电线中的图形信号，通过弹性固体以太传输到电线之外。当然，对麦克斯韦来说，电磁波不仅是横向的，而且是围绕着导线在空间中传播的，而不是在导线本身。从这个意义上来说，这两种说法在概念上完全不一致。根据开尔文的观点，任何关于位移的描述都不能脱离物质，但物质和运动需要一个力学模型，以便理解其性质和影响。因此，位移电流不仅在方法上令人怀疑，而且违背了开尔文理解的电磁学的物理基础。

如上所述，开尔文认为，力学模型与测量和实验密切相关。他认为数值计算是测量，只要它是在模型建构、测试和操纵的背景下进行的。所有这些特征使人能够"直接"认识一个对象，而不是仅仅认识一个表征。这种力学模型的结合及其在大西洋海底电缆的成功实践中的应用，对麦克斯韦的纸质模型和抽象数学提出了大胆的挑战。电缆需要许多精确的测量，没有机械模型是不可能的。位移被理解为一个现场过程，它是无法测量的，因为我们无法建立一个模型来复制它。这些模型的操纵经常取代了直接实验，以太虽然在许多方面无法接近，但开尔文认为是真实的，因为他能够使用模型对以太进行实验。正如我们看到的，很大程度上是模型来定义和欺骗现实，而不是反之。物理上可实现的就是可以机械构造的，而可以机械构造的就是可以测量的。这构成了理论信念和本体论承诺的实验基础，在这个意义上，基于模型的理论、方法和本体论的统一构成了一个非常强大的信念网络。即使1888年赫兹用实验证明了电磁波的存在，开尔文仍然对麦克斯韦理论及其位移电流的假设持批评态度。

如上所述，计算和测量的区别是至关重要的。开尔文对测量的自由态度导致了实验的概念远远超出了人们通常允许作为推断基础的范围。然而，讽刺的是，开尔文使用机械模型的经验主义演变成了一种方法论的独断论，这阻止了他理解和接受他那个时代最成功理论的基本组成部分。麦克斯韦显然能够计算出波的传播速度以及与位移电流相关的数值，但这些计算没有"物理"基础。然而，开尔文机械模型的重要性并不能真正成为关于测量的逻辑主张的充分基础。机械模型和电报的成功都不能为一种方法论奠定基础，这种方法论假定在物理现实和操纵机械模型之间存在联系，而这些机械模型被认为可以代表物理现实。

然而，在现代科学中，模型常常作为物理系统的知识来源，尤其是当这些系统在很大程度上是难以直接经验化的时候，如以太。在天体物理学和宇宙学等学科中，建模已经让位于计算模拟。在这些环境中，模型和模拟的流行表明，测量和计算之间的差距正在缩小，特别是在模型或模拟作为研究对象的情况下——作为物理系统的替身。为了回答这个问题，我们需要评估基于模型的推理在实验和计算中的认知作用与局限性。答案的关键部分将包括对模拟状态的评估作为实验。换言之，我们需要区分建模和模拟之间的联系，以及模拟与实验探究之间的异同。

第三节 计算模拟的规范性标准

模拟的直接概念被用于各种各样的科学环境中，其中一种类型的系统被用来表示或模仿另一种系统的行为。一个例子是利用风洞来模拟飞行的某些气动特性。计算机模拟不仅通过计算机的计算能力，而且在模拟本身涉及的实际过程中建立了这个概念。虽然我们可以在传统的建模框架中捕捉到大量风洞模拟的直接方面，但计算模拟以多种方式扩展了建模实践。它为在凝聚态物理中的应用提供了一个明确的例子。

当被研究的系统呈现一些初始的微观安排时，我们就可以使用一种算法或一组指令生成一个不同的微观安排。在算法的重复应用产生的序列中，最早的排列方式反映了初始序列的具体设计。然而，无论初始算法究竟是出现在序列的前期还是后期，它们都是由一组统计物理方程来定义的；一旦我们给定模拟系统一个概率，物理系统在一个特定的温度下将表现出一个特定的微观序列。换句话说，仿真跟踪了系统的动态演化。然后，通过计算机"测量"有关财产在一场诉讼中的平均价值，就可以确定如何对财产巧妙地进行安排。这种类型的模拟涉及重整组方法，并用于在系统被迫选择的临界点上调查系统，就像在宏观上有不同的微观安排集合一样。计算模拟说明了排序过程的发生方式。该算法的基本成分采用问题探究的形式，即给定状态下的 s 变量及其近邻在给定条件下将在单位时间内跳转到不同的状态。

可见，我们可以看到计算模拟不仅使我们能够对系统进化进行模拟和表征，而且当它接近临界点时，还可以"测量"特定属性的值。一方面，这种所谓的测量究竟应该被描述为是一种测量还是应该被描述为是一种计算，这个问题在很大程度上取决于模拟是否可以被标记为一种实验。不论何种方案，二者都具有强有力的论据。如果模拟和实验享有同样的认知状态，那么，人类为什么要建造大型对撞机来测试蒙特卡洛模拟粒子相互作用而产生的结果呢？另一方面，有各种各样的科学文本，其中，计算模拟作为实验知识的来源处于中心舞台，只是因为我们感兴趣的系统对我们来说是不可直接经验的，典型的例子如星系中螺旋结构的演化。由于时间和距离尺度是如此巨大，进行实验的唯一方法是在计算机上模拟系统，并在模拟上进行实验。在恒星演化的情况下，这意味着在确定核燃料燃烧方程的同时，解决恒星内传热的偏微分方程。这种类型的研究是如此成功，以至于大多数恒星的生命历史，从出生到死亡以及期间的所有阶段，都能通过计算模拟实现完整表征，而且没有任何证据表明这些知识是不可靠的。

在天体物理学的例子中，我们将模拟看作一种可接受的实验知识来源，只是因为我们无法像对待其他类型的系统那样进行基于物质的实验。但是，是否有任何东西可以证明，在模拟和实验之间的认知区分中对物质的诉求是合理的，是否有一些重要的关于物质系统的信息使得实验在认知上享有特权？有学者将计算模拟定义为一个时间顺序的事件序列，在这些事件序列中，模拟系统具有某些表示目标系统的属性。此外，实验涉及对系统进行干预，并观察某些适当的联系如何根据干预而变化。前者不符合实验的条件，但"计算机模拟研究"符合，因为它们涉及对一个系统（数字计算机）的干预，以观察兴趣属性如何变化。但这不是一个普通意义上的实验，因为干预是针对计算机的，而不是我们感兴趣的物理系统，这是实验的典型情况。然而，正如维森博格指出的，如果我们专注于模拟的实验质量，我们可以将它们归类为产生特定类型数据的数值实验。作为区分实验和计算模拟的方法论，笔者认为后一种说法相对来说没有问题。但是，如果我们的目标是比较实验和计算模拟产生的数据，那么我们需要超越方法论上的区别，进入认识论分析。

维森博格试图通过区分两种模拟来解决这个问题：模拟表征（SR）是一种表征实体，模拟活动（SA）是一种与实验方法相同但与普通实验不同的活动。他认为，实验和模拟在认识论上存在差异，尽管前者在本质上可能并不比后者在认识论上更强大。尽管这两种活动都面临着认知上的挑战，但他认为，每一种活动面临的挑战从根本上是不同的。本质上对两者进行区分的关键在于：为客体到目标的推理提供合法性论证，以及为该论证提供基础的背景知识的特征。在模拟中，物体可以代替目标，它们的行为可以依赖于非常相似的论点，这是建立模型实践某些方面的基础。如果我们正在研究一些目标系统的动力学，那么研究对象的配置将由用于建模目标系统的约束来控制。这些建模原则的可靠性将为仿真的外部有效性提供依据。虽然这种做法在普通实验中也很常见，但维森博格声称，在实验中我们感兴趣的是研究对象（实验设置），而不是目标系统，因此，模型构建原则被用来证明实验的内部有效性。

最后，维森博格得出结论，这些条件都不意味着模拟对现实世界做出强有力推断的可能性更小。事实上，基于牛顿定律的太阳系模拟实际上比任何实验都具有更强大的认知优势。仅仅因为为这种类型的系统构建良好模型的能力是没有问题的。因此，在模拟和实验中，重要的是基础推理实践的质量，而不是背景知识和技能的种类。

虽然笔者同意模拟同样能够推断世界，但笔者不清楚实验和模拟之间的区别是否应该建立在内部有效性与外部有效性之间的差异上。此外，强调这种差异对我们基于实验和模拟结果对世界做出的推断的种类与强度都有影响。当建立一个关于物理系统的声明或假说时，实验的内部有效性只是这个过程的第一步。没有这一步骤的话，我们就没有理由假定选举结果是合法的。但是，如果假设实验结果不仅适用于被屏蔽的实验环境，而且适用于物理世界，那么外部有效性是至关重要的。当对实验进行表征时，只关注内部有效性使我们没有任何方法来做出扩展实验结果所需的推断类型。

此外，如果将特定语境中使用的模型用来定位推理实践的理由，那么在两个实验和计算模拟中做出的推理类型开始变得非常相似。当我们观察模型在实验中使用的方式时，这将变得尤其明显，对象和目标系统在实验中都被建模。例如，在粒子物理学中，我们通常不会直接观察实验中被测量的物体，比如电子自旋或光子偏振的情况。相反，可使用极其复杂的设备，以及一个理论模型，该模型通过与被研究或观察的微观系统相互作用的几个自由度来描述其行为。正是通过这种模型，仪器的行为与微观系统的假定(建模)性质有关。也就是说，正是这种比较构成了衡量标准，而指标体系模型起着至关重要的作用。此外，在模拟中很大程度上强调了校准，我们不仅测试机器(计算机)的精度，而且测试数值程序的准确性，这两者都依赖于校准模型来建立外部和内部的有效性。

计算模拟的核心，是用适当的理论或数学模型来表征目标系统的重要性，也就涉及"模拟系统"。当我们有一个微粒系统或系统被拉格朗日公式简洁地描述时，粒子方法提供了一种适当的方法来离散理论模型。其他离散化方法包括有限差分逼近和有限元逼近。一些适合粒子方法的物理系统的例子包括半导体器件、离子液体、星系团等。那么，这种离散化方法、目标系统和模拟本身之间的关系是什么呢？我们可以把这个过程看作一个自底向上的框架，它始于现象或目标系统，以及该系统的理论或数学模型。然后，我们使用一种特定的近似方法来离散该模型，以使其易于数值解。这些离散的代数方程描述了一个模拟模型，在这种情况下是一个粒子模型，然后可以表征为生成模拟程序的计算机指令序列。换句话说，该模拟模型是将一种特殊的离散化应用于理论或数学模型的结果。模拟模型提供的表征是建立程序的算法发展的一个重要特征。为了使程序满足某些条件，如易于使用和修改，需要在表征的质量表征和计算的成本功率之间建立一个权衡。所谓的"模拟系统"由计算机、模拟模型和程序组成，并允许我们跟踪和研究模型物理系统（目标系统的理论模型或表征）的演化。

将这种类型的考察描述为一种实验，或者更确切地说是一种计算机实验，主要有几个原因。首先，我们可以认为模拟系统包括设备和被调查的对象。作为一种设备，它允许我们在模拟环境中创建一种模拟程序，其中可以改变初始条件和参数值等。从这个意义上来说，它的功能就像一件实验室设备，用来测量和操纵物理现象。与传统的实验不同，这种情况不受线性、对称或大量自由度等条件的约束。被建模的物理系统的性质是根据计算机上离散表征的局限性来表征的，即粒子或模拟模型。为此，实验可以在模拟模型中表征目标系统的某些特征，然后使用计算机和程序进行研究。我们可以把计算机加程序当作装置，把模拟模型当作研究对象，从而进一步细化区别。

这里很容易出现一些反对意见，因为在提到正在研究的东西时，笔者对模型表征和材料系统之间的性质并未阐述清楚。在计算机科学中，与实验不同，人们不是直接操纵一个"物质对象"，当然，除非我们从数字计算机本身的物质性角度来思考问题。严格地说，模型是在模拟中调查和操作的对象。然而，该模型通过其与目标系统的理论或数学模型的关系作为物理系统的表征，因此在某种程度上，目标系统本身也是探究的对象。这里有一个关于离散模拟模型和数学模型之间偏离程度的问题，即前者是否准确地代表了后者。在某种程度上，这些问题是通过校准和测试解决的实际问题，因此，不是对模拟模型本身的表征能力普遍怀疑的原因。因此，这种模型/系统关系不仅是计算模拟的特性，它也存在于更传统的实验形式中。有人可能会否认，在实验中有一个物质约束，其状态可以由模型解释，而在模拟中不存在这样的约束——只有模型；因此，模拟不能真正提供与实验相同的知识。虽然这一特征肯定是正确的，但其实结论不一定是正确的，当然，除非有人准备把大量依赖模拟的当代调查作为非实证排除在外。例如，我们应该如何看待天体物理学和宇宙论等学科的结果，这些学科的研究对象主要是一个模拟模型，但模型产生的信息被认为是模型所代表的物理系统的信息。换句话说，科学家将模拟结果理解为关于物理系统和与这些系统相关的测量参数。

我们对关于模拟以及模拟与实验比较的描述并不是基于相似性基础，而是将其与模拟模型及其代表的系统联系起来。这是因为，在大多数使用粒子方法的应用中，模拟模型中的粒子可以直接与物理对象区别(通过系统的理论模型)。每个计算机粒子都有一组属性(质量、电荷等)，物理系统的状态由有限粒子集合的属性定义，演化由控制粒子的定律决定。换句话说，优点是许多粒子属性是守恒量，因此无须随着模拟的发展而更新系统。例如，在分子动力学模拟中，每个原子对应一个粒子，粒子的属性就是原子的属性；在模拟星团中，恒星对应粒子。物理粒子和模拟粒子之间的关系是由有限的计算机资源的相互作用以及对物理系统重要的长度与时间尺度决定的。诀窍在于，设计一个足够复杂的模型，它可以再现推导出相关的物理效应，但又不会使计算过于冗繁。粒子模型有不同的类型，每一种都对特定类型的问题有用。

需要补充的是，强调粒子方法是笔者论点中的重要部分，因为不想声称每种类型的模拟在其产生的数据方面都享有相同的地位。粒子方法能够以不同于其他类型模拟的方式与物理系统进行识别。通常，粒子被视为携带流动物理性质的物体，通过常微分方程的解来模拟。后者决定了粒子的轨迹和由粒子携带的特性的演化，如位置和速度，以及密度、温度、涡度和模拟流的动力学。粒子模拟非常适合于连续介质方程的拉格朗日公式，并可以使用诸如分子动力学和耗散粒子动力学等技术扩展到中尺度与纳米尺度制度，这些技术固有地与底层物理的离散表征相联系。事实上，粒子方法使统一的公式能够产生系统和稳健的多尺度流动模拟。关于粒子方法，特别重要的是它们的计算结构涉及大量的抽象，这些抽象有助于它们的计算实现，同时这些方法与它们模拟的系统的物理特征有内在的联系。

虽然这不是"物质性"的情况，但从实验的意义上来说，这是一种物质性的表征类型，特别是当模拟数据被用来得出关于物理系统的结论时。当然，这并不是说模拟可以代替正规的实验，而是我们需要拓宽实验知识的范畴，以便使用模拟作为实验数据与其他模拟进行比较，并作为理论预测的形式与其他经验数据进行比较。

这些结论可以用粒子方法得出更令人信服的结论，因为计算模拟的物理世界精确到单个原子的相互作用。但是由于对目标系统物理约束的大量细节和关注，这种模仿远远超出了简单的建模表征。模拟不仅可以揭示新的物理现象，而且可以指导新的实验的建立和帮助理解过去的实验结果。事实上，我们可以认为模拟是电子实验，复制实验的比例模型，这将是一项困难或昂贵的任务，或者将提高环境心理或安全问题。例如，日益逼真的模拟背后的动机之一是美国能源部的国家核安全管理局计划，该计划确保了储存核武器的安全。其他涉及大量模拟的项目包括抗癌药物的设计、蛋白质毒素检测系统的开发以及对DNA修复和复制机制的调查。所有这些模拟都涉及分子动力学软件，可以模拟单个原子如何相互作用。模拟有助于我们解决一些即使先进的实验也难以回答的问题，例如，在液体氘中激波前沿的传播。了解到前沿的传播与前沿的电子激发有关，可以更好地规划未来的实验，并更好地理解过去的实验，因为这是第一次可以如此详细地描述分子液体中的激波。

类似地，量子模拟可以同时表征许多物理属性，如结构、电子和振动的性质，但这种属性无法进行实验。例如，纳米尺度表面结构的微观模型，还不能用目前的成像技术在心理上进行描述。纳米尺度表面和界面的特征对于预测纳米材料的功能及其最终组装成宏观固体具有重要意义。另一个例子是模拟2000万个原子来研究脆性材料断裂中的裂纹扩展。这些研究意外地显示出了比声速还快的裂缝的诞生，这一结果与理论相矛盾。因为在实验中不可能"观察"到裂缝的形成和扩散，模拟能够作为一种计算显微镜，揭示原子尺度的过程。模拟不仅在现代实验设计中是必不可少的，而且它们现在具有足够的分辨率和尺寸，包含足够的物理结果，可以直接与实验结果进行比较，为增加对实验中涉及的物理现象的理解提供了一种方法。从这个意义上来说，我们完全有理由认为模拟不仅是实验的补充，还提供了一种实验知识。基于以上例子，模拟模型具有重要的物理学意义，就像分子动力学模拟或粒子方法一样。从这个意义上来说，计算模拟的"物理"成功最终取决于模拟模型。当然，前提是机器上的其他相关校准已经完成。再加上这些研究与天文学研究之间的相似性，物理学和宇宙学为科学家将模拟数据与某些类型的"实验"结果联系起来提供了基础。

霍克尼(Hockney)和伊斯特伍德(Eastwood)在他们关于粒子模拟模型的书中对模拟("计算机实验")与更传统的实验类型进行了比较。对他们来说，计算机实验占据了一个中间地带，理论和实验之间的差距实际上是难以弥合的。理论需要大量的简化和近似技术，以及少量的参数等，而实验室实验被迫处理巨大的复杂性，使得测量既难以进行也难以解释。由于计算机实验具有克服这些困难的能力，因而也就成了理论和实验之间的纽带。计算机实验可以大致分为三大类。第一类意味着用模拟设计来预测复杂设备，允许在仪器设备实际构建之前评估不同的配置。第二类意味着数据的收集或产生，这些数据无法通过普通的实验室技术获得，比如，模拟星系。第三类是霍克尼和伊斯特伍德的"理论实验"，它旨在作为理论发展的指南，因为它使我们能够通过将复杂情况分解为更小的组件来检查复杂情况，着眼于获得目标系统的更清晰的理论图像。计算机实验的模拟输出比理论家的心理图像或思想实验提供的动态图像更精确。霍克尼和伊斯特伍德声称，计算机实验与理论和物理实验相结合，提供了一种比任何两种方法结合在一起更有效的方法。理论运用数学分析和数值评价、实验装置和数据分析，计算机实验使用模拟程序和计算机。综合起来，它们构成了一种精密的科学调查方法。

虽然霍克尼和伊斯特伍德想把模拟直接放在实验营中，但他们有关不同类型的计算机实验的特点同样适用于建模，特别是当我们想到模型如何提供理论和实验之间的联系时。当然，这只是模型作为理论和物质系统之间中介作用的意义。关于这个链接的细节，稍后会详细说明，但我们可以进一步研究它们的相似之处。就像模拟一样，模型通常是在建立一个设备或物理结构之前建立的；当目标系统不可访问时，它们有时是调查的重点；它们经常为新的理论假设提供刺激。当然，模拟的计算资源使它不同于建模，但鉴于笔者概述的模拟的各种功能，可以把它定性为一种"增强"建模。值得注意的是，尽管存在这些相似之处，笔者还是想强调模拟在方法论中扮演的独特角色。将其结果和实验结果进行比较并不意味着其特征与实验在某种程度上是相同的；相反，问题在于输出或结果的认知上的同一性，其相似性旨在为该主张提供证据。

前面讨论了模型的各种方式，包括数学模型和"模拟模型"，在目标系统的计算模拟中发挥作用。事实上，许多写过模拟的人都强调了与模型的联系。例如，维森博格认为，模拟"提供了一个清晰的窗口，通过它可以查看模型的制作过程"。他用"模拟"这个术语来指代从计算模型中构建、运行和推断的过程。他声称，模拟本身是基于模型的，因为它们包含速率模型假设，并产生现象模型。而且，如前所述，他也认为模拟的正当性与目标现象或系统的底层模型的强度以及建模技术本身的合法性直接相关。汉弗莱斯(Paul Humphreys)则强调了计算模型的作用，并在计算模板方面提供了有用的特征，该模板提供了模型的基本形式、其他构造假设、输出表征以及其他因素。然后，计算科学被定义为发展、探索和实现计算模型。

虽然从某种意义上说，这一特征似乎没有问题，但它提出了以下问题：如果我们将模拟与建模联系起来，那么我们如何解释与模拟相关的典型实验特征呢？此外，如果我们将模型操作理解为计算，那么就没有任何基础将模拟与测量联系起来。因此，我们将无法在实验文本中捕捉到计算模拟，特别是天体物理学和宇宙学。要成功地论证计算模拟的实验地位，我们不仅需要重视对涉及的模型和机器进行干预与操作，而且需要将计算模拟归类为"数值"实验。在实验结果和使用计算模拟得出的结果之间建立稳固的认知相似性需要更多原则性的论点，这些激发了方法论和结果评估的相似性。

小　　结

如前所述，许多学者支持在实验和模拟之间进行严格区分，这个论点都依赖于物理实验的特征——物质性的认识论优先权。然而，把计算机实验的重要性定位在机器本身并没有什么认识论意义，因为人们得出的结论是关于计算机本身的，而不是正在研究的模型或系统。有人可能会说，在机器上的"实验"可以提供证据，证明它给出了可靠的输出，这反过来增加了模拟结果的可信度，但这并不需要一种认知上的考虑，因为它可以使模拟模型本身合法化。虽然已经简要地讨论了物质性问题，但现在还是想回到这个问题，以便更充分地探讨它的哲学含义。虽然物质性的论点有直观的吸引力，但论证其规范性具有极大困难，其原因是模型在各级实验实践中的普遍作用。如前所述，模型是一种实验工具，可以作为测量工具发挥作用，但在模型本身而非物理系统被直接调查和操纵的情况下，它们也是探究的对象。然而，这里并不是要强调目标系统在高度依赖模型的语境中没有被发现，而是没有对目标系统的直接表征，使得模型成为直接的对象。这表明模型和实验之间存在着密切的联系，正是这种联系在建立模拟的实验特性方面起着重要作用。换句话说，说明模型实验特征的论点也可以建立模拟的实验性质。

第九章

计算模拟与"可确证"的建模结果

实验结果在认知上是否优于模拟数据，或者在某些情况下，模拟数据是否具有与实验结果相同的合理性呢，计算模拟的结果是否具有可确证性呢？在某些情况下，模拟输出应该享有与实验结果相同的认知地位。物质条件常常被认为是实验优于模拟的知识基础，但是问题在于，物质性本身在确立实验的优先性方面往往起不到有用的认知作用，因为在许多情况下，人们无法轻易地将测量结果中所谓的"物质成分"从实际测量过程中使用的模型中分离出来。然而，这并不意味着计算模拟由于其复杂性表征过程而产生了不可确证的结果。

第一节 计算模拟的复杂性反思

毋庸置疑，模拟在实验设置中扮演重要角色的情况也存在类似情况。例如，在大型量子撞机（LHC）进行的各种实验中，以及其他严重依赖数据同化实验中等。在这里，笔者想到的是通过模拟使知识获得的方式不仅可能进行实验，这似乎是一个夸张的说法，但仔细看看 LHC 的实验背景，就会发现事实并非如此。虽然很明显没有模拟能够证明希格斯粒子的存在，但设计用来发现希格斯粒子的实验和设备在很大程度上依赖于通过模拟产生的知识。因此，说希格斯粒子的发现只有通过模拟才有可能，这绝不是夸大其词。此外，模拟不仅需要处理实验或"信号"数据，而且为整个实验提供了基础。换言之，模拟知识告诉我们在哪里寻找希格斯事件，希格斯事件已经发生，我们可以相信对撞机本身的整体能力。从这个意义上来说，与发现相关的质量测量在逻辑上和因果上都依赖于模拟。

例如，希格斯粒子存在的最终证据只能来自信号数据，而不是模拟。然而问题是，这种"本体论"效应本身是否可以转化为知识的权威。在笔者看来，答案是否定的，因为信号数据的权威性（以 LHC 实验为例）严重依赖于模拟知识。换句话说，信号数据只是建立希格斯粒子存在的共同必要条件，而它们肯定是不够的。此外，在分析各种事件时，模拟数据与信号数据是结合在一起的，这使得模拟和"实验"之间的任何区别实际上毫无意义。模拟和信号数据一样，都是实验的一部分。因此，在这种情况下，传统方法无法明显区分模拟和实验，因为大型强子对撞机实验经常被引用作为范式案例，其中，实验肯定了其对模拟的权威。因为两者的融合不仅意味着实验和模拟的特征的转变，也意味着我们评估在这些环境中获得知识的方式的转变。鉴于模拟在大型强子对撞机实验中所起的重要作用，用与实验的对比来评价模拟数据的作用是错误的。接下来，我们可以通过模拟在大型强子对撞机实验中的广泛应用来探讨计算模拟的可确证性。虽然模拟是实验的重要组成部分，但它绝不扮演次要角色。

在大型强子对撞机中发现的新粒子通常是不稳定的，它们会迅速转化为一系列更轻、更稳定、更容易被理解的粒子。通过探测器的粒子会留下特征模式，或"签名"，这些特征可以让粒子被识别，然后可以推断是否有新粒子存在。粒子在大型强子对撞机内每秒发生 4000 万次碰撞，每次碰撞产生的粒子通常会以复杂的方式衰变成其他粒子，这些粒子在层层亚探测器中移动。亚探测器记录每个粒子的路径，微处理器将粒子的路径和能量转换为电信号，结合这些信息创建一个"碰撞事件"的数字摘要。每个事件的原始数据约为 100 万字节（1Mb），产生的速度约为每秒 4000 万次事件。每年产生的 15pb 左右的数据必须经过筛选，以确定碰撞是否产生了有趣的物理现象。该实验无法存储或处理这么多数据，因此使用了一个触发系统来将事件数量减少到每秒 100 次左右。

为了实现这一点，我们使用了一系列称为"触发器"的专用算法，每个触发器的级别选择成为下一个级别输入的数据，这意味着有更多的时间和更多的信息来做出更好的决定。第一层级基于硬件的触发器，它选择在热量计中具有大量能量的事件。产生保留事件决定的初始计算大约在 1 秒内完成，由于这是在线进行的，一旦数据被拒绝，它们将永远丢失。第二层级基于软件，并从第一层级中确定的感兴趣区域的基本分析中选择事件。第三层级对所选事件进行初步重构，然后存储这些事件以进行离线分析。可见，实现物理目标需要复杂的算法，这些算法被先后应用于原始数据，试图提取出可以与理论预测相比较的物理量和感兴趣的观测值。我们面临的挑战是不断改进探测器校准方法，并改进处理算法，以检测到更多有趣的事件。这种情况下特别有趣的地方并非需要高度复杂的算法来分析数据，而是关于在哪里寻找所谓的有趣事件的决定也完全由这些算法决定。换句话说，理论被用来发展模拟，然后被用来构建和进一步完善触发器的算法，这些触发器挑选出哪些数据将被分析，以寻找可能的希格斯事件。换句话说，实验完全是由理论和模拟驱动的。

在此阶段之前，模拟在创建使数据生产成为可能的语境方面也扮演着至关重要的角色。为了建造探测器并理解用它进行的测量，必须尽可能精确地模拟探测器的每一个方面。模拟框架涉及许多不同的处理阶段，首先是基本事件模拟。事件发生器是为标准模型的许多方面产生高能物理事件模拟的程序，其中包括专门的粒子衰变包，使用来自其他来源的最新实验数据模拟粒子衰变。有几个多用途的事件模拟器，最广泛使用的是 PYTHIA、HERWIG、SHERPA[1]，它们模拟简单的硬过程，比如，量子色动力学辐射、强子化以及其他潜在事件。这些模拟的许多参数都是根据欧洲核子研究委员会（Conseil Europeen pour la Recherche Nucleaire，简称"CERN"）的大型"电子·正电子"对撞机和费米实验室的"质子·反质子"对撞机的数据调整的。仅 ATLAS[2] 就使用了七种不同类型的事件生成器和几种不同的衰变包。每个生成器用于特定类型的事件。例如，科学家用"卡布迪斯"（Charbydis，希腊神话中该亚与波塞冬的女儿，《荷马史诗》中的女妖）来模拟黑洞，用"皮缇娅"（Pythia，古希腊德尔斐城阿波罗神殿的女主祭司）来模拟量子色动力学多喷流和希格斯粒子的产生。

无论如何，我们需要一个大型的模拟基础设施，以确保将"实验"的每个方面都纳入考察范围。一旦基本事件被模拟，最终状态粒子与探测器的相互作用就会被模拟。在 ATLAS 中，这需要许多不同的模拟：在位置相关的 ATLAS 磁场中模拟带电粒子，对探测器读数和电子设备进行建模（包括死区时间和数字化效

---

[1] PYTHIA、HERWIG 和 SHERPA 都是物理学和计算科学领域中常用的工具或框架，它们各自有不同的特点和用途，但共同目标是为物理学家提供模拟和预测高能粒子碰撞事件的能力。

[2] ATLAS 是一种粒子探测器（"阿特拉斯"）是欧洲核子研究中心（CERN）的大型强子对撞机（LHC）上的四个主要实验之一，主要目标是寻找和研究希格斯玻色子（Higgs boson）以及其他新粒子，以进一步理解宇宙的基本组成和物理规律。

应)，模拟事件及其周围质子束相互作用产生的相互作用堆积，以及其他来源的背景，如穿透探测器上方岩石的宇宙射线。然后，所有这些模拟的数据都被数字化，以提供与真实探测器期望的结果等价的表征。

数据数字化显然是整个模拟过程中极其重要的一个方面。在这个阶段，来自信号事件(碰撞器实际运行的数据)的碰撞与背景进程碰撞叠加，其中包括各种类型的"堆积"交互。然后按照所需的细节模拟每个亚探测器元素的响应，以创建与真实实验的读出驱动程序等效的原始数据对象文件。有几种不同类型的数据，包括事件汇总数据、从前的实验重构数据、分析对象数据和事件标签数据。在许多实验中，分析框架只允许用户一个接一个地读取文件中的所有事件。为了选择所需的事件，必须在将事件数据读入内存后应用筛选器，这将导致计算机资源的低效使用。事件标记系统通过在用户选择感兴趣的事件时只提供每个分析代码，从而减少了执行分析所需的时间。此事件标记系统旨在提供具有所需特征的事件的快速预选，并涉及在分析代码本身中施加事件选择标准。虽然大多数事件类型都是按照笔者描述的方式模拟的，但有些事件，比如，宇宙射线，需要对特定类型的粒子输运进行更专门的处理。还有一些情况需要统计数据，但完全模拟是不可行的，所以使用近似事件模拟，其中包括关闭亚探测器，而只使用内部跟踪器。

第二节 计算模拟的可确证性

对数据的最终解释和对探测器的理解需要等量的模拟事件样本，模拟数据和真实数据通过相同的过程进行重构，模拟数据也允许与信号数据进行比较。从这个意义上来说，模拟数据可以作为一种"理论基准"，用来比较信号数据；但是模拟数据也作为实验数据，用于确定网络的对齐和其他涉及机器建构的技术规格。换句话说，通过模拟测试指导工程方面的理论原理，以确保磁体和其他设计特征的最精确对齐。我们的目标显然是尽可能地将标准模型物理与ATLAS显示的事件相匹配，在ATLAS和大型对撞机现象学社区中由一个活动的事件生成器调整程序从而促进这个过程。计算机软件的基本任务是对探测器发出的数据进行过滤，监控探测器的性能，对探测器组件进行校准和对齐，根据已知的物理过程模拟探测器响应，并进行用户分析，得出实际的物理结果。所有这一切都依赖于高度具体的模拟，以确保最后的方案准确地运作，这些方案是实验性搜索的基础。

找到希格斯类型的玻色子所需的数据量取决于有多少希格斯信号事件可以从探测器中重建，有多少平凡的背景事件产生了相同的"特征"，以及希格斯信号事件与平凡的(非希格斯)背景事件分离的程度。为了评估所需的数据量，利用模拟来确定数据中希格斯玻色子数量的上限，这是基于标准模型的预期。"背景"是产生与希格斯粒子非常相似的事件的其他物理过程。因此，人们可能期望能够在含有一个电子、一个中微子和两个夸克的事件中探测到希格斯玻色子，但每10个具有这种"特征"的希格斯事件，就有成千上万的背景具有相同的特征。可见数据中的特定事件不能100%确定是信号或背景。但如果收集到足够的事件，人们就可以研究运动学分布，如事件中粒子的能量和质量，并使用这些信息来统计确定在一个大的数据集中是否存在希格斯玻色子。因此，我们的任务是收集足够多的数据，并研究运动学分布，这些数据是大量的模拟数据所无法替代的。

复杂性是模拟大型强子对撞机事件的挑战之一，不仅因为机器的高能量和亮度，还因为它的复杂性。高能会导致每次相互作用产生的大量粒子，在高光度模式下，通常会有大约20次重叠的碰撞掩盖了一个信号事件。LHC的束交叉时间为25纳秒，导致慢速探测器的束交叉信号与后续的束交叉信号重叠。因此，提取信息变得非常困难。这对探测器的设计也有影响。LHC探测器必须有快速反应，否则将会有许多交叉的整合，导致大量的"堆积"。探测器还必须是高度颗粒化的，以尽量降低堆积的粒子与其他有趣的物体或事件处于同一探测器元素中的概率。这需要更多的探测器通道，实验的触发器需要在40万分之一或更好的水平上正确选择。如上所述，高级触发器是基于软件的，因此需要极其精确的模拟来确保它们的稳健性。最后，大型强子对撞机探测器必须耐辐射，因为某些类型的碰撞产生的高通量粒子会导致高辐射环境。所有这些复杂的设计与物理的整合只有通过模拟才能实现。

模拟、重构和分析程序每次处理一个"事件"，事件处理程序由若干算法组成，这些算法选择"原始"事件数据并将其转换为"处理"（重构）数据和统计数据。这些算法通常需要额外的"探测器条件"数据（如校准、几何、环境参数等），并以统计形式给出最终数据处理结果（直方图、分布等）。为了说明这些不同任务的困难程度，可以考虑从类似事件中收集到的喷流信息，其目标是区分s-夸克和胶微子的产生。有几种困难需要非常具体的模拟。例如，(1)如果在胶子和s-夸克之间的质量分裂很小，那么从胶子发出的软喷流看起来就像s-夸克衰变；(2)如果弱玻色子/希格斯粒子位于衰变链的顶端，那么额外的喷流将导致喷流计数复杂化；(3)如果模拟不当，量子色动力学辐射产生的硬喷流可能看起来像额外的衰变喷流。精确的模拟是绝对必要的，以得到喷气数和能量变量的数据。因此，为了在大型强子对撞机中区分出新的物理现象，并正确地分析过剩现象，需要高精度的事件模拟，并与其他各种模拟相结合。所有这些加在一起，构成了一个模拟实验，它不仅需要确定设备的正常运行，而且需要确定在机器的实际运行中预期和寻找的目标。

该过程的最后阶段包括 ATLAS 探测器（或 CMS）获取的原始数据和模拟数据，这些数据被重建成适合分析的流线型事件表征。与大多数高能物理实验一样，ATLAS 也使用大致相同数量的模拟事件和信号事件来进行许多分析，以估计探测器的响应和效率。生成程序用于生成某一物理过程的事件（如顶对产生、轻子衰变产生 W 玻色子），输出作为原始数据对象存储，其中包含与检测到的原始数据类似的信息以及底层生成事件的信息。除了物理分析必需的，模拟数据也被用来练习和验证 ATLAS 计算模型，包括重建和分析。因为模拟数据是为单个物理过程单独产生的，事件过滤不如真实数据重要。

总而言之，LHC 实验的第一个目标是根据标准模型的计算产生并衰减的希格斯玻色子的计算模拟。接下来，需要开发一种算法来选择衰变过程中产生的所有有趣的粒子。然后，需要考虑产生这些相同粒子的所有其他物理过程或"背景"，这也需要对它们进行模拟和选择。一旦完成了这项工作，就必须开发一种方法，通过比较能量、动量、角度、质量和探测器中其他可测量的量来区分事件与背景。而后，将数据与事件和后台过程模型进行比较，并进行计算，以确定数据中有多少信号。最后一步是将模拟数据与探测器实际运行时收集的数据进行比较，这些数据也是经过模拟处理的。换言之，如果没有模拟，我们就得不到任何数据结果。

那么，根据前面关于模拟和实验之间关系的讨论，我们应该从这种强化使用模拟作为实验研究的基本特征中得出什么结论呢？首先，我们认为模拟是提供"数据"，用来比较实验的各个方面，但它也具有"理论"功能，因为它提供了关于不同类型物理事件性质的信息。此外，模拟还可作为实验数据的来源，根据这些数据解释探测器数据，并根据这些数据构造和校准探测器的各种技术方面。从认识论的角度来看，最重要的是由于检测希格斯信号需要非常大量的数据，信号数据需要用等量的模拟数据来补充。从这个意义上来说，模拟作为实验和理论知识的来源，每一种都有其独特的作用和具体的方法特征。希格斯粒子发现结果的展示进一步表明了模拟数据在实验各个方面的突出作用。

第三节 计算模拟的复杂性系统

如上所述，LHC的模拟涉及很多方面。除了模拟的具体实验特征外，至关重要的是，所有相关的物理过程都包括在模拟中：电离、S射线产生和传播、多次散射、光子转换、跃迁辐射以及X射线在探测器材料中的后续传播、同步辐射、强子相互作用、中子相互作用等。大型强子对撞机验证项目的两方面包括评估模拟物理的充分性和模拟物理发生的环境，这涉及探测器模拟工具中包含的物理过程的验证，以及强子相互作用的模拟。强子物理不仅是一个非常广泛的领域，而且是一个非常困难的领域，因为基础理论量子色动力学，不能对主导能量范围在微扰高能范围之外的可观测天体进行预测。目前唯一可行的方法是使用不同的简化模型，其近似有效性通常限于特定的入射粒子、目标材料类型和相互作用能。因此，强子相互作用的模拟必须依赖于几种不同的模型来描述骤雨和其他感兴趣的现象或区域。

在模拟包中有大量的强子模型，可以根据不同的需求、应用范围、精度和计算时间进行选择与组合。为了便于选择，我们提供了一定数量的"有根据的猜测"物理列表，每个列表都是不同（但一致）模型的集合，供不同情况下使用。由于涉及的能量不同，每个模型都针对不同的应用进行了优化。环境的充分性和可用性关系到中央处理单元（CPU）、内存、蒙特卡洛真实性等。中央处理器是计算机的硬件，它通过执行系统的基本算术、逻辑和输入或输出操作来执行程序的指令。蒙特卡洛真值通常有多种定义方式，其中包括来自发生器的事件快照或探测器模拟中事件的简单快照。它也被描述为一种了解进入探测器的东西或理解探测器中发生的物理现象的方法。总体目标是防止不充分的模拟模型导致对物理学的大规模系统性贡献。换句话说，LHC 的主要或系统性误差不应该是由于不完善的模拟造成的。

我们使用两种互补的验证方法。其一，与 LHC 的三个量热计模块或原型收集的测试束数据进行比较，找出了量热器的纵向、横向和时间发展量热器的组成与其他量热器测量重要的特征（能量分辨率）。热量计位于磁网的外面，磁网包围着内部探测器，通过吸收粒子的能量来测量粒子的能量。其二，基准研究——与洛斯阿拉莫斯或正负质子对撞机等核设施进行的实验进行比较——提供了个体微观碰撞的测试，比如，在 LHC 跟踪探测器的薄层粒子相互作用中发生的碰撞。探测器模拟的预测能力取决于正确模拟粒子和探测器材料之间的个别微观相互作用。这些相互作用不能轻易地通过模拟存在多重相互作用和簇射的全 LHC 亚探测器来研究。由于复杂的现象学有时会在微观层面上"平均化"问题，因此需要进一步描述验证的层次结构。

所有 LHC 实验（ATLAS、CMS 等）[1]都需要一个以上的模拟包（如 FLUKA、G4）[2]，特别是用于描述强子相互作用。各种 LHC 亚探测器对电子、μ 子和介子的响应可以用测试束流数据在几个 GeV 到 300 GeV 的能量范围内进行研究。此外，著名的物理衰变样品可以用来理解和校准探测器在比测试束更广的能量范围内（例如，高达几百 GeV 的 ATLAS 和 CMS 量热计）。由于探测器对高能粒子（ATLAS 和 CMS 中高达数万亿电子伏的粒子）的响应不能直接用测试束或对撞机的数据来检验，必须通过模拟来预测。实现探测器精确建模的方法包括将模拟包与可达能量区域上的数据进行比较。这使得模拟的物理内容、真实感和可靠性能够在可访问区域得到验证与改进。但是，为了预测测试波束和控制数据样本覆盖范围之外的探测器行为，我们需要进行模拟，因此在这种情况下，模拟的应用领域远远超出了验证领域。

---

[1] "LHC"即大型强子对撞机（Large Hadron Collider），是世界上最大、最强的粒子加速器。ATLAS 和 CMS 分别指的是两个不同的粒子探测器。其中，ATLAS 是"A Toroidal LHC Apparatus"的缩写，通常译为"阿特拉斯"；CMS 是"Compact Muon Solenoid"的缩写，通常译为"紧凑型缪子螺线管"。

[2] FLUKA 指一个通用的蒙卡粒子输运工具，可以运行在 Linux 和 UNIX 系统下；G4 通常指的是 Geant4，是一个用于模拟粒子通过物质传输的工具包，广泛应用于核物理、粒子物理、宇宙射线物理以及医学物理等领域。

通过对粒子识别等性能数据进行观察整合，我们可以预测出最敏感的 LHC 物理通道，从而得出评估模拟精度的定量需求。在实验和模拟物理验证项目中，通过比较测试波束数据与 G4 和 FLUKA 测试波束设置的模拟，对这些特征进行了验证。跟踪装置主要涉及单个的微观碰撞，包括低能粒子与探测器敏感的薄层的相互作用。因为这些粒子非常细，这个过程需要精确地模拟单个微观碰撞，直到非常低的能量。探测器内部环境也非常拥挤，因为在活动层中产生了撞击的高密度粒子。因此，如果不能准确地描述粒子间的相互作用，模式识别的性能就会因为较大的因素而被错误地估计。这里的模拟验证依赖于测试波束测量和简单的基准研究。一个完整的验证要求模拟包不仅要描述大量相关的可观测数据，还要描述它们之间的相关性。高质量的测试波束数据需要对波束污染和电子噪声等影响进行准确的验证，这些影响也需要完全量化和理解，以满足比较高的精度要求。虽然这些不是验证实验，因为它们是专门为验证模拟而构建的，但仍然有非常严格的实验数据分析。从这个意义上说，对模拟质量的评估在很大程度上取决于测试波束数据的质量，但这些测量数据当然也不能避免验证的精确性评估问题。

虽然这些程序不符合 V&V 方法规定的意义上的"验证实验"，但重要的问题是，它们在多大程度上能够满足验证条件的作用。在与大型强子对撞机相关的实验数据（洛斯阿拉莫斯的数据），例如，介子吸收低于 10 亿电子伏特，这些是选定的基准。为了防止程序发展成一套带有插件参数化的特定实验的工具，关注底层物理也是极其重要的。然而，问题是底层物理包含许多自由参数，那么应该如何处理这些参数？如果事件生成器要描述实验数据，那么就需要调整事件生成器代码各个方面中的一些参数。非推定的强子化过程可以解释许多这样的情况，因为这些模型是深刻的现象学。因此，需要根据广泛的实验分析来执行调优过程。这主要是因为一些参数可能对选择性分析不敏感，从而导致分析中没有考虑到对可观察对象的"非物理"影响。例如，调优不是不确定性分析的一个理想方面，但在 LHC 的情况下，这似乎是不可避免的。也就是说，已经开发了许多不同的高度技术性的方法来处理调优问题。

其中之一是确定一个实验分析库和计算物理观测的工具。它的主要问题是它没有内在的机制来提高音质。一个解决方案是在生成数据和参考数据之间定义一个拟合优度函数，然后尝试将该函数最小化。但这也有它的问题。一个真正的拟合函数不是解析的,一个迭代的最小化方法需要在每个新的参数空间点评估,这需要更多的运行生成器。解决这些困难的方法是"教授",这是一个用多项式参数化拟合函数的程序。这个过程的细节相当复杂,但结果是一个预计的"最佳曲调",然后应该进一步检查与固定。

需要进行几个级别的验证,特别是强子物理,如量热法,用 LHC 量热计收集的介子测试束数据与 G4/FLUKA/(G3)进行比较。在跟踪探测器上,LHC 跟踪探测器采集到的强子相互作用测试束数据也与 G4/FLUKA/(G3)进行了比较,最后还需要与 G4/FLUKA/(G3)进行比较,以模拟 LHC 实验洞室的辐射背景。数据和模拟之间或不同模拟包之间的一致程度为代码中的改进算法提供了反馈,也为 LHC 实验选择最佳物理模型提供了指导。

这种对验证组件和理论模型选择的反馈与在典型的验证环境中可能发生的情况不一样,但它确实告诉我们,模拟包的某些特性是可靠的,可以相信在更大的实验中不会产生系统误差。该过程涉及对实验数据的盲测,其中比较的准确性受到可用数据的系统误差及其与 LHC 过程的相关性的限制。虽然有一个调谐的因素,但这是必要的,因为在物理模型的发展中缺乏基本的理论。

LHC 案例中的验证程序并没有直接解决(更大的)实验的预测能力,也就是说,它的功能不像用于预测气候变化方面的模拟,也没有告诉我们在标准模型之外可能会揭示出什么样的物理现象。为了澄清起见,应该简单地提一下验证和预测之间的关系。预测涉及验证模型在验证实验/数据之外的领域的应用。它使用评估的模型精度作为输入参数,并纳入了从其实验数据库之外的模型外推的附加不确定性估计。另一个关键特征是将特定应用程序的精度要求与该应用程序模型的估计精度进行比较。相比之下,验证则展示了实验数据的不确定性对从模拟验证过程中得出的推论的影响,并没有声明预测的准确性。对于预测,对准确性估计的信心水平也应该是度量的一部分(尽管与估计本身是分开的)。如果应用领域和验证领域重叠,可以根据验证结果估计模型的不确定性。在准确性比较被认为不充分或验证不可行的情况下,校准就变得很重要。这包括调整物理或数值模型参数,以提高与数据的一致性(参数估计、模型调整、更新)。但是大型强子对撞机的模拟预测的或者说提供的信息,是希格斯粒子事件和它的各种识别特征。与传统的验证实验不同,LHC 的模拟验证功能更像是一个二阶实验,它提供了用于进一步完善我们认为的实验设置的信息,这些信息用于构建和运行机器、生成数据、说明各种背景事件将会是什么样子的模拟代码或算法。由于模拟不仅方便了实验设备的设计和运行，而且提供了理解实验数据的重要性必需的信息，因此需要不断地改进和更新。这一过程通过验证得到部分促进，在某种程度上，模拟、验证和实验几乎是一个整体。模拟和实验的完全集成，即前者是后者的基础，改变了验证的面貌，从独立进行到一个涉及校准方面的过程。但是，考虑到大型强子对撞机实验的性质，很难想象它会是另一种情况。

如上所述，重要的是要指出模拟在数据处理中超越使用计算能力的方式。尽管这也是大型强子对撞机实验一个至关重要的方面，但在分析中包括哪些数据的决定是基于模拟知识做出的。波束线模拟也是实验的一个关键部分，同时也是地面和辐射估计、物理分析的发展和系统误差的确定。实验(几何)的表征是模拟的一个重要组成部分，也是事件发生器、粒子输运、衰变、与其他材料的相互作用以及整体电子响应的重要组成部分。需要对电磁物理和强子物理(量热法、跟踪、辐射背景)以及整体模拟环境(蒙特卡洛真实度、参数化、CPU 和内存需求)进行验证，以确保探测器模拟的预测能力取决于正确模拟粒子和探测器材料之间的相互作用。从这个意义上来说，模拟为大型强子对撞机实验提供了整个基础。

小　　结

如前所述，数据中的不确定性问题不仅仅是离散化不确定性的反映，还包括物理建模假设、输入参数、数据处理、实验不确定性等多重因素，而模拟数据的认知状态是为了理解数据何以生成、评价和使用。虽然 V&V 方法在一定程度上确保了大型量子对撞机实验中模拟知识的合理性，但这个方法并非万无一失，许多决策还需要进一步评估，它可能无法达到其既定的目标和程序。实际上，V&V 方法为我们提供的是一个开放的、不断发展的范式，它考虑到模拟可能出错的各种方式，并致力于建立能够克服这些困难的实践。与许多科学实践领域一样，V&V 依赖于详细的调查结果，但这样做提供了一个框架，在这个框架中，模拟知识可以在理论上和许多情况下的实践中进行评估。

大型强子对撞机的验证被设计为选择正确物理模型的工具之一。这个过程本身太复杂，不能很好地适应"验证与证实"的方法论框架——一个主要为计算流体动力学等领域设想的框架，以处理复杂的情况，但缺乏理论和LCH实验中存在的实验约束的多面复杂性。从这个意义上来说，验证的水平受到更大的实验环境中定义能力的限制。然而这些限制的基础，特别是涉及的大量数据，统计显著的西格玛要求，以及两个独立的实验（ATLAS 和 CMS），也作为模拟的验证条件，确保它们作为更大实验的基础的合法性。然而这似乎是不够的，因为任何模拟数据评估的核心基本问题是理解模拟中涉及的假设和近似，理解什么是内部的程序，以便回答有关影响模拟产生的问题。换句话说，某些特定的影响是由于不同的模型或近似，还是仅仅是一个错误？被测量的量是基本量还是仅仅是模拟代码中的一个参数？例如，如果我们只考虑探测器模拟，就需要纳入几种不同的理论计算，如与原子的相互作用，一些核物理和电磁过程，如散射和成对产生。再加上各种经验模型（核相互作用、物质依赖等），以及截面和能量分布的数据驱动模型，探测器模拟程序 GEANT4 已经开始呈现出黑匣子的特征，而我们很难理解所有的底层过程放在一起。虽然电磁相互作用可以从第一性原理计算，但与强子相互作用不同，二次粒子的截面和分布是在模型中计算的。其中一些（与核相关的）数据需要从经验数据中输入，而且需要考虑的进程数量涉及大量的计算时间。同样，强子与物质的相互作用是极其复杂的，强烈地依赖于粒子类型、物质和碰撞的能量，而不同的能量需要不同的模型。事实上，GEANT4 提供的物理列表包含了许多不同的模型来描述强子阵雨中相互作用的整个能量范围，每个列表使用一组不同的底层模型，这些模型可以自由转换并相互调优。

当然，模拟的使用显然不符合理解程序"内部"的透明度要求。但是由于实验的复杂性，其他任何的事情都是不可能的；相反，必须广泛地依赖于调优和其他类型的控制，以确保验证在条件允许的情况下尽可能准确。这意味着之前讨论的准确性和充分性之间的区别在 LHC 验证的背景下基本上被瓦解了。但从某种意义上来说，这是实验的需要。所有的模拟都有明确的目标和限制；因此，还需要执行验证以确保满足这些目标。不同于为了测量某一特定硬件在特定条件下的行为而对其进行模拟的例子，在大型强子对撞机实验中有一些定义良好的参数需要在验证过程中加以考虑。充分性条件和允许的误差范围是由物理发现的实验实践的限制决定的，而不是由个体决定的，在某种程度上，充分性条件是建立在对准确性的要求之上的。实验环境的复杂性使我们无法完全理解实验和模拟的各个方面，这也是我们首先需要大量使用模拟的原因。

本章的目标是对模拟在LHC实验中的广泛应用形成认识，并对计算模拟进行初步探讨。虽然只讨论了这个特殊的例子，但物理的其他领域的实验，以及一般的自然科学都是大量基于模拟的。当然，模拟数据对实验结果的贡献不仅取决于它们扮演的角色，还取决于与它们使用相关的验证程序。在每一种情况下，关于它们的认知地位的任何哲学结论都将在很大程度上取决于情况的具体细节。尽管具体细节很重要，但我们也可以得出一些关于模拟作用的一般性结论，这些结论涉及我们对其作为科学研究工具的地位的总体态度。

如前所述，在大型强子对撞机上使用模拟技术使人们对实验和模拟之间的区别产生了怀疑，后者只是前者的一个组成部分。也就是说，信号数据（或者外部数据）和模拟数据之间仍然有区别。但是，这两者是一起"处理"的，如果没有模拟数据，一个5西格玛(a)的结果是不可能的。虽然其他的实验环境可能无法模拟LHC的模拟作用，但气候科学、天体物理学和宇宙学等领域都严重依赖于模拟数据来建立他们的结果。事实上，在某些工程环境中，模拟比传统的实验更真实，因为它们使与某些类型仪器的操作应用相关的环境参数配置成为可能。其中一个例子是模拟行星表面，为NASA的任务做准备。

总之，从本质上而言，关于"模拟不如实验可靠"的说法是不正确的，因为这个结论中蕴含着一个错误的前提，即传统的哲学范畴与当代的实践是不同步的。同时，对模拟数据进行验证并不是为了得到预测结果而进行一种特殊实践。实际上，计算模拟在科学表征中的普遍应用，不仅说明了它的重要性，而且为我们进一步充分论证计算模拟的科学性和合理性提供了基础。就像科学研究的其他领域一样，计算模拟的合理性之确证也是一个不断发展的过程，跟哲学分析一样具有与时俱进的特征。

结束语

一、计算模拟的实在论困境

实在论者认为,人工智能语境下的科学表征及其建模存在着一定的实在论基础,然而依照传统的经验确证方法,必然会使得基于计算模拟的科学建模遭遇理想化的困境,而理想化对科学实在论而言是一种挑战,因为基于理想化假设的理论陈述甚至都不具有近似真值,因而也就不具有表征上的真理性。这种反实在论观点主要来源于卡特赖特基于理想化对科学实在论的攻击,其论证思路可以分为两个阶段,第一个阶段:科学中的所有理论陈述只有在高度理想化的模型(不可消除的)中才具有真理性。那么,它们就不具有非常近似的真值。第二个阶段:如果科学中的理论陈述不具有非常近似的真值,那么,科学实在论就是错误的。这个论证过程表明了一种科学实在论的标准观点,即科学中的理论陈述至少具有近似真值。实际上,修斯(Hughes)也曾经提出过类似的论证。

前提1:科学理论提供了关于自然实体和过程的模型。

前提2:构建一个模型,不论是像光这样的物理过程的模型,还是像原子这样的实体的模型,并不是要对研究的过程或实体提供一个字面意义为真的说明。

结论:因此,科学并不能提供关于这些过程和实体的真实描述。

推论:科学实在论并不能由此得以辩护(证明)。[1]

根据卡特赖特的观点,当前接受的理论陈述既不具有近似真理性,也不可确证,因为理论陈述只有在不现实的简化模型中才具有真理性。这个观点意味着波伊德式的科学实在论被否定。换言之,科学理论提供了关于一个实体或者

---

[1] HUGHES R I G. The Bohr Atom, Models and Realism[J]. Philosophical Topics, 1990, 18(2): 17.

一个物理过程的模型,例如,为了表征原子或者光的传播过程形成的模型,但这并不意味着认同理想化表征的真理性。根据卡特赖特的观点,如果确证需要使用理想化,那么,其中涉及的推导就是非常不可靠的,因为它们都是建立在错误的基础之上的。因此,在进行确证的过程中涉及的理论陈述,只有在基于理想化假设的基础之上建立的不可靠的推导被消除之后才会被确证。理论陈述在反设事实的基础上才能被确证,而现实的确证过程需要将所有的理想化假设从实际推导中消除。于是,大部分的理论陈述可能就是未经确证的,而且也可能是假的。

实际上,卡特赖特基于理想化提供了两种反实在论的论证思路。第一种论证即"源自错误表征的论证",其基本思想是,理想化的理论都是对其所要描述的现象的一种错误表征,其论证思路为:"如果所有的理论陈述都依赖于理想化的假设(它们是不可消除的),那么,甚至是非常完善的理论陈述都不能描述实在,也并不是真实的,因此,科学实在论是错误的。"第二种论证即"源自不可确证性的论证",这种论证更温和,其基本立场是,理想化的理论都是不可确证的,其论证思路为:"如果某些理论陈述依赖于理想化的假设(它们是不可消除的),那么,至少有某些理论陈述并不描述实在,且并不是真实的,因此,科学实在论是错误的。"实际上,科学中的理想化方法并不能说明科学的经验主义本质,也不意味着理想化的理论是不可确证的,同时,科学实在论与理想化方法之间具有高度的一致性。即使是建立在虚构基础上的基于理想化的隐喻表征,与波伊德式的科学实在论之间也具有本质上的一致性,基于理想化条件的隐喻在经验证据的基础之上具有可确证性和解释性。

因此,基于科学中的理想化表征而提出的反实在论的论证是不可靠的,相反,理想化的方法论与科学实在论之间具有充分的一致性。一方面,反实在论者过分强调了科学理论的工具主义特征,然而他们并没有意识到的是,尽管理想化的理论并不能精确地表征实在,但是,这并不意味着理想化的理论不具有表征意义,因为真理本身就是有条件的或部分的,当理想化的理论被恰当地理解为具有反事实条件句的形式时,它们仍然会被看作真实的;另一方面,实在论者将真值或其近似真值看作科学的唯一目标,因此就不能够认识到,理想化何以通过牺牲非条件性的真值而获取工具性。另外,理想化的普遍性并不意味着我们在科学表征的过程中要坚持某种理性主义,避免理性主义与避免反实在论一样具有同等的重要性。①

二、计算模拟的实在论辩护

如前所述,计算模拟的实在论辩护涉及对"模拟模型"与"目标系统"之间的某种相似性进行比较的问题。计算模拟具有一定的"实验性"特征,那么,我们是否可以从模拟中获得精准的测量数据呢?例如,在自旋测量的情况下,所谓的"测量值"是通过基于建模假设的推断得出的。事实上,对于像夸克质量这样的基本粒子,实验测量是一件非常复杂的事情,它将"物质性(Materiality)"作为实在性的一种验证方法,却被复杂的模型和推理网格阻碍。换句话说,声称"相同的东西"或援引一些定义不清的物质操纵概念实际上只是在回避问题。

如果我们观察目标物理系统的数学模型的计算模拟,我们会发现,这种计算模拟应用了适当的离散逼近,将连续变量和微分方程替换为数值阵列与普通方程。这将产生模拟模型,与各种数值算法一起产生程序,并在计算机上运行。将离散的模拟模型转换成计算机程序需要设计一系列的操作,这些操作构成数值算法,并以一系列计算机指令的形式表达出来。当这些操作形成,它们解决离散模型方程的未知数。算法的质量是由解决一组给定代数方程所需的算术运算的数量来判断的。程序本身被测试和校准,以确保它在实际实验中投入工作之前以合理准确的方式再现目标系统的行为(如理论或数学模型中描述的)。

因此,虽然基于计算模拟的模型能提供一个与目标系统具有高度相似性的理论联系,但无法确保能提供所谓的"物质性"的联系。如果我们试图对特定粒子的计算模拟提供"物质性"的证据,那么,我们就不仅仅需要"物质性"维度;如果我们没有赋予"希格斯玻色子"这个概念以特定意义,"物质性"本身也就无从谈及。然而如果我们想要确定或测量一个参数的值,"物质性"的模型就会具有重要的认识功能,例如,测量二阶相变中临界指数的值通常是通过模拟来完成的。总而言之,计算模拟能够生成充分的数据并将其应用于大量的场景中,囊括复杂的表征条件,它似乎可以提供一种比实验更可靠的方法来确定或测量

---

① 回顾一下前文中关于柯瓦雷理性主义的观点:所以大部分的理论都依赖于理想化,因此物理学是一种先验的学科。如果理论陈述只有在理想化的世界中才具有真理性,而我们并不能从经验上来认识理想化的世界,那么,对理论陈述的确证也就不可能建立在经验的基础上,换言之,这些理论陈述必定是先验的。

参数的值。例如，我们可以使用计算模拟来模拟粒子的运行状态，特别是从中选出粒子运行的最稳定的"轨道"。换言之，计算模拟的不同方案为我们提供了各种可能的设置。

事实上，计算模拟的框架还有利于对计算和测量之间进行自然划分，同时，这也意味着模拟数据可以被用作实验数据。当然，模拟还包括目标系统在时间增量中的演变，即时间步长 DT，而 DT 又是一个非常重要的建模参数，符合计算模拟的要求，因为通常我们需要从几千个时间步长中才能得出有用的结果。当计算模拟输出大量的数据时，我们需要基于此对其进行单独建模，以便使其具有很强的可解释性。在这个前提之下，我们才可以说，计算机实验与其他普通实验一样，可以得出一个可靠的测量值。当然，模型在这种情况下发挥着至关重要的作用。例如，在摆锤的例子中，我们比较关注于摆锤模型的精准度，同样，在计算模拟的过程中，机器的精准度和计算程序的准确性必须得到保证，这就意味着我们可以通过对仪器（机器+程序）的测量结果重复测试来进行校准，就好像我们在模拟一个可解析的模型一样。

虽然模型在实验中扮演着重要的角色，但是在某些计算模拟中，模拟目标仍然需要将实验进行对比，此时的模拟并非一种测量，例如，假设我们想要确定亚原子粒子的存在，那么，通过传统的实验确证方案是难以达到这个目标的，在这个前提条件下将模拟等同于实验是不合理的。当然，将计算模拟方法用于理论测量仍然具有非常广阔的前景，而传统的实验室实验显然是无法进行理论测量的。例如，分子动力学模拟已被广泛应用于研究相变，特别是离子体系中玻璃的形成和熔化，而模拟可以用于测量玻璃变化的微观特征，这些特征在实验室里是不可能被发现的，比如，不同的理论预测熔点意味着离子具有不同的硬度。在这个意义上，模拟为我们提供了一种全新的测量方法，并且这个测量方法也是对计算模拟的实在性进行确证的一种最佳范式。

三、计算模拟的实在论建构

如前所述，大部分的科学实在论认为，科学在很大程度上应该是关于独立于思维的实在的，那么当我们认识到理想化的理论本质上是一种特殊的反设事实条件句时，我们就需要对科学中的模态内容进行解释，同时，理想化的理论至少部分上是关于其他可能世界或者是理想化模型的。实际上，常规科学涉及模态内容，这可能会令科学实在论者感到困惑。这点在我们之前关于简化的反设事实的语义学说明中是非常清晰的。一种选择是，沿着刘易斯所主张的思路而对这些世界采用一种彻底的实在论立场。① 然而，这种实在论有其局限性，我们或许可以对非现实的可能世界采用一种温和的实在论形式，当然，还有其他三种选择：概念主义观点、虚构主义观点和不可知论的观点。

温和实在论主要是用集合论的建构、命题集合、各种非实例化的属性等来确定其他的可能世界。它们的共同点在于，将其他可能世界都看作抽象的对象。

概念主义将其他可能世界看作从概念中建构起来的，而不是看作抽象的。这实际上意味着：非现实的可能世界都是社会建构的或者它们都是心灵实体，主要取决于我们对概念的观点。

虚构主义者的观点是，其他可能世界都是虚构，而不论我们如何看待虚构。它们可能是抽象的对象、社会的对象或心灵的实体，这主要取决于我们对虚构对象的观点。然而，用抽象对象来确定虚构的虚构主义者就属于一种温和的实在论，同时，用心灵实体来确定虚构的虚构主义者就属于一种概念主义。②

不可知论的观点是，可能世界的对话仅仅是有启发性的，因而也不需要本体论的支撑。因此，我们并不需要解决关于理想化模型和可能世界的本体论本质的问题。

具体而言，尽管刘易斯关于可能世界的实在论观点本身是难以置信的，但它与经典的科学实在论观点是一致的，同时也对关于模态的实在论提出了承诺。因此，我们有必要将他关于可能世界的实在论扩展至部分世界。温和实在论是一个更普遍和合理的物质观，尽管这种观点也赞同抽象对象的存在，但它显然也认同经典的科学实在论，许多结构实在论者也认同这种经典的科学实在论。③ 概念主义观点甚至与最弱的科学实在论形式是一致的，这是由于其独立于思维的准则导致的。这种情况同时也适用于虚构主义，如果模型或者理想化的世界是心灵实体或社会实体，那么，它们在某种程度上就是独立于思维的。但是，

---

① LEWIS D. On the Plurality of Worlds[M]. Oxford: Blackwell, 1986.
② 因此，这里的虚构主义意味着，以虚构来确定非现实的可能世界并且以社会建构来确定虚构。
③ FRENCH S, LADYMAN J. Remodelling Structural Realism: Quantum Physics and the Metaphysics of Structure[J]. Synthese, 2003, 36: 31-66.

既然理想化的反设事实是关于"现实对象更加简化时的表现"的,那么,它们在很大程度上仍然是关于现实对象的,即使它们在部分上是关于概念或者社会建构的。因此,以上这些观点实际上与经典实在论和理想化的理论观都是一致的。

既然计算模拟可以超越传统实验室实验的某些局限而成为其替代方案,那么,在对目标系统进行计算模拟时,科学家还必须充分考虑到实验知识的结构是否与模拟产生的结构具有高度一致性。在这点上,实验的"物质性"似乎更具有直观性和可靠性,因而也成为部分实在论者偏爱传统经验主义的一个重要理由。摩尔根[1]曾经主张物质性实验的认知优先性,声称当实验和目标系统都是由相同的材料组成时,关于目标系统的推论才更合理,实验系统和目标系统之间具有充分的相似性(无论是物质的、形式的,还是两者的某种结合)。基尔[2]对此总结如下:当我们对某个系统进行计算模拟时,比如太阳系,由于控制引力相互作用的定律非常完善,计算模拟的数据可以完全替代对太阳系的实际测量,因为模拟的结果可能比大多数实际测量结果更准确。然而,根据实证主义的经验传统,这些数据不能算作对太阳系的测量结果,顶多算是一种计算结果,也包含着目标系统的逻辑演算过程。当然,对一个真实粒子系统的实际测量是不可能实现的,科学家只能通过计算模拟从太阳系的初始数据中挖掘其演化过程。于是,我们的逻辑推演实际上是依赖于一个可靠的替代实验,而不是传统的实验,因此也就没有实际的测量方法。虽然这可能被称为"计算机实验",但没有与目标系统的交互,也没有关于目标系统的新信息。他声称,在传统实验中,模拟结果的实在性依赖于模型和目标系统之间的契合度,也依赖于目标系统内在的因果联系。而计算机实验不牵涉实际数据,因而也就无法对模拟模型与目标系统之间的相似度进行强求。

实际上,现代科学实验,尤其是物理学实验,与传统的桌面实验已然大不相同,那么,模型表征的目标系统内在的逻辑关系是现代科学实验的一个基本特征吗?这个问题是关于科学实验本身的合理性确证的哲学问题。在实验环境中,什么因素推动了目标系统的交互作用呢?既然没有交互作用就不能产生新

---

[1] Mary S. Morgan. Imagination and Imaging in Model Building[J]. Philosophy of Science, 2004, 71(5): 753-766.
[2] Ronald N. Giere. Is Computer Simulation Changing the Face of Experimentation? [J]. Philosophical Studies, 2009, 143(1): 59-62.

信息，那么，我们又如何能在当代的实验环境中对其进行确证呢？例如，自旋测量就是一个典型例子。因此，计算模拟本质上是不同于传统实验的，它在某种程度上与目标系统具有相同的因果关系。同时，在传统实验的许多案例中，建模假设有助于我们从计算模拟中获得充分的因果信息。

在前述的钟摆例子中，虽然"钟摆是一种与地球引力场有因果关系的仪器，但用来校正钟摆周期的模型是抽象的物体，它们与任何东西没有因果关系"，因此，我们没有理由将测量仪器的概念扩展到包括抽象模型，即使是作为一种功能性的方法，同时，我们也不必说计算机实验和传统实验在认识论上是一样的。这并不意味着，如果钟摆作为一种工具没有相应的模型，就不能为任何认知论主张提供基础。简言之，由于实验与目标之间具有因果关系，且实验在认识论上是优越的，而模型在某种程度上是次要的，这实际上是回避了上述认识论问题，就好像强调目标系统的重要性实际上是回避了质疑模拟实在性的问题一样。

关键问题是模拟数据是否可以取代实验测量。如果这些数据是可信的和合理的，那么它们就可以取代实验测量；如果不是可信的和合理的，那么我们就会面临对模拟数据进行分类的问题。例如，在气候建模中，我们使用模拟模型来对气候变化进行预测，因为未来气候变化的方方面面是无法通过实际测量得到的。没有人会质疑从模拟中收集到的信息依赖于模型的约束条件，但这并不一定是低估其认知价值的理由。在气候建模的例子中，政策决策在很大程度上来自计算模拟的数据基础，这本身并不能建立认知优势，但它意味着这样一个事实：科学信息正日益与模拟数据联系在一起。因此，哲学家需要开始认真审视这一理论在方法论和认识论上的含义。

尽管实验室实验的重要性显而易见，这意味着一种关于经验验证的直觉，但具体物理系统的"因果联系"往往都是通过实验模型中获得的。因此，科学建模的实在性确证和建构并非依赖于一个直接可及的物理系统与一个假设之间的匹配关系，而是依赖于不同层次的建模之间的匹配关系。换言之，我们不能用计算模拟来确定物理现象的存在，只有材料实验才能做到。但是，这样的实验一般都建立在一个复杂的建模假设网络上，这是材料实验中必不可少的一部分。因此，计算模拟也是如此，我们通常总是从对目标系统的观察开始的，基于这些观察数据进行建模假设，当然，这并不意味着我们就否定了"物质性"是建立在本体论的主张中，相反，"物质性"在复杂的实验环境中总是作为一种认知层面上区分模拟输出和实验结果的重要方式。在这种情况下，计算模拟通常需要诉诸模拟数据作为实验确证的重要参考，例如，科学家通过对粒子碰撞现象进行计算模拟，用由此得出的模拟数据来推断粒子碰撞产生的碎片的性质。然后，我们可以将这些结果与实际实验进行对比，以便确证计算模拟提供的表征数据是否与实际目标系统具有一致性。在这个意义上，模拟产生的"测量"提供了一个重要的数据来源，也是对模型系统进行确证的一个重要依据。

当然，计算机实验与实验室实验之间的这种比较，似乎与实验室实验中仪器模型和目标系统模型之间的比较在性质上没有什么不同。因为在这两种情况下，我们都会进行参数调整和仪器校准，以确保模拟模型的准确性。例如，对于天体物理学和核武器库，我们无法确保模拟目标与测量这二者具有相同的认知地位。再次声明一下，这并不意味着要放弃经验主义，模拟实验的建模层次从物理目标系统的数学模型开始，然后离散生成模拟模型。虽然计算模拟可能代表一个尚未发生的系统的状态，但我们可以通过模拟模型来确定系统在特定条件下将如何进化，例如，在开尔文的乙醚模型中，科学家通过分子动力学等模拟方法与目标系统建立理论联系，这也就构成了材料实验的理论基础。在这个过程中，基于计算模拟的模型既扮演了表征工具的角色，也扮演了实验媒介的角色。可见，物理设备虽然是实验研究的重要组成部分，但只是整个测量过程的一个媒介，最终还是需要用模型来提取关于目标系统的关键信息。因此，某些计算模拟完全可以作为一种实验室实验的替代，而且这些建模策略也基本符合实验的基本特征，计算模拟的表征模型与实验模型具有同等重要的认知地位，也具有同等的实在论意义。

参考文献

一、中文文献

著作

[1]成素梅．理论与实在：一种语境论的视角[M]．北京：科学出版社，2008．

[2]龚才春．模型思维：简化世界的人工智能模型[M]．北京：电子工业出版社，2021．

[3]郭贵春．当代科学实在论[M]．北京：科学出版社，1991．

[4]郭贵春．科学实在论的方法论辩护[M]．北京：科学出版社，2004．

[5]郭贵春．隐喻、修辞与科学解释：一种语境论的科学哲学研究视角[M]．北京：科学出版社，2007．

[6]郭贵春．语义分析方法与当代科学哲学的发展[M]．北京：科学出版社，2014．

[7]郭贵春．走向语境论的世界观：当代科学哲学研究范式的反思与重构[M]．北京：北京师范大学出版社，2012．

[8]郭贵春，成素梅．科学哲学的新趋势[M]．北京：科学出版社，2010．

[9]成素梅．在宏观与微观之间：量子测量的解释语境与实在论[M]．广州：中山大学出版社，2006．

[10]魏屹东．广义语境中的科学：一种解释科学的新模式[M]．北京：科学出版社，2004．

[11]魏屹东．科学表征：从结构解析到语境建构[M]．北京：科学出版社，2020．

[12]魏屹东．认知、模型与表征——一种基于认知哲学的探讨[M]．北京：科学出版社，2023．

239

[13]阎莉．整体论视域中的科学模型观[M]．北京：科学出版社，2008．

译著

[1]查尔默斯．科学究竟是什么[M]．鲁旭东，译．北京：商务印书馆，2007．

[2]唐尼．复杂性思考：复杂性科学和计算模型[M]．郭涛，朱梦瑶，译．北京：机械工业出版社，2020．

[3]格林．宇宙的结构——空间、时间以及真实性的意义[M]．刘茗引，译．长沙：湖南科技出版社，2012．

[4]克里克．惊人的假说——灵魂的科学探索[M]．汪云九，齐翔林，吴新年，等译．长沙：湖南科学技术出版社，2000．

[5]哈尔彭．伟大的超越[M]．刘政，译．长沙：湖南科学技术出版社，2008．

[6]彭罗斯．通向实在之路：宇宙法则的完全指南[M]．王文浩，译．长沙：湖南科学技术出版社，2013．

[7]玛格纳尼．发现和解释的过程：溯因、理由与科学[M]．李大超，任远，译．广州：广东人民出版社，2006．

[8]盖尔曼．夸克与美洲豹：简单性和复杂性的奇遇[M]．杨建邺，译．长沙：湖南科学技术出版社，1999．

[9]哈金．表征与干预：自然科学哲学主题导论[M]．王巍，孟强，译．北京：科学出版社，2011．

[10]索恩．黑洞与时间弯曲——爱因斯坦的幽灵[M]．李泳，译．长沙：湖南科学技术出版社，2007．

[11]福布斯．定性表征——人们如何推理和学习连续变化的世界[M]．段沛沛，冯建利，王静怡等，译．北京：机械工业出版社，2021．

[12]吉德曼．事实、虚构和预测[M]．刘华杰，译．北京：商务印书馆，2010．

[13]内格尔．科学的结构：科学说明的逻辑问题[M]．徐向东，译．上海：上海译文出版社，2002．

[14]苏佩斯．科学结构的表征与不变性[M]．成素梅，译．上海：上海译文出版社，2011．

[15]普瓦德万．四维旅行[M]．胡凯衡，邹若竹，译．长沙：湖南科学技术出版社，2011．

[16]克兰.机械的心灵：心灵、机器与心理表征哲学导论[M].杨洋,译.北京：商务印书馆,2021.

[17]库恩.科学革命的结构[M].金吾伦,胡新和,译.北京：北京大学出版社,2012.

二、外文文献
著作

[1]TOON A. Models as Make-Believe: Imagination, Fiction and Scientific Representation[M]. London: Palgrave Macmillan, 2012.

[2]WIMMER A, KÖSSLER R. Understanding Change: Models, Methodologies, and Metaphors[M]. London: Palgrave Macmillan, 2006.

[3]IDSTRÖM A, PIIRAINEN E. Endangered Metaphors[M]. Amsterdam/Philadelphia: John Benjamins Publishing Co., 2012.

[4]VANFRAASSEN B C. Scientific Representation: Paradoxes of Perspective[M]. New York: Oxford University Press, 2008.

[5]GOERTZEL B, GEISWEILLER N, COELHO L. Real-World Reasoning: Toward Scalable, Uncertain Spatiotemporal, Contextual and Causal Inference[M]. Amsterdam: Atlantis Press (Zeger Karssen), 2011.

[6]Way E C. Knowledge Representation and Metaphor[M]. Dordrecht: Kluwer Academic Publishers, 1991.

[7]DA COSTA N C A, FRENCH S. Science and Partial Truth: A Unitary Approach to Models and Scientific Reasoning[M]. New York: Oxford University Press, 2003.

[8]SANFORD D. If P, Then Q: Conditionals and the Foundations of Reasoning, 2nd edn[M]. New York: Routledege, 2003.

[9]LEWIS D. On the Plurality of Worlds[M]. Oxford: Blackwell, 1986.

[10]LEWIS D. Counterfactuals[M]. Cambridge: Harvard University Press, 1973.

[11]BAILER-JONES D M. Scientific Models in Philosophy of Science[M]. Pittsburgh: University of Pittsburgh Press, 2009.

[12]LANDRY E M, RICKLES D P. Structural Realism: Structure, Object,

and Causality[M]. New York: Springer, 2012.

[13]BRENDEL E, JAGER C. Contextualisms in Epistemology[M]. New York: Springer, 2005.

[14] AGAZZI E. Scientific Objectivity and Its Contexts [M]. Switzerland: Springer International Publishing AG, 2014.

[15]FOX KELLER E. Making Sense of Life: Explaining Biological Development with Models, Metaphors, and Machines [M]. Massachusetts: Harvard University Press, 2003.

[16]SCHRÖDINGER E. Collected Papers on Wave Mechanics[M]. New York: Chelsea Pub Co, 1982.

[17]CONEE E, FELDMAN R. Evidentialism[M]. New York: Oxford University Press, 2004.

[18]KANT I. The Critique of Pure Reason[M]. Cambridge: Cambridge University Press, 1998.

[19]STEM J. Metaphor in Context[M]. Cambridge: The MIT Press, 2000.

[20] LAWLEY J D, TOMPKINS P L. Metaphors in Mind: Transformation Through Symbolic Modeling[M]. Developing Company Press, 2000.

[21]BENNETT J. A Philosophical Guide to Conditionals[M]. New York: Oxford University Press, 2003.

[22]MILLER J H, PAGE S E. Complex Adaptive Systems: An Introduction to Computational Models Ojsocial Life [M]. Princeton: Princeton University Press, 2007.

[23]SULLIVAN K. Frames and Constructions in Metaphoric Language[M]. Amsterdam/ Philadelphia: John Benjamins Publishing Co. , 2013.

[24] DE ROSE K. The Case for Contextualism: Knowledge, Skepticism, and Context, Vol[M]. New York: Oxford University Press, 2011.

[25] RITCHIE L D. Metaphor[M]. New York: Cambridge University Press, 2013.

[26]RITCHIE L D. Context and Connection in Metaphor[M]. Hampshire: Palgrave MacMillan, 2006.

[27]SOLER LÉNA, TRIZIO E, NICKLES T, et al. Characterizing the Robust-

ness of Science[M]. Berlin: Springer, 2012.

[28] WAGUESPACK L J. Thriving Systems Theory and Metaphor - Driven Modeling[M]. London: Springer, 2010.

[29] HAHN L E. A Contextualistic Worldview [M]. Carbondale: Southern Illinois University Press, 2001.

[30] NOWAK L, NOWAKOWA I. Idealization X: The Richness of Idealization [M]. Amsterdam: Brin Rodopi, 2000

[31] MAGNANI L, NERSESSIAN N J. Model - Based Reasoning: Science, Technology, Values[M]. New York: Plenum Publishing Co., 2002.

[32] MAGNANI L. Model-Based Reasoning in Science and Technology: Theoretical and Cognitive Issues[M]. Berlin: Springer, 2013.

[33] MORRISON M. Unifying Scientific Theories [M]. Cambridge: Cambridge University Press, 2000.

[34] GALAVOTTI M C. DIEKS D, GANZALEZ W J, et al. New Directions in the Philosophy of Science[M]. Switzerland: Springer, 2014.

[35] BLAAUW M. Epistemological Contextualism [M]. Amsterdam/New York: Rodopi, 2005.

[36] SUáREZ M. Fictions in Science: Philosophical Essays on Modeling and Idealization[M]. New York: Routledge, 2009.

[37] BEIGL M, CHRISTIANSEN H. Modeling and Using Context: 7th International and Interdisciplinary Conference CONTEXT 2011 [M]. Berlin: Springer, 2011.

[38] DEVITT M. Scientific Realism[M]. Oxford: The Oxford Handbook of Contemporary Philosophy, 2005.

[39] LEEZENBERG M. Contexts of Metaphor [M]. Oxford: Elsevier Science Ltd., 2001.

[40] MORGAN M, MORRISON M. Models as Mediators[M]. Cambridge: Cambridge University Press, 1999.

[41] NOWAK M A. Evolutionary Dynamics: Exploring the Equations of Life[M]. Cambridge: Harvard University Press, 2006.

[42] ARVIDSON P S. The Sphere of Attention: Context and Margin[M]. New

York: Springer, 2006.

[43] HUMPHREYS P, IMBERT C. Models, Simulations, and Representations [M]. London: Routledge, 2011.

[43] SUPPES P. Representation and Invariance of Scientific Structures [M]. Stanford: CSLI Publications, 2002.

[44] BOKULICH P, BOKULICH A. Scientific Structuralism [M]. Berlin: Springer, 2011.

[45] LIPTON P. Inference to the Best Explanation [M]. London: Routledge, 2004.

[46] HOLMES R L. Basic Moral Philosophy[M]. Belmont: Wadsworth, 2003.

[47] GIBBS JR R W. The Cambridge Handbook of Metaphor and Thought [M]. New York: Cambridge University Press, 2008.

[48] PORZEL R. Contextual Computing: Models and Applications[M]. Berlin: Springer, 2011.

[49] FRIGG R, HUNTER M. Beyond Mimesis and Convention: Representation in Art and Science[M]. Berlin: Springer, 2010.

[50] LANGACKER R W. Cognitive Grammar: A Basic Introduction [M]. New York: Oxford University Press, 2008.

[51] MAY R. Stability and Complexity in Model Ecosystems [M]. Princeton: Princeton University Press, 2001.

[52] BATTERMAN R W. The Devil in the Details[M]. New York: Oxford University Press, 2002.

[53] HORGAN T, POTRC M. Austere Realism: Contextual Semantics Meets Minimal Ontology[M]. Massachusetts: MIT Press, 2008.

[54] BROWN T L. Making Truth: Metaphor in Science [M]. Urbana-Champaign: University of Illinois Press, 2003.

[55] KARAKOSTAS V, DIEKS D. EPSA11 Perspectives and Foundational Problems in Philosophy of Science[M]. Switzerland: Springer, 2013.

[56] ROTH W M. Passibility: At the Limits of the Constructivist Metaphor[M]. Berlin: Springer, 2011.

[57] KÖVECSES Z. Metaphor: A Practical Introduction[M]. New York: Oxford

University Press, 2010.

期刊

[1] VAN FRAASSEN B C. Representation: The Problem for Structuralism[J]. Philosophy of Science, 2006, 73(5).

[2] BRIGGS C J, HOOPES M F. Stabilizing Effects in Spatial Parasitoid-Host and Predator-Prey Models: A Review[J]. The Oretical Population Biology, 2004, 65(3).

[3] INDURKHYA B. Rationality and Reasoning with Metaphors[J]. New Ideas in Psychology, 2007(25).

[4] CZEJDO B D, BIGUENET J, BIGUENET J. Metaphor Modeling on the Semantic Web[J]. Active Conceptual Modeling of Learning: Lecture Notes in Computer Science, 2007, 4512: 97-111.

[5] KOKINOV B. A Dynamic Approach to Context Modeling[J]. Proceedings of the IJCAI-95 Workshop on Modeling Context in Knowledge Representation and Reasoning, LAFORIA 95/11, 1995.

[6] ELGIN C. Exemplification, Idealization, and Scientific Understanding[J]. Fictions in Science: Philosophical Essays on Modeling and Idealization, 2009.

[7] WEARING C. Metaphor and the Natural Semantic Meta-language[J]. Journal of Pragmatics, 2009(41).

[8] WEARING C. Metaphor and What is said[J]. Mind and Language, 2006, 21(3).

[9] LIU C. Deflationism on Scientific Representation[J]. Epsa11 Perspectives and Foundational Problems in Philosophy of Science, 2013.

[10] LIU C. Laws and Models in a Theory of Idealization[J]. Synthese, 2004, 138(3).

[11] LIU C. Approximations, Idealizations, and Models in Statistical Mechanics[J]. Erkenntnis, 2004, 60(2).

[12] BIANCHI C, DEY A, KOKINOW B, et al. Epistemological Contextualism: A Semantic Perspective[J]. Modeling and Using Context, 2005.

[13] GODDARD C. The Ethnopragmatics and Semantics of Active Metaphors[J]. Journal of Pragmatics, 2004(36).

[14] CALLENDER C, COHEN J. There Is No Special Problem of Scientific Representation[J]. Theoria, 2006, 21(1).

[15] DENNETT D C. Real patterns[J]. The Journal of Philosophy, 1991, 88(1).

[16] BAILER-JONES D M. Models, Metaphors and Analogies[J]. Philosophy of Science, 2002.

[17] BAILER-JONES D M. Review: Making Truth: Metaphor in Science[J]. British Journal for the Philosophy of Science, 2004, 55(4).

[18] BAILER-JONES D M. Scientists' Thoughts on Scientific Models[J]. Perspectives on Science, 2002, 10(3).

[19] BAILER-JONES D M. Scientific Models as Metaphors[J]. Metaphor and Analogy in the Sciences, 2000, 1.

[20] BAILER-JONES D M. When Scientific Models Represent[J]. International Studies in the Philosophy of Science, 2003(17).

[21] RAKISON D H, LUPYAN G. The Development of Modeling or the Modeling of Development[J]. Behavioral and Brain Sciences, 2008, 31(6).

[22] PORTIDES D. A Theory of Scientific Model Construction: The Conceptual Process of Abstraction and Concretisation[J]. Foundations of Science, 2005, 10(1).

[23] PORTIDES D. Idealization in Physics Modeling[J]. Epsa11 Perspectives and Foundational Problems in Philosophy of Science, Berlin: Springer, 2013.

[24] PORTIDES D. Scientific Models and the Semantic View of Scientific Theories[J]. Philosophy of Science, 2005, 72(5).

[25] PORTIDES D. The Relation Between Idealisation and Approximation in Scientific Model Construction[J]. Science and Education, 2007, 16(7-8).

[26] PORTIDES D. Why the Model-Theoretic View of Theories Does Not Adequately Depict the Methodology of Theory Application[J]. Epsa Epistemology and Methodology of Science, 2010.

[27] PORTIDES D. Modeling Prototypes[J]. Metascience, 2010, 19(2).

[28] PORTIDES D. How Scientific Models Differ from Works of Fiction[J]. Model-Based Reasoning in Science and Technology: Studies in Applied Philosophy, Epistemology and Rational Ethics, 2014, 8.

[29] SHOTTENKIRK D D. Goodman's Metaphorical Exemplification[J]. Nominalism and Its Altermath: The Philosophy of Nelson Goodman, 2009, 343.

[30] MARKOVITS D H. Model-Based Reasoning[J]. Encyclopedia of the Sciences of Learning, 2012.

[31] MCMULLIN E. Galilean idealization[J]. Studies in History and Philosophy of Science, 1985, 16(3).

[32] WINSBERG E. A Function for Fictions: Expanding the Scope of Science [J]. Fictions in Science: Philosophical Essays on Modeling and Idealization, 2009.

[33] ADAMS E W. On the Rightness of Certain Counterfactuals[J]. Pacific Philosophical Quarterly, 1993, 74(1).

[34] CAMP E. Contextualism, Metaphor, and What is Said[J]. Mind & Language, 2006, 21(3).

[35] MACARTHUR F, ONCINS-MARTÍNEZ J L, SÁNCHEZGARCÍA M. et al. Metaphor in Use: Context, Culture, and Communication[J]. Metaphor and Symbol, 2016, 31(2).

[36] FRENCH S, LADYMAN J. Remodelling Structural Realism: Quantum Physics and the Metaphysics of Structure[J]. Synthese, 2003(36).

[37] MACAGNO F, ZAVATTA B. Reconstructing Metaphorical Meaning[J]. Argumentation, 2014, 28.

[38] GRIESMAIER F P. Causality, Explanatoriness, and Understanding as Modeling[J]. Journal for General Philosophy of Science, 2006, 37(1).

[39] PREYER G, PETER G. Contextualism in Philosophy: Knowledge, Meaning, and Truth[J]. Oxford: Clarendon Press, 2005.

[40] CONTESSA G. Constructive Empiricism, Observability, and Three Kinds of Ontological Commitment[J]. Studies in History and Philosophy of Science, 2006, 37(4).

[41] CONTESSA G. Scientific Models and Fictional Objects [J]. Synthese, 2010, 172(2).

[42] DE REGT H W. Stephan Hartmann[J]. EPSA Philosophy of Science: Amsterdam 2009, 2012.

[43] LUSTICK I. Secession of The Center: A Virtual Probe of The Prospects for

Punjabi Secessionism in Pakistan and The Secession of Punjabistan[J]. The Journal of Artificial Societies and Social Simulation, 2011, 14(1).

[44] MATTHEWSON J, WEISBERG M. The Structure of Tradeoffs in Model Building[J]. Synthese, 2009, 170(1).

[45] FODOR J, LEPORC E. Out of Context[J]. American Philosophical Association, 2004, 78(2)

[46] TROUT J D. Scientific Explanation and the Sense of Understanding[J]. Philosophy of Science, 2002, 69.

[47] LIU H B, GAO J M, LYNCH S R., et al. A Four-Base Paired Genetic Helix with Expanded Size[J]. Science, 2003.

[48] SUÁREZ M. Scientific Representation: Against Similarity and Isomorphism [J]. International Studies in the Philosophy of Science, 2003, 17(3).

[49] SUÁREZ M. An Inferential Conception of Scientific Representation[J]. Philosophy of Science, 2004, 71(5).

[50] SUÁREZ M. Scientific Fictions as Rules of Inference [J]. Fictions in Science: Philosophical Essays on Modeling and Idealization, 2009.

[51] WEISBERG M. Qualitative Theory and Chemical Explanation[J]. Philosophy of Science, 2004, 71(5).

[52] RENDELL P. Turing Universality of The Game of Life[J]. Collision-based computing, 2002.

[53] PETER GODFREY S. The Strategy of Model-Based Science[J]. Biology and Philosophy, 2006, 21(5).

[54] GÄRDENFOR P. The Dynamics of Belief Systems: Foundations Versus Coherence Theories[J]. Knowledge, Belief, and Strategic Interaction, 1992.

[55] FRIGG R. Models and Fiction[J]. Synthese, 2010, 172.

[56] GIERE R. How Models Are Used to Represent Reality[J]. Philosophy of Science, 2004, 71(5).

[57] FRENCH S, LADYMAN J. Remodelling Structural Realism: Quantum Physics and the Metaphysics of Structure[J]. Synthese, 2003, 36.

[58] HANSSON S O. Formalization in Philosophy [J]. Bulletin of Symbolic Logic, 2000, 6(2).